一番大切な知識と技術が身につく

Amazon Web Services
パターン別構築・運用ガイド

改訂第2版

The Best Developers Guide of AWS for Professional Engineers

NRIネットコム株式会社
佐々木拓郎・林晋一郎・小西秀和・佐藤瞬 著

本書に関するお問い合わせ

この度は小社書籍をご購入いただき誠にありがとうございます。小社では本書の内容に関するご質問を受け付けております。本書を読み進めていただきます中でご不明な箇所がございましたらお問い合わせください。なお、お問い合わせに関しましては下記のガイドラインを設けております。恐れ入りますが、ご質問の際は最初に下記ガイドラインをご確認ください。

ご質問の前に

小社 Web サイトで「正誤表」をご確認ください。最新の正誤情報をサポートページに掲載しております。

▶ **本書サポートページ**
URL https://isbn.sbcr.jp/92579/

上記ページの「正誤情報」のリンクをクリックしてください。なお、正誤情報がない場合、リンクをクリックすることはできません。

ご質問の際の注意点

- ご質問はメール、または郵便など、必ず文書にてお願いいたします。お電話では承っておりません。
- ご質問は本書の記述に関することのみとさせていただいております。従いまして、○○ページの○○行目というように記述箇所をはっきりお書き添えください。記述箇所が明記されていない場合、ご質問を承れないことがございます。
- 小社出版物の著作権は著者に帰属いたします。従いまして、ご質問に関する回答も基本的に著者に確認の上回答いたしております。これに伴い返信は数日ないしそれ以上かかる場合がございます。あらかじめご了承ください。

ご質問送付先

ご質問については下記のいずれかの方法をご利用ください。

▶ **Webページより**
上記のサポートページ内にある「この商品に関する問い合わせはこちら」をクリックすると、メールフォームが開きます。要綱に従って質問内容を記入の上、送信ボタンを押してください。

▶ **郵送**
郵送の場合は下記までお願いいたします。

〒106-0032
東京都港区六本木2-4-5
SBクリエイティブ 読者サポート係

■ 本書内に記載されている会社名、商品名、製品名などは一般に各社の登録商標または商標です。本書中では®、™マークは明記しておりません。
■ 本書の出版にあたっては正確な記述に努めましたが、本書の内容に基づく運用結果について、著者およびSBクリエイティブ株式会社は一切の責任を負いかねますのでご了承ください。

©2018 本書の内容は著作権法上の保護を受けています。著作権者・出版権者の文書による許諾を得ずに、本書の一部または全部を無断で複写・複製・転載することは禁じられております。

はじめに

　本書は、世界最大のクラウドであるAWSを利用して、どのようにインフラを構築するのかをテーマにした本です。AWSは2006年に登場し、既に10年以上の歴史があります。10年経った今も、新機能の発表やサービスの更新が毎年のように何十・何百と行われて、むしろ進化が加速しています。またAWSが対象とする領域も、クラウド上のインスタンス・ストレージ・ネットワークのみならず、IoTと呼ばれるようなデータセンタから飛び出して我々の身の回りのものまでサービスでカバーするまでに広がっています。

　そんな状況なので、初めてAWSを使おうとする人がメニューを見て沢山のサービスに圧倒されることが多くなってきています。事実2018年3月現在では、AWSのコンソールのトップレベルだけで100以上のサービスが存在しています。実際に筆者がAWSの構築を支援してきたなかでも、種類が多すぎてAWSのどのサービスを使えばよいのかわからないという声が多いのも事実です。

　そこで本書では、仮想サーバであるEC2とオンラインストレージであるS3、そしてネットワークのサービスであるVPC、AWSの中心的サービスであるこの3つを徹底的に解説します。またそれに付随する沢山のサービスの使い方・使い分け、あるいはプログラムやコマンドラインからAWSを操作するためのSDK・CLIの使い方といった実用的な技能までカバーします。本書で書かれた内容を理解することにより、10年使えるAWSの基本を身につけることができます。

　読者の皆さんには、オンプレミスの延長ではなく、クラウドとしてのインフラの使い方を習得されることを願います。AWSであれば、ハードウェアトラブルからも解放され、たとえ仮想サーバに障害があったとしても、自動的に復旧する手段もあります。ぜひ、システムのために利用者が24時間働くのではなく、利用者のためにシステムが24時間働くという世界を目指しましょう。

　なお本書の記述は、筆者陣の個人的見解に基づいています。Amazon Web Services Inc.およびアマゾンデータサービスジャパン株式会社とは一切関係ありません。また、本書は公開された情報に基いて記述され、NDA情報に関するものは含まれていません。

佐々木　拓郎

Contents

Chapter1　AWSの基本

1-1　AWSとは 2
クラウドとは 3
- ・インフラストラクチャサービス（IaaS）... 3
- ・プラットフォームサービス（PaaS）.. 4
- ・アプリケーションサービス（SaaS）... 4

物理サーバ（オンプレミス）とAWSの違い 5
- ・所有と利用 5
- ・キャパシティ設計 6

レンタルサーバ（共有サーバ）とAWSの違い 6
- ・レンタルサーバの利用形態 6
- ・AWSとレンタルサーバの違い 8

プライベートクラウドとAWS 8
- ・一般的なパブリッククラウドとプライベートクラウドの定義 8
- ・AWSにおけるプライベートクラウドの定義 9

AWSのサービスの全体像 9
- ・AWSの基本的な考え方 10
- ・本書で利用する主なAWSサービス 11

1-2　AWSのネットワークサービス 18
リージョンとアベイラビリティーゾーン 18
- ・リージョン 18
- ・アベイラビリティーゾーン 19
- ・Web+DBシステムのマルチAZ基本構成 20

Amazon Virtual Private Cloud（VPC）... 21
- ・AWS Direct Connect 21
- ・EC2-ClassicとEC2-VPC 21

Amazon Route 53 22
- ・ドメインレジストラとしてのRoute 53 22
- ・フォールトトレラントアーキテクチャとしてのRoute 53 22

AWSネットワークとVPCネットワーク 23

1-3　ハードウェアリソースとしてのAWS 25
Amazon Elastic Compute Cloud（EC2）... 25

- ・インスタンスとは 25
- ・インスタンスとして選択できるOSの種類 25
- ・インスタンスに適用できるインスタンスタイプ 26
- ・インスタンスストレージ 26
- ・EBS-BackedインスタンスとInstance Store-Backedインスタンス 27
- ・インスタンスの料金 27
- ・インスタンス料金の最適化 27
- ・EC2インスタンスで使用するOSのライセンス 28

Amazon Elastic Block Store (EBS) 28
- ・EBSのボリュームタイプ 28
- ・EBSの料金 29
- ・EBSのサイズ変更 29
- ・EBSの暗号化 30
- ・EC2、EBSのSLA 30

EC2におけるバックアップ 30
- ・AMI (Amazon Machine Image) 31
- ・EBSスナップショット 31
- ・AMIとEBSスナップショットのリージョン間コピー 31
- ・AMIとEBSスナップショットのAWSアカウント間共有 31
- ・AMIとEBSスナップショットの料金 31

Amazon Simple Storage Service (S3) 32
- ・S3の冗長化構成 32
- ・S3のバケットとオブジェクトの概念 32
- ・S3のストレージオプション 33
- ・S3の料金 33
- ・S3の暗号化 33
- ・S3のアクセス管理 33
- ・S3のイベント通知 34
- ・S3のSLA 34
- ・S3のWebホスティング機能 35
- ・EBSスナップショットとS3オブジェクトの違い 35
- ・S3のバージョン管理 35
- ・S3のライフサイクル設定 35

Amazon Glacier 36
- ・Glacierの料金 36
- ・GlacierのSLA 36

1-4 アプリケーション基盤としてのAWS 37
Amazon Relational Database Service (RDS) 37

- ・RDSとは ... 37
- ・RDSで利用できるデータベースエンジン ... 38
- ・RDSのインスタンスタイプ ... 38
- ・RDSの料金 ... 38
- ・RDSのSLA ... 39
- ・RDSのライセンス ... 39
- ・RDSのバックアップ ... 39
- ・RDSのネットワーク ... 40
- ・ストレージタイプ ... 43
- ・RDSのログ ... 43
- ・パラメータグループ ... 43
- ・オプショングループ ... 44
- ・メンテナンス ... 44
- ・Amazon Aurora ... 44

AWS Elastic Beanstalk ... 45
- ・Elastic Beanstalkとは ... 45
- ・Elastic Beanstalkの料金 ... 46
- ・対応言語・プラットフォーム ... 46
- ・アプリケーションのデプロイ方法 ... 47
- ・Docker ... 48
- ・環境枠 (Environment Tiers) ... 48
- ・環境タイプ (Environment Type) ... 49

Amazon ElastiCache ... 50
- ・ElastiCacheとは ... 50
- ・ElastiCacheがサポートしているキャッシュエンジン ... 51
- ・ElastiCacheのキャッシュノードタイプ ... 51
- ・ElastiCacheの料金 ... 51
- ・ElastiCacheのSLA ... 51
- ・ElastiCacheのネットワーク ... 52
- ・ElastiCacheクラスタ・ノードのIPアドレスとDNS ... 52
- ・ElastiCacheのアクセスポート ... 52
- ・セキュリティグループ ... 52
- ・RedisのマルチAZ機能 ... 52
- ・オートディスカバリ ... 53
- ・ElastiCacheクラスタークライアント ... 53
- ・パラメータグループ ... 53
- ・メンテナンス ... 53

1-5　サービスとしてのAWS 54
AWSのアプリケーションサービスの概念 54
- 冗長化されたインフラ 54
- 構築および運用が不要 55

SESとSQS 55
- Amazon Simple Email Service (SES) 55
- SESの制約 56
- Amazon Simple Queue Service (SQS) 57
- SQSの機能 57
- SQSの動作 58

SNSとCloudWatch 59
- Amazon Simple Notification Service (SNS) 59
- SNSの利用 59
- Amazon CloudWatch 60

1-6　AWSの利用コスト 62
AWSの料金体系 62
- AWSの料金体系 62
- AWSの無料枠 63

AWSの料金計算の仕方 64
- AWSの料金計算ツール 64
- 一般的な構成での利用料金の内訳 66

Chapter2　AWSを利用する

2-1　AWS利用の準備 68
AWSアカウントの作成 68
- アカウント作成の流れ 69
- AWSマネジメントコンソールへのサインイン 69
- MFA (Multi-Factor Authentication) の設定 70
- MFAデバイスの用意 71
- MFAの設定 72
- MFAを使ったサインイン 75

IAMユーザー（ユーザーアカウント）の作成 76
- IAMユーザーの追加 76
- IAMグループの作成 77
- アクセスキーの入手 79
- IAMポリシーの付与 80
- ポリシーの記述方法 80

Contents

- ・カスタマー管理ポリシーの作成 83
- ・ポリシーの付与 86
- ・IAMユーザーのポリシーを確認する 87
- ・IAMユーザーでのサインイン 88
- ・パスワードポリシーの設定 90

2-2 AWS CLI 92
CLIのインストールと設定 92
- ・macOSへのインストール 92
- ・Linux（CentOS 7）へのインストール 93
- ・Windowsへのインストール 93
- ・CLIの基本設定 94
- ・設定の確認 94
- ・複数profileの設定 95
- ・設定ファイルの保存場所 95

CLIの基本的な使用方法 96
- ・CLIの基本的な記法 96
- ・CLIの基本的なオプション 96
- ・--region、--outputオプションによるリージョンと出力形式の指定 97
- ・--filtersオプションによる検索条件指定 98
- ・--queryオプションによる結果出力の絞り込み 99

2-3 AWS SDK 102
サポートされる言語とバージョン 102
SDKのインストールと設定 103
- ・AWS SDK for Rubyのインストール 103
- ・AWS SDK for PHPのインストール 103
- ・AWS SDK for Javaのインストール 104

SDKの基本的な使用方法 105
- ・AWS認証情報と検索の優先順位 105
- ・AWS SDK for Rubyの使用方法の例 107
- ・AWS SDK for PHPの使用方法の例 109
- ・AWS SDK for Javaの使用方法の例 111

2-4 VPCネットワークの作成 116
デフォルトVPC 116
カスタムVPCを作成する 117
- ・リージョンの選択 118
- ・VPCネットワークの作成 119

- ・サブネットの作成 122
- ・ルートテーブルの作成 124
- ・サブネットとルートテーブルの関連付け 126
- ・インターネットゲートウェイの作成 128
- ・インターネットゲートウェイをルーティング先に指定する 131
- ・ネットワークACLとセキュリティグループの設定 132

2-5　仮想サーバ（EC2）の利用 134
AWS操作用の公開鍵・秘密鍵の作成 134
- ・AWSマネジメントコンソールからのキーペア作成 134
- ・CLIからキーペアを作成する 136
- ・AWS外部で作成した公開鍵のインポート 136

セキュリティグループを作成する 138
- ・AWSマネジメントコンソールからのセキュリティグループ作成 138
- ・セキュリティグループのルールの設定 139
- ・CLIからセキュリティグループを作成する 141

EC2を起動する 144
- ・AMIの選択 144
- ・インスタンスタイプの選択 145
- ・詳細設定 145
- ・ストレージの追加 148
- ・タグの追加 149
- ・セキュリティグループの設定 150
- ・EC2インスタンスの起動 150
- ・CLIからEC2インスタンスを起動する 152
- ・EC2インスタンスへのログイン 153
- ・HTTPサーバをインストールしてアクセスする 156

AMIを作成する 158
- ・AWSマネジメントコンソールからAMIを作成する 158
- ・CLIからAMIを作成する 160

Elastic IP（EIP）の利用 161
- ・EIPの取得とEC2インスタンスへの割り当て 161
- ・CLIからEIPの取得・EC2インスタンスへの割り当て 163

2-6　ELBを利用する 165
ELBサービスの詳細 165
- ・ELBサービスの可用性 165
- ・シングルAZ構成とマルチAZ構成（Cross‐Zone Load Balancing）.. 166
- ・External-ELBとInternal-ELB 167

Contents

- ・ヘルスチェック 168
- ・SSLターミネーション 168
- ・スティッキーセッション 168
- ・ログ取得機能 169

ELBの作成 169
- ・サブネットの追加 169
- ・別のAZにEC2インスタンスを作成する 171
- ・ELB用のセキュリティグループを作成する 173
- ・ELBの作成 174
- ・CLIでの作成 180
- ・アクセス分散を確認する 180

Chapter3　パターン別構築例

3-1　EC2を利用した動的サイトの構築 182
WordPressを使ったブログサイトの構築 182
- ・構築するパターン 182
- ・VPCネットワークの作成 183
- ・サブネットの作成 185
- ・インターネットゲートウェイの作成 187
- ・ルートテーブルの作成 189
- ・セキュリティグループの作成 191
- ・DBサブネットグループの作成 194
- ・RDSインスタンスの作成 197
- ・EC2インスタンスの起動 202
- ・ミドルウェアのインストールとセットアップ 204

ロードバランシングとHTTPSサイトの構築 208
- ・ロードバランシング 208
- ・HTTPSでのアクセス 219

Marketplaceから、構築済みのインスタンスを利用する 223
- ・AMIMOTO 224
- ・AMIMOTOの起動 224

3-2　Elastic Beanstalkによる構築レスな動的サイト 226
Elastic Beanstalkを利用した再構築 226
- ・WordPressのダウンロード 226
- ・アプリケーションの作成 227
- ・アプリケーションへのアクセス 235
- ・Elastic Beanstalkによって作成されたインスタンス 235

Elastic Beanstalkを利用したロードバランシングとHTTPSサイトの構築.... 236
- ebコマンド（awsebcli）のインストール 236
- ebコマンドによるアプリケーションの作成 238
- RDS付きのアプリケーション環境の作成 238
- WordPressの修正 238
- ELB、RDS、Auto Scalingの設定変更 239
- アクセス確認 241

3-3　S3による静的サイトのサーバレス構築 243
S3による静的サイトの構築 243
- 静的ウェブサイトホスティングの設定 244
- バケットポリシーの変更 246
- コンテンツのアップロード 247
- Webサイトへのアクセス 249
- リダイレクトルールの編集 250
- S3上のファイルの操作 252

Route 53を利用してDNSを設定する 253
- Route 53の設定 253

Route 53へのドメイン移管 257
- 移管する際の前提条件 257
- ドメインの移管 257

CloudFrontとの連携 260
- CDN（Contents Delivery Network）...260
- CloudFrontの設定 261
- Route 53との連携 265
- 証明書の発行 267

3-4　Auto Scalingによる自動スケーリングシステムの構築 269
Auto Scalingの設定 269
- 起動設定の主な項目 269
- Auto Scalingグループの設定 271
- スケーリングポリシーの設定 273
- 定期的にAuto Scalingを実行する 274

Auto Scalingを利用するためのアプリケーション構成 275
- Auto Scalingを考慮したアプリケーションのデプロイ 275
- Auto Scalingを考慮したアプリケーションのセッション保持 277
- Auto Scalingを考慮したインスタンス、アプリケーションのログの保存 278

Auto Scaling使用時のEC2インスタンスの初期化処理 279
- EC2インスタンス起動時のユーザーデータ 279

- ・ユーザーデータを使用するうえでの注意点 281
- ・EC2インスタンスのメタデータの取得 281

イミュータブルインフラストラクチャ 283
- ・ステートレスとステートフル 283
- ・イミュータブルインフラストラクチャを実現する構成 283

3-5 Elastic BeanstalkとLambdaによるバッチサーバの構築 284
Elastic Beanstalkによるバッチサーバの冗長化構成 284
- ・Elastic Beanstalkのワーカーの動作構造 285
- ・ワーカーの作成 285
- ・ワーカーの動作 288

Lambdaによるサーバレスな処理システムの構築 291
- ・Lambdaの特徴 292
- ・Lambdaの処理の作成 292
- ・フルマネージドなバッチ処理基盤「AWS Batch」 300

3-6 CloudFormationによるテンプレートを利用した自動構築 301
CloudFormationの概要 301
- ・CloudFormationのイメージ 301
- ・CloudFormationの用途 301

CloudFormationによるネットワーク構築 302
- ・テンプレートの構造 302
- ・ネットワークの構築 304
- ・CloudFormationによる構築 312
- ・UpdateStackによるネットワークの変更 314

CloudFormationによるサーバ構築 316
- ・CloudFormationによる単純なサーバ構築 316
- ・CloudFormationからサーバにデータを渡す仕組み 317
- ・入れ子のテンプレートを実行する 318

3-7 SESによるメール送信システムの構築 322
SESを使ってメールを送信する 322
- ・SESの特徴 322
- ・SESの設定 324
- ・CLIでの設定 333
- ・SESのSDKを使ったメール送信 333

EC2インスタンスにメールサーバを構築する 337
- ・メール送信に必要な準備 337
- ・EC2インスタンスにメールサーバを構築する 337

- ・メールサーバのホスト名をDNSに登録する 338
- ・メール不正中継のテストをする 339
- ・メールの送信制限解除申請をする 339

外部のメール送信サービスを利用する 340
- ・SendGridとは 340

3-8　AWS上に開発環境を構築する 342
開発環境の構築と運用 342
- ・CloudFormationの活用 342
- ・環境のコード化 343
- ・EC2インスタンスの自動起動・停止 346
- ・開発環境を構築するうえでの注意点 347

継続的インテグレーション（CI）を実施する 348
- ・継続的インテグレーション 348
- ・リポジトリサーバ 349
- ・ビルドサーバ（Jenkins） 349

3-9　モバイルアプリからAWS上のリソースを利用する 351
Cognitoによるユーザー認証 351
- ・3Tierアーキテクチャと2Tierアーキテクチャ 351
- ・サーバレスアーキテクチャによる3Tier 353
- ・Cognitoを中心としたユーザー認証とアクセス認可 354
- ・Cognitoのデータ同期機能 355
- ・CognitoのIDプールの作成 355

AWSのモバイル開発プラットフォーム 357
- ・Mobile SDK 358
- ・AWS Mobile SDK for iOSの環境準備とサンプルアプリ 358

SNSによるモバイルプッシュ通知 361
- ・SNSのモバイルプッシュ通知機能 362
- ・モバイルプッシュ通知の登録 362
- ・モバイルプッシュ用のiOSアプリの作成 363

Chapter4　AWSのセキュリティ

4-1　AWSのセキュリティへの取り組み 370
責任共有モデル 371
第三者認証 372

4-2　IAM（Identity and Access Management）.................. 373
AWSのアカウント.. 373
- ・AWSアカウント 373
- ・IAMユーザー 373
- ・多要素認証（MFA：Malti-Factor Authentication）........................374
- ・IAMのポリシー..374

IAMユーザーとIAMグループ... 375
- ・IAMユーザー 375
- ・IAMグループ 376

IAMロール... 376
- ・IAMロールの使用例..377

4-3　データ暗号化.. 380
AWSが提供するデータ暗号化サービス・機能...................... 381
- ・通信時の暗号化 381
- ・データの暗号化 382
- ・暗号化キーの管理サービス..385

4-4　外部からの攻撃対策... 386
外部からの攻撃の種類と防御方法.. 386
- ・代表的な攻撃の種類と防御方法 386

AWSにおける防御方法.. 387
- ・AWS WAF..387
- ・Shield StandardとAdvanced 388

Deep Security.. 388

4-5　セキュリティを高める... 390
VPCでのサブネット構成... 390
セキュリティグループとネットワークACL 391
- ・比較単位..392
- ・サポートルール..392
- ・戻り通信..392
- ・評価基準..392

4-6　AWSと脆弱性診断 394
侵入（ペネトレーション）テスト.. 394
- ・AWSにおける侵入テストの実施手順 394

侵入（ペネトレーション）テストツール 397
- ・侵入テストの実施 397

- 継続的な侵入テストの実施 399
- Amazon Inspector 399

Chapter5　管理と運用

5-1　ジョブ管理 402
ジョブ管理システムの概念 402
- ジョブ管理システムの主な機能 402
- ジョブ管理システムの実行形態 402
- AWS向けのジョブ管理システム 403

AWSのサービスを利用したジョブ管理システム 404
- Step Functions 404
- CloudWatch Events 405

5-2　システムを監視する 407
AWSのなかから監視する 407
- CloudWatchでのデフォルトの監視項目 407
- デフォルトの監視項目以外の監視方法 408
- CloudWatch Agentを作成する 409
- CloudWatch Agentを設定する 415
- CloudWatchを利用するうえでの注意点 416

AWSの外から監視する 417
- Zabbixによる監視 417
- SaaSによる監視 418

5-3　アラートを通知する 419
AWSの機能を利用した通知方法 419
- SNSを利用したEメール通知 419
- SNSによるEメール通知の実装 420
- 配信先にモバイルプッシュ通知を追加する 423

Twilioを利用した電話通知 424
- SNSからAPIを呼び出す方法 425
- Twilioの実装 425
- Lambdaの設定 428

5-4　データをバックアップする 431
EBSのデータバックアップ 431
- スナップショットの取得 432
- スナップショットからEBSボリュームを作成する 433

Contents

- ・スナップショットを使ったEBSの操作 ... 434

S3とGlacierを使ったバックアップと管理 ... 437
- ・S3によるバージョン管理 ... 437
- ・S3のオブジェクトライフサイクル管理 ... 439

AMIの運用方法 ... 441
- ・バッチ処理による定期取得 ... 442
- ・設定変更時の手動取得 ... 442
- ・AMIのオンライン取得 ... 442

5-5　AWSにおけるログ管理 ... 443

AWSのサービスログ/操作履歴のログを収集保存する ... 443
- ・AWSのサービスのログを収集する ... 443
- ・AWSの操作ログを収集する ... 445

EC2インスタンスのログを収集保存する ... 446
- ・準リアルタイムにログを保存する ... 446
- ・シャットダウン時にログを保存する ... 446
- ・ログの可視化 ... 447

5-6　AWSにおけるコスト管理 ... 448

AWSにおけるコスト管理 ... 448
- ・コスト管理に関する設定 ... 448
- ・一括請求 ... 454

AWSのコストを節約する ... 455
- ・リザーブドインスタンス ... 455
- ・スポットインスタンス ... 457
- ・さまざまなサービスを活用する ... 458

5-7　AWSの利用を支えるサポートの仕組み ... 459

AWSサポート ... 459
- ・サポートへの問い合わせ方法 ... 459
- ・リソース制限の増加申請 ... 461

AWS Trusted Advisor ... 462
- ・各リソースの制限値の確認 ... 463

Chapter 1
AWSの基本

Chapter 1

1-1 AWSとは

　Amazon Web Services（以下、AWS）は、Amazon社が提供するクラウドサービスです。ネットワークを経由して仮想コンピュータやストレージを始めとするさまざまなサービスが提供されており、法人・個人を問わずさまざまな人たちが利用しています。

　AWSのサービス開始は、2004年に発表されたキューサービスである**Amazon Simple Queue Service (SQS)** とされています。しかし、当時はキューサービス単体であり、「Amazon Web Services」という名前はありませんでした。一般的には、2006年に発表されたオンラインストレージサービスの**Amazon Simple Storage Service (S3)** と仮想コンピュータである**Amazon Elastic Compute Cloud (EC2)** をもって、AWSの開始と認識されています。EC2とS3を中心として次々にサービスが追加され、2018年2月現在では100以上のサービスが存在し、クラウドサービスの規模としても世界最大のものとなっています。

図1-1-1　AWSのサービス

　本節ではクラウドの概念を説明します。最初にAWSとの対比という観点から、物理サーバやレンタルサーバとの比較を行います。また、クラウドのなかでも**パブリッククラウド**と**プライベートクラウド**というカテゴリーがあります。その違いやAWSの位置付けを定

義し、そのうえでAWSサービスの全体像と各サービスの基本的な説明をしていきます。

まずはクラウドの概念から見ていきましょう。

クラウドとは

クラウドコンピューティング（以下、**クラウド**）とは、コンピュータリソースの利用形態です。クラウドは、コンピュータの計算リソースやストレージ領域、アプリケーションによる処理を、ネットワーク経由でサービスとして提供します。クラウドコンピューティングのクラウドは、「雲」(cloud)を意味します。この言葉は、Googleの最高経営責任者（CEO）であったエリック・シュミット氏が2006年8月のサーチエンジン戦略会議で、インターネットにアクセスして、さまざまなリソースを利用できる仕組みを雲に例えたことから広がりました。

しかし、ネットワークを利用してコンピュータリソースを利用するという概念は古くからあり、似たような言葉は幾つもありました。クラウドという言葉が定着したのは、ブロードバンドネットワークの普及や、ハードウェア・ソフトウェアの進化、Googleのようなサービスを提供する企業等、幾つかの要因が組み合わさった結果でしょう。

余談ですが、クラウドソーシング(crowdsourcing)のクラウドは「群衆」(crowd)を意味し、インターネットを介して不特定多数に業務委託する枠組みを指します。クラウドコンピューティングとクラウドソーシングは似て非なるものです。一方でAWSのサービスの1つに、**Amazon Mechanical Turk**というクラウドソーシングの仕組みも存在します。

AWSにはさまざまなサービスが存在し、そのサービスはいろいろなカテゴリーやレイヤーで分類することができます。クラウドコンピューティングは、一般的に**インフラストラクチャサービス(IaaS)**、**プラットフォームサービス(PaaS)**、**アプリケーションサービス(SaaS)**といった分類がされることが多いのです。それぞれどういったものか、簡単に解説します。

インフラストラクチャサービス（IaaS）

IaaSは、「Infrastructure as a Service」の略です。これは仮想サーバやストレージ等のリソースをインターネット経由で提供するサービスです。また、ネットワークサービスそのものも含まれます。利用者は物理的なハードウェアの管理が不要になり、ダイレクトにコンピュータリソースを利用できるようになります。

クラウドのレイヤーとしては、一番下の基礎的な部分にあたります。IaaSは当初、**HaaS**(Hardware as a Service)と呼ばれていたこともあり、物理機器に最も近いところをサービスとして提供します。

Chapter1

図1-1-2 クラウドの階層分類

■ プラットフォームサービス(PaaS)

　PaaSは、「Platform as a Service」の略です。データベースやアプリケーションサーバ等のミドルウェアをサービスとして提供します。

　OSとミドルウェアの管理はサービス提供者によってなされ、ユーザー側はミドルウェアのみを直接利用できます。PaaSの概念はセールスフォース・ドットコム社により提唱され、SaaSの発展形とされています。

■ アプリケーションサービス(SaaS)

　SaaSは、「Software as a Service」の略です。ソフトウェアやアプリケーションの機能を、インターネットを介して提供します。サービスの内容は多岐にわたり、メール配信やキューサービス、業務管理システム等さまざまなサービスがあります。

　SaaSを提供するものは、**SaaSプロバイダ**と呼ばれます。これは、**ASP**(Application Service Provider)とほぼ同義です。ASPという形態のサービス提供はクラウド以前からあり、SaaSもクラウドという側面で捉え直したものと言えるでしょう。

※

　クラウドの概念と形態については理解できたと思います。次は、従来の物理サーバとクラウドの違いを見ていきます。

物理サーバ(オンプレミス)とAWSの違い

　クラウドの概念を理解したうえで、物理サーバとの違いを見ていきます。物理サーバだとサーバマシンに限定されるために、ネットワーク機器や電源設備等を包括した意味で、**オンプレミス**という言葉を使います。

　オンプレミスとは、組織内で利用する目的で用意された設備を指します。企業内での一般的な利用形態であったために以前は特に名称はなかったのですが、クラウドの台頭とともに従来の利用形態を表す用語として使われています。なお、クラウドで提供されるサービスは提供者ごとに内容が異なるために、これ以降はAWSとの比較をします。

　オンプレミスとAWSの違いは、大きく2つあります。**所有者**と**キャパシティ**の考え方です。それぞれ順を追って見ていきましょう。

所有と利用

　オンプレミスとAWSの違いの1つに、「所有者」があります。オンプレミスの場合、リース等の例外はあるものの、基本的にはその設備を用意した組織が所有者となります。これに対してAWSの場合は、Amazon社が全てのリソースを所有し、そのリソースをサービス化したものを利用するという形態になります。つまり、「**所有から利用**」という形になります。この所有者の違いが、さまざまなことに影響してきます。

　まず**初期コスト**です。オンプレミスではサーバ等を利用する際は最初に物理的に機器を購入する必要があり、そこでコストが発生します。これに対してAWSの場合は、利用者の初期コストが不要となります。Amazonがあらかじめ投資した資産を、サービス提供という形で分散して回収しているためです。

　次にサーバ等の**調達期間**についてです。オンプレミスの場合は、見積りから発注・配送と数週間～数か月かかることが一般的です。これに対してAWSの場合は、ブラウザもしくはコンソールやプログラムから呼び出すだけで、数分程度で調達できます。

　また、利用しているサーバを追加する場合や、サイズの変更をする場合も同様です。オンプレミスの場合は、追加に時間とコストがかかります。サーバの性能をスケールアップする場合、CPUやメモリで実現できるケースもありますが、サーバ自体を買い換える必要があることもあります。AWSの場合は、調達の場合と同様にボタン1つで変更できます。追加変更するリソースの差額以外のコストは発生しません。

表1-1-1　オンプレミスとAWSの違い

	オンプレミス	AWS
コスト	初期に全額必要	初期コスト不要。従量制で分散してコスト発生
サーバの調達期間	数週間～数か月	数分
サーバの追加変更	時間とコストがかかる	追加変更に関するコストは不要

Chapter 1

■ キャパシティ設計

オンプレミスとAWSでは、「所有と利用」によってコストの発生の仕方が違います。また、サーバの調達期間や調達コストも違ってきます。これにより、キャパシティ設計の考え方も変わってきます。

オンプレミスの場合は、サーバの調達や追加変更の期間やコストが大きいために、ピーク時の必要リソースに合わせて準備する必要があります。これに対してAWSの場合は、リソースの追加変更が容易です。そのため、実際の需要に合わせてリソースを増減させることができます。AWSのサービスは基本的に従量課金のため、利用するリソースを減らせばコスト削減にもつながります。

図1-1-3　キャパシティ設計の違い

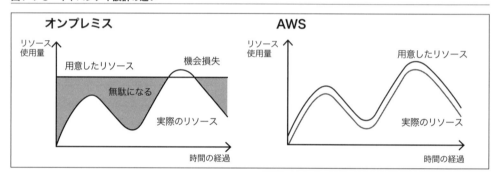

AWSを効率的に利用するためには、従来のキャパシティ設計と違った考え方をする必要があります。本書では、その設計の考え方を紹介していきます。

■ レンタルサーバ（共有サーバ）とAWSの違い

次は、レンタルサーバとAWSの違いを見ていきます。

最近では少なくなったものの、AWSを単なるレンタルサーバと捉える場合がよくあります。ここで両者の違いについて整理してみます。また、レンタルサーバという言葉も曖昧さを含むものなので、あらためて定義してみます。

■ レンタルサーバの利用形態

レンタルサーバは、**ホスティングサーバ**や**共用サーバ**とも呼ばれています。もともとは1台のサーバを複数のユーザーが共用で利用する形態のことを指し、Webサーバやメールサーバとしての利用が一般的でした。しかし、後述する問題を解決するために、1台の物理サーバを専有する**専用サーバ**や、1台の物理サーバ上に仮想のサーバを複数立て、それを専有する**仮想専用サーバ（VPS）**といった形態が出てきました。そのため、従来の複数

ユーザーが利用する形態は「共用サーバ」と呼ぶようになってきました。
　さて、共用サーバの問題点としては何があるのでしょうか。大きく3つの点が挙げられます。**自由度の低さ**と、**セキュリティの問題**、**他ユーザーの影響の大きさ**です。

◆自由度の低さ

　まず自由度の低さについてです。一般的に共用サーバを利用する場合は、利用者に管理者権限（root）を持ったアカウントが付与されることはありません。かぎられた機能・領域のみを使用できるユーザー権限のアカウントを利用することになります。このため、管理者によってインストールされたアプリケーションやミドルウェアを変更するといったこと、例えばPHPやRubyのバージョンを変更するということが基本的にはできません。つまり、共用サーバでは自分の最適な環境にカスタマイズすることができないのです。

◆セキュリティの問題

　次にセキュリティの問題です。共用サーバでは、基本的にはカスタマイズができないために、セキュリティ対策も業者まかせになります。例えば、脆弱性があるバージョンのミドルウェアを利用している場合でも、自分でバージョンアップすることはできません。また、それ以外の問題点として、同一サーバで動いている他人が作ったアプリケーションの脆弱性の影響を受ける可能性があります。
　つまり、自分の責任の範囲でセキュリティ対策をしていても、他ユーザーの要因によってリスクが発生する可能性があるということです。

◆他ユーザーの影響の大きさ

　最後に他ユーザーの影響の問題です。例えばApacheを利用したWebサーバを利用する場合、共用サーバではユーザーごとのプロセスではなく、同一のプロセスを分割して利用します。そのため、1人のユーザーが負荷のかかる処理を行った場合や、CGI等を利用したプログラム処理が暴走した場合は、全てのユーザーが影響を受けます。このように共用サーバは、他ユーザーの影響を受けやすい形態と言えます。

◆専用サーバと仮想専用サーバ

　前記の問題を解決するために、「専用サーバ」や「仮想専用サーバ」といった形態が出てきました。専用サーバや仮想専用サーバは、管理者権限が与えられたユーザーアカウントを利用して専有します。そのため、カスタマイズ性も高く、セキュリティもコントロール可能です。
　一方で、専用サーバは1台の物理サーバを1ユーザーで専有するのでコスト的には高くな

ります。そこで、仮想専用サーバのように仮想化技術を使い複数に分割することで、比較的コストを抑えることが可能です。他ユーザーの影響という点では、専用サーバの場合はコンピュータリソースにかぎっては他のユーザーの影響は受けません。仮想専用サーバの場合は、多少の影響は受けるものの、共用サーバに比べると受けにくくなっています。

表1-1-2　レンタルサーバの利用形態

	共用サーバ	専用サーバ	仮想専用サーバ
利用形態	1台の物理サーバを分割して利用	1台の物理サーバを専有	1台の物理サーバ上に立てた仮想サーバを利用
コスト	安い	高い	中間
カスタマイズ	ほぼ不可能	可能	可能
セキュリティ	コントロール不可	高くコントロール可能	高くコントロール可能
他ユーザーの影響	強く受ける	受けない	多少受ける

■ AWSとレンタルサーバの違い

　AWSの仮想コンピュータのサービスである**Amazon Elastic Compute Cloud（EC2）**は、仮想化技術を用いて1台の物理マシン上に複数の仮想コンピュータを立ち上げて利用します。<u>利用者は管理者権限を持ったアカウントを使用し、その仮想コンピュータ内の全てを管理します</u>。そういった面で、EC2は仮想専用サーバに非常に近いサービスです。

　しかしそれ以上に、EC2はディスクを動的に追加できたり、CPUやメモリを容易に変更できたりと、従来のレンタルサーバにはない機能が多数あります。仮想コンピュータのイメージを作成してバックアップすることや、そのバックアップを利用して複数台の同じサーバを増やすといったことができます。またEC2は、AWSの1機能にすぎません。そのため、AWSはレンタルサーバが提供するサービスを内包した、それ以上のサービスと言えるでしょう。

プライベートクラウドとAWS

　次は、パブリックとプライベートという観点で、AWSを考えてみます。
　クラウドの形態の分け方に、**パブリッククラウド**と**プライベートクラウド**というものがあります。それぞれの言葉の定義については、定義する者の立ち位置による思惑もあり、微妙に異なっています。ここで、一般的な定義とAWSにおける定義を確認します。

■ 一般的なパブリッククラウドとプライベートクラウドの定義

　一般的な定義では、パブリッククラウドとプライベートクラウドの違いは、「誰に対してサービスを提供するか」という点にあります。パブリッククラウドは、不特定多数の利用者に向けて提供されるサービスを指します。これに対してプライベートクラウドは、特定

の企業・組織専用に提供されるものです。プライベートクラウドの定義は広く解釈される傾向にあります。例えば、企業内に設置された仮想サーバから、データセンタ事業者によってデータセンタ内に設置された特定企業向けのサーバ群まで含まれることがあります。

　もともとクラウドという言葉はパブリッククラウドを指していました。その後、クラウドの利用形態としてプライベートクラウドという言葉が出てきたために、パブリッククラウドという言葉を利用するようになったという経緯があります。プライベートクラウドという言葉は、既存のデータセンタ事業者やサーバベンダー等が、自社のサービスをクラウドとして再定義する流れのなかで生まれてきたのです。

　他にも、パブリッククラウドとプライベートクラウドを組み合わせた**ハイブリッドクラウド**や、業種ごとに特定の企業群によって形成されたコミュニティによって共同運営される**コミュニティクラウド**等があります。

■ AWSにおけるプライベートクラウドの定義

　AWSを提供するAmazon社としては、パブリッククラウドやプライベートクラウドの定義をしていません。単なるクラウドとしてサービスを提供しています。これはクラウドという言葉がない時代からサービスを切り開いてきたAmazon社の自負の表れでしょう。一般的には、AWSは代表的なパブリッククラウドと区分されています。

　一方でAWSのサービスの1つとして、**Amazon Virtual Private Cloud（VPC）**という名前のものがあります。VPCは、AWSのネットワーク内に論理的に分離した仮想ネットワークを作成し、そのネットワーク内にサブネットを作成したり、IPアドレスレンジやルートテーブル、ネットワークゲートウェイを自由に設定できるサービスです。VPCを利用することにより、従来データセンタや社内で作っていたようなネットワークと同等のものを作成できます。このサービスをもって、「AWSにはパブリッククラウドもプライベートクラウドもある」と言うことができます。

　また余談ですが、AWSには**AWS GovCloud**と呼ばれる米国政府専用のデータセンタ群があります。これは政府向けのプライベートクラウドに相当するでしょう。

　本書では、特にパブリッククラウドとプライベートクラウドの区別はしません。それでは、いよいよAWSのサービスの紹介に入ります。

AWSのサービスの全体像

　2018年2月現在で、AWSには100を超えるサービスがあります。年々サービスや機能が追加されているために、そのサービスの全体像をつかむことは容易ではありません。ここではAWSを理解するために、基本的な考え方および主要なサービスの簡単な紹介を行います。

Chapter1

■ AWSの基本的な考え方

　AWSのサービスの特徴の1つに、**利用料金が初期費用不要の時間課金**という点があります。初期費用不要なので、オンプレミスのサーバに比べ台数を増やすことが容易です。また、利用量に応じた時間課金が基本なため、利用するサーバ等のリソースを減らせば減らすほど、コストを削減できます。

　例えば、ピーク時にはサーバを増やし、オフピーク時にはサーバを減らすといった運用設計で、全体のコストを削減させることができます。このようにAWSを利用するうえでは、従来のオンプレミスとは違った考え方が必要になります。本書では、AWS上でシステムをどう構築し、どう運用するのか、その考え方を中心に解説していきます。

図1-1-4　代表的なAWSサービス

1-1 AWSとは

それでは、AWSのサービスの全体像を見てみましょう。コンピューティング、ストレージ、ネットワークといった基本的なサービス以外にも、データベース、アプリケーション、メッセージング、モバイルといったPaaSやSaaSのサービスや開発者ツールや管理者ツールといった利便性を高めるためのツール、あるいは機械学習やIoTといった特定分野向けのサービスと多岐にわたります。AWSの特徴としては、汎用的な部品としてのサービスを提供し、ユーザーが組み合わせることによりシステムを容易に構築できることにあります。また、AWSはカバーする領域を増やすべく新製品や新機能の追加が繰り返されています。

■ 本書で利用する主なAWSサービス

ここで、本書で利用する主なAWSサービスや機能を簡単に説明します。なお、AWSには各サービスを表すシンボルとして、**AWSシンプルアイコン**というダイアグラムが用意されています。AWSシンプルアイコンの使用ルールに従うかぎり、ドキュメント内やWebサイトで利用して再配布も可能です。サービスと合わせて、アイコンも紹介していきます。

AWSシンプルアイコン
http://aws.amazon.com/jp/architecture/icons/

◆Amazon Elastic Compute Cloud (EC2)

EC2はAWSの中核のサービスの1つで、いわゆる**仮想サーバ**です。なお、仮想サーバの起動元となるマシンイメージは**AMI(Amazonマシンイメージ)**と呼ばれ、起動された仮想サーバは**インスタンス**と呼ばれます。

◆Auto Scaling

Auto Scalingは、CPUやメモリ利用率等の決められた条件に応じて、EC2インスタンスを**自動的に増減させる機能**です。この機能を使うことにより、負荷に応じて自動的にリソースを最適化することができます。AWSの象徴的な利用方法を支える機能と言えます。Auto Scalingは、ELBと合わせて利用されることが多いです。

◆Elastic Load Balancing (ELB)

ELBは、いわゆる**負荷分散装置**です。EC2インスタンスの前に置かれ、複数のEC2インスタンスに通信を振り分けます。ELBを利用することで、可用性や拡張性が高いシステムを比較的容易に構築することができます。

オンプレミスの負荷分散装置は、比較的高価な機器というイメージが強いですが、ELB

は月額2,000円くらいから利用できます。ELBの特性を理解したうえで、いかにうまく活用するかがAWSの効率的な活用の肝の1つとなります。

2016年8月に、**Application Load Balancer (ALB)** というレイヤー7までをサポートするロードバランサーが発表されました。これを期に、旧来のELBは、**Classic Load Balancer (CLB)** とされました。またELBは、ALBとCLBの総称という位置付けに変更されています。ALBはCLBの後継サービスであり、基本的にはCLBのほぼ全ての機能が実装されています。特別な理由がないかぎりALBを利用しましょう。

図1-1-5　EC2、ELB、Auto Scaling

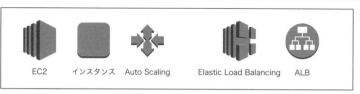

◆Amazon Simple Storage Service (S3)

S3は、**オンラインストレージサービス**です。頭にオンラインが付く理由として、S3の操作は全て、HTTP/HTTPSによるAPIへのアクセスを通じて行われるためです。S3の特徴としては、最大99.999999999％の耐久性と99.99％の可用性といった高い信頼性と、用途に応じた細かいアクセスコントロールによる安全性の確保、事実上無制限の容量等があります。S3は、EC2と並ぶAWSの中核のサービスの1つです。どちらも2006年にサービスが開始されました。

◆Amazon Glacier

Glacierは、氷河の名前を冠した**データの長期保存向けに設計されたサービス**となっています。S3と同等の信頼性設計で、かつ1/5のコストで利用できます。ユースケースとしては、テープデバイスの代替となるサービスとして利用されることが多くあります。

◆Elastic Block Store (EBS)

EBSは、**EC2のインスタンスから利用するストレージ**です。イメージ的には外付けハードディスクですが、EC2との接続形態はネットワーク経由で、かつ内部的にはRAID1と似たようなイメージでディスクが冗長化されています。利用者からは単純なストレージボリュームに見えますが、実体はAWSにより高度に管理されたマネージドサービスです。EBSはストレージのイメージを**スナップショット**形式でS3にバックアップすることにより、保管や複製を容易に行うことができます。

1-1 AWSとは

Amazon Elastic File System (EFS)

EFSは、**スケーラブルなファイルストレージ**です。EFSのストレージ容量は拡張や縮小が自動的に行われ、利用料も使用した分の課金となります。またEBSと違い複数のEC2インスタンスからマウントできます。さらにAWS Direct ConnectでVPCに接続している場合は、オンプレミスのサーバからのマウントも可能です。オンプレミスのNASの代替となるようなサービスですが、接続プロトコルがNFSv4.1であり、利用できるリージョンが限られているという制約があります。

図1-1-6 S3、Glacier、EBS、EFS

◆Amazon Relational Database Service (RDS)

RDSは**データベース**を提供するPaaSです。各種データベースエンジンに対応したインスタンスを作成することができます。なお、OS層やミドルウェアのパッチ当て等は、全てAWSにより自動的に行われます。

またRDSには、トランザクションログによるレプリケーションを使用したマスター・スレーブ構成や、任意の時間に戻せる自動バックアップ等、AWS独自の機能が多数あります。利用できるデータベースエンジンとしては、2018年2月現在ではMySQL、Oracle、SQLServer、PostgreSQL、MariaDBの5種類があります。また、2014年11月に、**Amazon Aurora**というサービスが発表されました。これは、Amazonが独自で開発したMySQL互換のデータベースエンジンで、MySQLベースのものとPostgreSQLのものがあります。

◆Amazon ElastiCache

ElastiCacheは、**インメモリキャッシュシステム**のPaaSです。サポートするエンジンとしては、**Memcached**と**Redis**があります。ElastiCacheを利用することにより、データベースへのキャッシュ機能による高速化や、アプリケーションのセッションストアとして耐障害性の向上等が実現できます。

RDS同様、AWSによるフルマネージドサービスのため、ElastiCacheを活用することにより、サーバのメンテナンスや障害時のフェイルオーバーの管理等に手を煩わされることがなくなります。

図1-1-7　RDS、ElastiCache

◆Amazon Virtual Private Cloud（VPC）

　VPCは、**AWSのネットワーク内に論理的に分離したネットワークを作成するサービス**です。任意のプライベートアドレスでネットワークの作成や**サブネット**による分割ができるため、オンプレミスと同等のDMZセグメントやTrustedセグメントといった構成を実現することができます。**インターネットゲートウェイ**を設定することで、インターネットとの通信も可能です。また、既存のデータセンタや社内ネットワークに専用線やVPNでの接続を行う**VPNゲートウェイ**も作成可能です。

◆AWS Direct Connect

　Direct Connectは、AWSのVPCに接続する**専用線接続サービス**です。自社やデータセンタから専用線でAWSに直結することが可能です。Direct Connectを利用することで、より大容量かつ安定したトラフィックを捌けるようになります。オンプレミスとクラウドを合わせて使うハイブリッドクラウドという形態の際に、Direct Connectを使うことが多くあります。

図1-1-8　VPC、Direct Connect

◆Amazon CloudFront

　CloudFrontは、AWSが提供する**コンテンツ配信ネットワーク（CDN）サービス**です。コンテンツをエッジロケーションと呼ばれる全世界に散らばる拠点から配信します。ユーザーから一番近いエッジロケーションから配信するため、より効率的により速く配信できます。料金形態は「通信料＋リクエスト料」という従量制のため、一般的なCDNサービスと比較して小さく始められることが特徴です。

1-1 AWSとは

◆Amazon Route 53

　Route 53は、**ドメインネームシステム（DNS）** を提供するサービスです。脆弱性やDDoS攻撃への対応と、近年非常に手間がかかるDNSの運用を、ほぼマネジメントレスで利用できます。DNSというインターネットの根幹を担うサービスであるため、AWSでは唯一100%の**SLA**（Service Level Agreement、サービスの品質）を保証しています。

図1-1-9　CloudFront、Route 53

◆Amazon Simple Queue Service（SQS）

　SQSは**メッセージキューサービス**です。SQSは、メッセージの可用性やスケーラビリティ等、キューシステムの信頼性に関わる部分をAWSが高いレベルで実現します。実は最古のAWSサービスでもあります。

◆Amazon Simple Notification Service（SNS）

　SNSはプッシュ型の**メッセージングサービス**です。SNSを利用することで、Eメールやモバイルプッシュ通信、SQS、HTTP/HTTPS等、さまざまなプロトコルで通知することが可能です。呼び元のアプリケーション/プログラムは、SNSのAPIに対しての処理を記述するだけなので、各プロトコルの差異を実装する必要がありません。

◆Amazon Simple Email Service（SES）

　SESは、**メール配信サービス**です。単純な送信機能のみならず、メールの送信品質を上げるためのさまざまな機能を備えています。例えば、「Sender Policy Framework」(SPF)や「DomainKeys Identified Mail」（DKIM）といった認証のメカニズムや、メールの送信結果の統計情報といった機能を有しています。

図1-1-10　SQS、SNS、SES

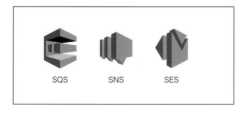

Chapter 1

◆ AWS Identity and Access Management（IAM）

IAMは、AWSの**アカウント管理サービス**です。ユーザーやグループに対しての、AWSのリソースに対するアクセスコントロールを行います。AWSを安全に運用するには、必須サービスの1つとなっています。

◆ AWS CloudTrail

CloudTrailは、AWSのAPI呼び出しを記録して**ロギング**するサービスです。AWSを適切に運用していると証明するためには、CloudTrailのようなサービスを利用して、**監査証跡**として耐えうるデータを蓄積し分析する必要があります。

◆ Amazon CloudWatch

CloudWatchは、AWS上のリソースやアプリケーションの**モニタリングサービス**です。各リソースに対して任意の条件で監視することが可能です。例えば、CPUの使用率が80％を超えた場合に通知するといったことが可能になります。

図1-1-11　IAM、CloudTrail、CloudWatch

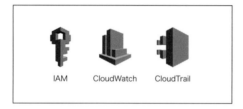

◆ AWS Elastic Beanstalk

Elastic Beanstalkは、**Webアプリケーションサーバ**のPaaSです。サーバを構築することなく、Java、.NET、PHP、Node.js、Python、RubyおよびDocker等のプラットフォームとして利用できます。Auto Scalingの設定をしておくことで、アプリケーションの縮退を自動的に行います。EC2上に自前でミドルウェアを構築する前に、Elastic Beanstalkで事足りないか検討してみるとよいでしょう。

◆ AWS CloudFormation

CloudFormationは、AWSの**環境構築を自動化**するツールです。書式に従ってテンプレートを作成することにより、そこに記述された環境を何度でも再現できます。CloudFormationを利用することにより、AWS上でのインフラ構築を劇的に効率化できる可能性を秘めています。また、テンプレートはJSON形式のファイルであり、Git等のリポジトリで管理することにより、結果としてAWSの環境自体をコードとして管理するこ

とが可能になります。

図1-1-12　Elastic Beanstalk、CloudFormation

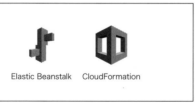

◆AWSサポート

　AWSサポートは、電話やメール・チャットで技術面の支援を行います。用途に応じて、無料の「ベーシック」から「開発者」「ビジネス」「エンタープライズ」とさまざまなレベルが存在します。AWSサポートは日本語で利用できます。

◆AWS Trusted Advisor

　Trusted Advisorは、AWSの適切な利用をサジェストするツールです。最適化のアドバイスの対象としては、セキュリティやコスト削減、可用性を高める方法や、パフォーマンスの問題等、多岐にわたります。

※

　AWSのサービスは年々追加され、機能拡張も行われています。設計の際には、最新の情報を公式のドキュメントで常に確認する習慣をつけましょう。また、新サービスや機能の更新情報については、公式ブログがわかりやすく整理されています。

Amazon Web Servicesブログ
http://aws.typepad.com/aws_japan/

　次は、主要なサービスの機能を、もう少し掘り下げて解説していきます。

Chapter1

1-2 AWSのネットワークサービス

　ネットワークはAWSの豊富なサービスを支える重要なインフラです。AWSのサービス提供開始時はインターネットからのアクセスのみでしたが、現在ではインターネットに接続しないネットワークを作成できたり、VPN・専用線での接続をサポートしたりと、クラウドの利用拡大を後押しするサービスが充実しています。DNSサービス等の新しいネットワークサービスが追加されたり、各サービスの内容も日々改善され、より便利に、より簡単にネットワークを管理することができます。

　本節では、AWSが提供するネットワークサービスを説明するとともに、AWSを支えるグローバルなインフラ環境についても説明します。

リージョンとアベイラビリティーゾーン

　最初に、AWSのグローバルインフラを支える物理的な構成を知るため、**リージョン**(Region)と**アベイラビリティーゾーン**(Availability Zone)について説明します。

リージョン

　リージョンは、AWSがサービスを提供している拠点(国と地域)のことを指します。2018年2月現在、AWSは18リージョンと1つのローカルリージョンでサービスを提供しています。リージョンによってはまだ提供が開始されていないサービスもありますが、利用できるサービスは全てのリージョンで同様に操作することができます。操作するための手段として、ブラウザ(AWSマネジメントコンソール：管理画面)、各種プログラミング言語(SDK)、各種OSコマンドラインツール(CLI)が提供されています。詳しくはChapter2で説明します。

　異なる国で稼働しているシステムインフラを統一された手段で操作できることは、AWSを利用する1つの大きなメリットになります。例えば海外にDR(ディザスタリカバリ)環境が必要なシステムを構築する場合、データセンタの違いによるアクセス方法や操作性の差異を気にする必要がありません(ディザスタリカバリは災害時等にシステムを早期に復旧することを目的とした仕組みを指します)。AWSでは複数のリージョンを利用したシステム構成を、**マルチリージョン構成**と言います。

　リージョンを選択する場合、AWS上で稼働するシステムを利用するユーザーにできるだけ近い場所にしましょう。遠いリージョンを選択するとネットワーク遅延が発生し、シ

ステムのレスポンスに思わぬ影響を与えてしまうことがあります。本書では、明示的な指定がないかぎり**東京リージョン**の利用を前提とします。各リージョンで利用することができるサービスは、以下のURLから確認できます。

各リージョンで利用できるサービス
https://aws.amazon.com/jp/about-aws/global-infrastructure/regional-product-services/

アベイラビリティーゾーン

　アベイラビリティーゾーン（以下、**AZ**）は、論理的にはデータセンタとほぼ同義と言えます。AWSの利用者は、任意のAZを選択してシステムを構築することができるため、オンプレミスでは実現が難しい複数データセンタを利用したシステム構成（国内DR構成）が簡単に実現できます。
　AWSでは複数のAZを利用したシステム構成を、**マルチAZ構成**と言います。各AZ間は高速なネットワーク回線で接続されているため、ネットワーク遅延の問題が発生することはほとんどありません。AWSを利用する場合は、可用性や耐障害性の面からマルチAZ構成を基本にシステムを構築することが推奨されています。
　それぞれのAZは地震やその他の災害・障害を考慮して、ネットワークや電源等の物理的なインフラが完全に独立した構成、立地になっています。そのため、1つのAZでデータセンタレベルの障害が発生したとしても、他のAZに影響が及ぶことはありません。

表1-2-1　リージョンと各リージョンのアベイラビリティーゾーン数

リージョンコード	リージョン名	アベイラビリティーゾーン数
ap-northeast-1	アジアパシフィック(東京)	4
ap-northeast-2	アジアパシフィック(ソウル)	2
ap-northeast-3	アジアパシフィック(大阪ローカル)	1
ap-southeast-1	アジアパシフィック(シンガポール)	3
ap-southeast-2	アジアパシフィック(シドニー)	3
ap-south-1	アジアパシフィック (ムンバイ)	2
eu-central-1	EU(フランクフルト)	3
eu-west-1	EU(アイルランド)	3
eu-west-2	EU(ロンドン)	3
eu-west-3	EU(パリ)	3
sa-east-1	南米(サンパウロ)	3
us-east-1	米国東部(バージニア北部)	6
us-east-2	米国東部 (オハイオ)	3
us-west-1	米国西部(北カリフォルニア)	3
us-west-2	米国西部(オレゴン)	3

Chapter1

ca-central-1	カナダ (中部)	2
cn-north-1	中国(北京)	2
cn-northwest-1	中国(寧夏)	2
us-gov-west-1	GovCloud	2

　GovCloudは米国政府の業務に関わる米国連邦政府、州、各地方自治体、契約業者のみ利用可能です。中国(北京、寧夏)等のリージョンを利用するには固有のアカウントが別途必要です。大阪リージョンを使用するためには申請と審査が必要で、東京リージョンとの併用が前提となります。

■ Web+DBシステムのマルチAZ基本構成

　標準的なWeb/AP(アプリケーション)サーバとDB(データベース)サーバのマルチAZ構成は、以下の図のようになります。

　2台のWeb/APサーバを異なるAZに配置し、ELBでアクセスを分散します。Web/APサーバはEC2インスタンス(p.10)を、DBサーバはRDSインスタンス(p.13)を利用して作成します。ELBはALBを使用しています(p.11)。RDSの**マルチAZオプション**を選択すると、2つのAZでマスター・スレーブ構成のDBサーバが作成されデータも同期されます。マスターDBに障害が発生した場合は、自動的にスレーブDBに切り替えられます。ELBやRDS等のサービスは次節以降で説明します。ここでは、AWSを利用することで非常に手軽に可用性・耐障害性の高いシステムインフラが構築できることを知っていただければと思います。

図1-2-1　マルチAZの基本構成

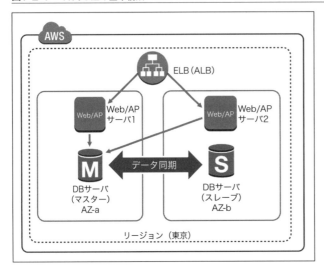

Amazon Virtual Private Cloud（VPC）

　VPCは、AWSのパブリッククラウド内にオンプレミス環境と同様の**プライベートネットワークを構築できるサービス**です。また、データセンタやオフィスのネットワークとハードウェアVPNで接続するインタフェースを提供します。

　VPCを利用することで、AWS環境の柔軟なインフラリソースをあたかも既存のネットワーク上に存在するかのように利用できます。つまり、インターネットから接続する必要がない社内システム等も、セキュリティを保ったままAWS上で稼働させることができるのです。

■ AWS Direct Connect

　Direct Connect（ダイレクトコネクト）は、データセンタやオフィスのネットワークとAWS間を**専用線で接続するサービス**です。VPNよりも安定した高速な通信環境が必要な場合に利用します。例えば、WebサーバはAWS上に配置するが、DBサーバはオンプレミスといったハイブリッド構成の場合、サーバ間の通信には高速かつ安定したネットワークが必要になります。また、オンプレミスで稼働するシステムのデータバックアップをAWSに取得する場合、データ容量によってはインターネットの回線速度ではバックアップ要件が満たされないこともあります。このような場合にDirect Connectが有効です。

　実際にDirect Connectを利用したい場合は、**APNテクノロジー/コンサルティングパートナー**に専用線の接続からAWS環境の設定を依頼する必要があります。APNパートナーは以下のURLから確認できます。

APNパートナー
http://aws.amazon.com/jp/directconnect/partners/

■ EC2-ClassicとEC2-VPC

　VPCが登場するまでは、インスタンスを起動するとグローバルIPアドレスとDNSホスト名（FQDN）が自動的に付与される仕組みになっていました。これを**EC2-Classic**と呼びます。2009年にVPCが登場し、2011年8月に全リージョンで利用可能になった頃から、VPN接続を利用しない場合でもネットワークの機能面やセキュリティの観点を理由に、VPC環境でインスタンスを起動することが一般的になりました。これを**EC2-VPC**と呼びます。

　2013年3月にはVPCが標準仕様（デフォルトVPC）となり、以降、新しく作成したAWSアカウントではEC2-Classicを利用することができなくなりました。既存のアカウントでも未使用のリージョンで新規にインスタンスを作成する場合は、デフォルトVPCが適用されるためEC2-Classicを利用することはできません。

Chapter 1

Amazon Route 53

　Route 53は、一言でいうと**DNSサービス**です。AWSマネジメントコンソール（管理画面）やAPIから、簡単にドメイン情報やゾーン情報を設定・管理できます。AWSの各サービス間連携はDNSホスト名（FQDN）を使うことが基本です。AWSでシステムを構築する際は、できるだけ固定の情報（IPアドレスやホスト名等）に依存しないシステム構成にすることで拡張性や運用性を高めることができます。

　例えば、デフォルトではEC2インスタンスは起動時に毎回IPアドレスが自動的に割り当てられるため、アクセスに必要なIPアドレスが変わってしまいます。そこで、起動時に自身のIPアドレスを決められたFQDNでRoute 53に自動登録すると、IPアドレスが変わっても同一のFQDN名でアクセスし続けることができるのです。これは運用性を高める1つの方法としてよく利用されます。

　Route 53はDNSサービスだけでなく、**ドメインレジストラ**としての役割や、**フォールトトレラントアーキテクチャ**の役割も果たすサービスでもあります。

■ドメインレジストラとしてのRoute 53

　Route 53はドメインレジストラとしてのサービスも提供しています。このサービスを利用することで、ドメインの取得からゾーン情報の設定までRoute 53で一貫した管理が可能になります。

　ドメインの年間利用料は通常のAWS利用料の請求に含まれるため、別途支払いの手続きをすることも不要です。また、自動更新機能もあるので、ドメインの更新漏れといったリスクも回避できます。新しくドメインを取得する時はもちろん、既存システムのドメインを移管することも可能なので、ドメインに関する情報はRoute 53にまかせてしまいましょう。一部移管できないドメインもありますので、詳しくは以下のURLで確認してください。

　　管理可能なドメイン一覧
　　http://docs.aws.amazon.com/Route53/latest/DeveloperGuide/registrar-tldlist.html

■フォールトトレラントアーキテクチャとしてのRoute 53

　フォールトトレラントアーキテクチャとは、システムに異常が発生した場合でも被害を最小限度に抑えるための仕組みのことを指します。Route 53が持つフォールトトレラントアーキテクチャは**DNSフェイルオーバー**です。例えば、稼働中のシステムに障害が発生してWebサイトの閲覧ができなくなった時、一時的に接続先をSorryサーバに切り替え

たいといった要件があった場合、Route 53のDNSフェイルオーバー機能を使用することで簡単に要件を満たすことができます。

AWSネットワークとVPCネットワーク

　AWSが提供しているネットワークは、**AWSネットワーク**と**VPCネットワーク**の2つに大別できます。AWSネットワークはインターネットからアクセスできるネットワークのことを指し、VPCネットワークはVPC環境内の閉じられたネットワークのことを指します。AWSのサービスにも、AWSネットワークでのみ利用可能なサービスとVPCネットワークでも利用可能なサービスの2種類あります。VPCネットワークで利用可能なサービスは、もちろんAWSネットワークでも利用可能です。

　主なAWSサービスは次の図のように分類できます。しかし、サービスの組み合わせによっては、VPCネットワークで利用するサービスもAWSネットワークへのアクセス（インターネット接続）設定が必要になるため注意が必要です。例えば、VPCネットワーク上のEC2インスタンスからS3へのアクセスが必要な場合、S3はAWSネットワークでのみ利用可能なサービスであるため、AWSネットワーク（インターネット）への通信設定が必要になり、インターネットゲートウェイもしくはVPCエンドポイントが必要になります。

図1-2-2　AWSネットワークとVPCネットワーク

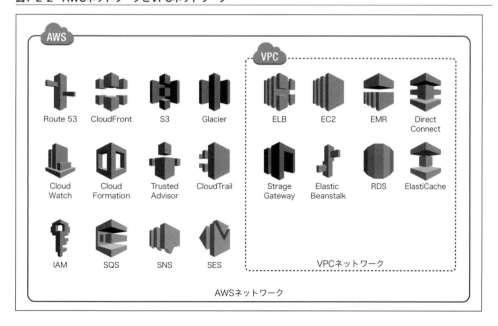

Chapter1

　インターネットへの接続が必要となると、せっかくVPCを使っているのにセキュリティリスクが高まるのではないかと思われがちです。しかし、AWSネットワークとVPCネットワーク間の通信は大きな意味でAWSのネットワーク内の通信と考えることができます。さらに、AWSネットワークでのみ利用可能なサービスとの通信は全てSSHやHTTPS等の暗号化が可能なため、リスクを把握して正しく対処すれば盗聴等のセキュリティに関する心配はありません。

※

　ここまでは、AWSが提供するネットワークサービスについて説明しました。AWSのグローバルなインフラがどのように構成されているのか、そのインフラ環境でどういったネットワークサービスが提供されているのかが理解できたかと思います。次節以降では、サーバやストレージ等のインフラとして利用するAWSの各種サービスを説明します。

1-3 ハードウェアリソースとしてのAWS

　AWSサービスの大部分はIaaSとPaaSのクラウドモデルから成り立っています。IaaSとは前述したようなネットワーク機能に加えて、ハードウェア、サーバ、OSまでを提供するサービスモデルで、PaaSはIaaSに加えてミドルウェアも提供するサービスモデルと言えます。
　AWSのIaaSのうち広く使用されているサービスに**EC2**、**EBS**、**S3**が挙げられます。本節ではEC2、EBS、S3の基本的な概念について説明します。

■ Amazon Elastic Compute Cloud(EC2)

　EC2は、クラウド上で**仮想サーバ**（インスタンス）、**バックアップイメージ**（AMI・スナップショット）、**ストレージ**（EBS）、**ファイアウォール**（セキュリティグループ）、**固定グローバルIP**（Elastic IP）等を利用できるサービスです。基本的な利用方法としては、あらかじめAWSに用意されている**AMI**（Amazon Machine Image）からディスク容量や通信要件を設定したうえで、**インスタンス**を作成します。
　また、インスタンスにログインしてミドルウェアのインストールや設定を行った後等、バックアップが必要な時点でAMIを作成したり、必要に応じて固定グローバルIPを付与してインターネットと通信できるようにしたりします。
　ここでは、EC2の中核となっているインスタンスとEBSについて説明します。

■ インスタンスとは

　インスタンス（Instance）は従来のオンプレミス環境上のサーバに相当します。インスタンスが持つ情報はOS、CPU、メモリ等の仮想サーバとしてどのようなリソースで稼働するかといったものです。実際にインストールするミドルウェアや保存するデータは後述のEBSに格納されることになります。インスタンスにはさまざまなOSやタイプの選択肢が用意されており、ユースケースに応じて最適なものを選ぶことができます。

■ インスタンスとして選択できるOSの種類

　2018年2月現在、インスタンスとして選択できるOSは、下記のもの等があります。

Chapter 1

- Amazon Linux
- RedHat Enterprise Linux
- SUSE Linux Enterpris Server
- Ubuntu Server
- Fedora
- Debian
- CentOS
- Gentoo Linux
- FreeBSD
- Windows Server

■ インスタンスに適用できるインスタンスタイプ

　インスタンスタイプとは、インスタンスに適用するCPU、メモリ、内蔵ディスク、ネットワークキャパシティの構成パターンです。インスタンスタイプはユースケースに応じて系統が分かれており、汎用的な使用を想定したT2インスタンスとM4インスタンス、CPU性能を高くしたC4インスタンス、メモリ容量を大きくしたR3インスタンス等があります（2018年2月現在）。

　このような系統のなかでさらにsmall、medium、large、xlargeのように性能の選択肢が用意されています。詳細は公式サイトを参照してください。

Amazon EC2 製品の詳細
http://aws.amazon.com/jp/ec2/details/

■ インスタンスストレージ

　インスタンスストレージとは、EC2インスタンスが稼働する物理サーバにあるローカルディスクのことです。インスタンスタイプによって利用できるインスタンスストレージのサイズと個数があらかじめ決められています。最近の傾向としては、インスタンスストレージなしのタイプが増えています。

　インスタンスストレージを利用するうえで注意すべきことは、インスタンスストレージ上のデータはEC2インスタンスを停止してしまうと削除されることです。そのため、処理に必要な一時ファイルやキャッシュデータ等の配置場所として利用します。また、EBS（後述）と比較すると遅延のない安定したI/Oが期待できるため、Linux系OSの場合はswapファイルの配置場所として最適です。

■ EBS-BackedインスタンスとInstance Store-Backedインスタンス

EBS-Backedインスタンスとは、OSを含むルートデバイス情報をEBSに格納したインスタンスのことです。現在はこのEBS-Backedインスタンスが主流であり、AWSでも推奨されています。EC2インスタンス稼働中のルートデバイスに対する変更は全てEBSに記録されるため、インスタンスを停止してもその変更内容が保持されます。そのため、次回起動時も変更内容が反映された状態でインスタンスを起動することができます。

対して、Instance Store-Backedインスタンスは、OSを含むルートデバイス情報をS3に格納したインスタンスのことです。EC2がリリースされた時は、このInstance Store-Backedインスタンスのみでした。インスタンス起動時は、S3から前述のインスタンスストレージにデータをコピーしてから起動します。次回起動時は、またS3からルートデバイス情報をコピーするため、起動中のルートデバイスに対する変更は全て破棄されます。ルートデバイスの内容を変更したい場合は、専用のツールを使用して変更後の内容をS3にアップロードする必要があります。

なお、現行世代のインスタンスは全てEBS-Backedなので、上記のことはあまり意識する必要はなくなっています。

■ インスタンスの料金

インスタンスの料金は、インスタンスタイプに応じた**時間毎料金に起動時間を乗じた従量課金制**です。インスタンスの料金はリージョンによって異なります。例えば東京リージョンでt2.small（$0.032/時間）のインスタンスを10日間使用した場合、下記のような計算となります。

$0.032/時間 × 24時間 × 10日 ＝ $7.68

インスタンスタイプが高性能なものになるほど、起動時間が長時間になるほど料金も高くなっていきます。また、インスタンスが1時間未満の利用でも、起動した時点で1時間分の料金が発生することに注意が必要です。

■ インスタンス料金の最適化

コストを最適化した形で運用するためには、インスタンスのユースケースを明確にして、インスタンスタイプと起動時間をコントロールすることが重要です。例えば月に数回決まった日時に高負荷な処理をするバッチサーバ等は通常は停止しておき、処理を行う時に負荷に応じた高性能のインスタンスタイプで起動させて処理を行うということが考えられます。

このように、インスタンスを指定した日時に起動させるといったAWSのリソースを直接操作することは、AWSから提供されているCLIやSDKを用いることで自動化・バッチ

化することで可能です。CLIやSDKに関しては後述にて説明させていただきます。

■ES2インスタンスで使用するOSのライセンス

EC2インスタンスで利用するOSのライセンスは、原則として1時間あたりのEC2利用料金に含まれています。そのため、選択したOSによって同じインスタンスタイプでも1時間あたりの金額が異なります。

ライセンス料が必要なOSを大別すると、「Windows Server」「Red Hat Enterprise Linux」「SUSE Linux Enterprise Server」「その他のLinux OS」の4つです。Windows Serverでは、SQL Serverのライセンスも含まれたインスタンスを選択することもできます。

Amazon Elastic Block Store (EBS)

EBSは従来のオンプレミス環境上の外付けディスクに相当します。EBSには複数のボリュームタイプの選択肢が用意されており、種類に応じてIOPS（1秒間に読み書きできる回数）や価格が異なります。

■EBSのボリュームタイプ

2018年2月現在、選択できるEBSのボリュームタイプは下記になります。

- 汎用SSD (GP2)
- プロビジョンドIOPS SSD (IO1)
- スループット最適化 HDD (ST1)
- Cold HDD (SC1)
- マグネティック

詳細については公式サイトを確認ください。

Amazon EBS ボリュームの種類
https://docs.aws.amazon.com/ja_jp/AWSEC2/latest/UserGuide/EBSVolumeTypes.html

◆汎用SSD

汎用SSDを選択した場合、1GBあたり3IOPSのベースパフォーマンスを持つため、IOPSの指定はできませんが容量が増えるごとにIOPSも上がっていきます。また、容量に関わらず最低100IOPSは保証されます。さらにストレージへの読み書きに対しては課金されません。特別な要件がないかぎりは汎用SSDを利用します。

1-3　ハードウェアリソースとしてのAWS

◆プロビジョンドIOPS SSD

　プロビジョンドIOPSを選択した場合、IOPSを指定することができます（最大20000IOPS）。ただし、1IOPSあたりで料金が発生します。要するにIOPSを買う形になります。どうしても性能要件を満たさなければならない場合は、プロビジョンドIOPSを利用します。

◆スループット最適化 HDD

　スループット最適化は、大きなファイルを高速に読み出せるように設計されています。用途としては、MapReduceやETL処理、ログ処理、データウェアハウスなど、ビッグデータ分析などが想定されています。注意点としては、小さなファイルサイズを大量に読み書きするには向いておらず、性能が出ないので注意してください。

◆Cold HDD

　Coldは、利用頻度が低いストレージに最適化されています。GBあたりの単価を抑えつつ、大容量ファイルに対してスループットを高めに設定されているため、アーカイブに近いデータの保存に適しています。

◆マグネティック

　マグネティックは従来の磁気ディスクになります。AWSがSSDに対応してからは非推奨になっていますが、SSDと比べるとストレージ料金が割安なので、開発環境等で少しだけ使う場合には適しています。ただし、読み書きに対しても課金されるので注意してください。

■ EBSの料金

　EBSの料金は**ボリュームタイプに応じた1GBあたりの月毎料金に利用時間を乗じた従量課金制**です。EBSの料金はリージョンによって価格が異なります。例えば、東京リージョンで汎用SSD（$0.12/月1GBあたり）のEBSを10GBで10日間使用した場合、下記のような計算となります。

$0.12/月1GB × 10GB × 10日 ÷ 30日（1か月）＝ $0.4

■ EBSのサイズ変更

　EBSのサイズの変更はオンラインのまま行うことができます。ただし、旧タイプのマグネティックでは後述の**EBSスナップショット**の作成が必要になります。作成したEBSスナップショットからEBSを復旧する際にサイズを指定して、EBSを再作成します。なお、EBSのサイズ変更は容量の増加は可能ですが、いったん増やしたEBSの容量を減少させる

ことができない点は注意が必要です。

■EBSの暗号化

EBSを新規に作成する際に**暗号化オプション**を有効にすることができます。暗号化方式はAWS独自の鍵管理システムによって保護された業界標準の**AES-256アルゴリズム**で実現されます。

暗号化オプションが有効になったEBSは、サポートされているインスタンスタイプのインスタンスにアタッチすることで保存するデータ、読み書きが暗号化されます。また、後述のEBSのバックアップに相当するスナップショットも、暗号化オプションを有効にしたEBSから作成すると自動的に暗号化オプションが有効になり、EBSと同じ鍵で暗号化されます。ただし、暗号化オプションを使用するうえでは下記の点に注意する必要があります。

- 暗号化オプションを有効にしていないEBSを途中から暗号化オプションにすることはできない
- 暗号化オプションを有効にしたスナップショットを他のAWSアカウントと共有する場合は、暗号化キーへアクセスできるロールを付与する必要がある
- 暗号化オプションがサポートされているインスタンスタイプでのみ使用できる

スナップショットの機能については後ほど説明します。

■EC2、EBSのSLA

EC2、EBSは2013年6月1日にSLA（Service Level Agreement：サービスの品質）が発表されています。現在のSLAは、マルチAZ構成で使用するEC2・EBSの月間稼働率が99.95％以上となっています。 SLAの全文については、公式サイトを参照してください。

Amazon EC2 サービスレベルアグリーメント
http://aws.amazon.com/jp/ec2/sla/

EC2におけるバックアップ

インスタンスやEBSを運用していくうえで欠かせないのが、**AMI**と**EBSスナップショット**によるバックアップです。インスタンスやEBSからAMIならびにEBSスナップショットを作成することにより、作成したその時点への復旧が可能になります。また、AMIとEBSスナップショットはバックアップという用途だけではなく、リージョン間のコピー、AWSアカウント間の共有やAuto Scalingでも使用される重要な機能になります。

1-3 ハードウェアリソースとしてのAWS

■ AMI（Amazon Machine Image）

AMIは、仮想サーバであるインスタンスの起動に必要な情報を保存しています。

AMIの情報には、インスタンスのOS、アーキテクチャ（64bit、32bit）、仮想化方式（HVM、paravirtual）、インスタンスの起動時にアタッチするEBSの元となるEBSスナップショット、ブロックデバイスマッピングの指定等が含まれます。AMIは単独では作成することができず、後述のEBSスナップショットに付加する起動情報という形で作成されます。

■ EBSスナップショット

EBSスナップショットはEBSをバックアップし、S3に保存する機能です。バックアップの方式は、前回のEBSスナップショット作成時からEBSで変更された増分がバックアップされる**増分バックアップ方式**です。

1つのEBSに対して複数のスナップショットを作成している場合、あるスナップショットを削除するとそのスナップショットでのみ使用されているデータが削除され、他の保存されている全てのスナップショットは、EBSのスナップショットを取得した時点へ復元する情報を全て持っていることになります。このため、スナップショットの作成には前回の作成時から変更が多いほど時間がかかる点に注意が必要です。

■ AMIとEBSスナップショットのリージョン間コピー

AMIとEBSスナップショットは、異なるリージョンにコピーを作成することができます。この機能により、複数リージョンを利用したDR環境等の構築を容易に実現することが可能になります。

■ AMIとEBSスナップショットのAWSアカウント間共有

AMIとEBSスナップショットは、共有するAWSアカウント番号を登録することで、同じリージョン内で他のAWSアカウントと共有し、利用することができます。

AMIを共有した場合は、AMI情報に含まれるEBSスナップショットも共有されます。また、特定のAWSアカウントだけではなく、同じリージョン内の全てのAWSユーザーにAMIとEBSスナップショットを公開することも可能です。

注意するべき点は、AWSアカウント間の共有は同じリージョン内で行われるため、異なるリージョン間で共有する際には、上述のリージョン間のコピーの操作が必要になります。

■ AMIとEBSスナップショットの料金

EC2インスタンスからイメージを作成した場合、AMIと対応するEBSスナップショットが作成されますが、AMIについては料金がかかりません。

料金が発生するのはEBSスナップショットで、**1GBあたりの月毎料金に利用時間を乗**

じた従量課金制です。EBSスナップショットの料金はリージョンによって価格が異なります。例えば東京リージョン（$0.05/月1GBあたり）でEBSスナップショットを10GBで10日間使用した場合、下記のような計算となります。

$0.05/月1GB × 10GB × 10日 ÷ 30日（1か月）= $0.17

Amazon Simple Storage Service(S3)

　S3は99.999999999％の耐久性を実現したストレージサービスです。S3の利用はREST、SOAPといったシンプルなWebサービスインタフェースで行われます。保存するデータ量に対する料金も安く、保存できるデータ量は無制限です。

　S3はFTPサーバのような感覚で単純なファイルの保存領域として使用すること以外に、さまざまなAWSサービスの利用ログの保存、静的WebサイトとしてのWebホスティング機能を兼ね備えています。また、料金体系と利用方法は異なりますが、前述のEBSスナップショットの保存領域としても使用されています。

　その他にもビッグデータ分析のデータソースとしての活用、オンプレミス環境のディザスタリカバリ用のデータバックアップ、自動スケーリング設計されたEC2インスタンスのログ保存等、ユーザーのユースケースに合わせて幅広い活用ができます。

■ S3の冗長化構成

　S3はデータを保存した際に自動的に複数のデータセンタに同期することで、堅牢な耐久性を維持しています。この同期処理についてS3では、実行した更新処理はある程度の時間が経過すると必ず反映されるという結果整合性を採用しています。そのため、データを保存した後で複数のデータセンタで同期を行っている間にデータの読み込みを行い、データの同期が完了していないデータセンタが参照先にあたるとデータ保存前の状態を参照してしまうことに注意が必要です。

■ S3のバケットとオブジェクトの概念

　S3のデータ保存は、最初にリージョンを選択したうえでバケット（Bucket）というコンテナを作成し、そこへオブジェクト（Object）としてデータを保存していきます。バケットはS3上に複数作成することができ、バケット単位で参照、作成、削除等のアクセス制限を設定します。

　オブジェクトの最大サイズは5TBで、保存できる数に制限はありません。また、オブジェクトをグルーピングするディレクトリを作成して、ファイルサーバのようにディレクトリを階層化してオブジェクトを格納することもできます。

■ S3のストレージオプション

S3のストレージオプションには、**標準ストレージ**と**低冗長化ストレージ (RRS)** があります。

標準ストレージは指定された1年間に99.999999999％の堅牢性と99.99％の可用性を提供し、2拠点で同時にデータ喪失を起こしてもデータが維持されるように設計されています。シビアなコスト削減をする必要がある場合以外は通常、標準ストレージを使用します。

低冗長化ストレージ (RRS) は指定された1年に対して99.99％の堅牢性と99.99％の可用性を提供し、単一の施設でデータ喪失を防ぐよう設計されています。主にコスト削減を目的とする場合は、低冗長化ストレージを使用します。

■ S3の料金

S3の料金は**ストレージオプションに応じた1GBあたりの月毎料金に利用時間を乗じた従量課金制**です。S3の料金はリージョンによって価格が異なります。

例えば東京リージョンで標準ストレージオプション（$0.0250/月1GBあたり）のデータを10GBで10日間使用した場合、下記のような計算となります。

$0.0250/月1GB × 10GB × 10日 ÷ 30日（1か月）＝ $0.08

■ S3の暗号化

S3では、データ保存時にAWS側で自動的に暗号化を行う**サーバサイド暗号化 (SSE)** を提供しています。S3でオブジェクトを作成または属性を変更する際に暗号化オプションを指定することで暗号化し、オブジェクトの参照時に復号を自動で行います。暗号方式はAES-256アルゴリズムで実現され、下記の3パターンの鍵管理方式を選択できます。

・Amazon S3キー管理 (SSE-S3)
・クライアントキー (SSE-C)
・AWS KMS (SSE-KMS)

■ S3のアクセス管理

S3のアクセス管理には**バケットポリシー**、**ACL（アクセスコントロールリスト）**、**IAMでの制御**の3つが挙げられます。

下記の表はそれぞれの方法がどの単位で制御することができるかを表したものです。

表1-3-1　S3のアクセス管理の単位

項目	バケットポリシー	ACL	IAMでの制御
AWSアカウント単位の制御	○	○	×
IAMユーザー単位の制御	△	×	○
S3バケット単位の制御	○	○	○
S3オブジェクト単位の制御	○	○	○
IPアドレス・ドメイン単位の制御	○	×	○

　3つの方法のユースケースとして、バケットポリシーはバケット単位でアクセス制御が確定しており将来的に変更が少ない場合、ACLはオブジェクト単位で公開・非公開を制御する場合、IAMでの制御はユーザー単位にS3のリソースを制御する場合に使い分けることが考えられます。

　バケットポリシーのIAMユーザー単位の制御は、IAMユーザーの名称と一致したバケットのみを利用する等、利用方法がかぎられているため、IAMユーザーに対する制限を行う場合はIAMのポリシーを利用する方法がよいでしょう。

S3のイベント通知

　S3はバケット、オブジェクトに対してキーとなるイベントが発生した際に、下記のイベント通知を送ることができます。

- SNSのトピックへのメッセージ発行
- SQSのキューへのメッセージ作成
- Lambdaの関数への通知

　S3でサポートされているキーとなるイベントとしては、PUTまたはPOSTメソッドでのオブジェクトの作成・上書き、オブジェクトのコピー、マルチパートアップロードの完了、低冗長化ストレージ（RRS）のオブジェクトが消失した場合が挙げられます。

S3のSLA

　S3は、特定の一年間で99.999999999％のオブジェクト耐久性を提供するよう設計されています。

　S3は2013年6月1日を発行日としてSLAが発表されています。現在のSLAは月間稼働率が99.9％以上となっています。SLAの全文については、公式サイトを参照してください。

Amazon S3 サービスレベルアグリーメント
http://aws.amazon.com/jp/s3/sla/

■ S3のWebホスティング機能

S3では、静的なコンテンツにかぎってWebサイトとしてホスティングする環境を簡単な設定で作成することが可能です。静的コンテンツのリリースは、通常のS3の利用と同様にS3のバケットへ保存することで行うことができます。

また、S3の静的WebサイトにはS3独自のドメインが割り振られますが、Route 53等のドメインネームサービス（DNS）を用いて独自のドメインで運用することも可能です。その場合はホスティングするバケット名がドメインと同じである必要があります。S3でのWebホスティング機能は後で詳しく説明します。

一方、Ruby、Python、PHP、Perl等サーバサイドの動的なコンテンツに関しては、S3をWebホスティングとして使用することはできません。動的なコンテンツのWebホスティングを行う場合は、**Elastic Beanstalk**を利用するか、EC2で独自にWebサーバ（インスタンス）を作成する等の方法があります。

■ EBSスナップショットとS3オブジェクトの違い

EBSスナップショットはS3を保存領域にしますが、S3のオブジェクトのようにREST、SOAP通信でローカル環境に保存する操作はできません。EBSスナップショットの利用は、あくまでEC2内での利用に限定されていることに注意が必要です。

■ S3のバージョン管理

S3には簡単なバージョンを管理する仕組みも備わっています。Git、Subversionのようなバージョン管理ツールほどの高機能はありませんが、バージョン管理機能を有効にすることでオブジェクトに対する上書き、削除の際にアクセス可能な名称の異なるオブジェクトが自動的に作成されます。

■ S3のライフサイクル設定

S3にはオブジェクトの作成から上書き・削除までの期間をライフサイクルとしてどのように管理するかを設定する機能があります。管理の方法としては**スケジューリング**による削除処理や、後述のAmazon Glacierへの**アーカイブ**が可能です。

また、前述のバージョン管理機能で管理されている最新のオブジェクトとそれ以前のオブジェクトに対して**ライフサイクル設定**を行うことができます。ただし、最新のオブジェクト、それ以前のオブジェクトという区別に対してライフサイクル設定が行われるため、バージョンの世代管理のようなことはできないことに注意が必要です。

Amazon Glacier

　GlacierはS3と同様に99.999999999％の耐久性を持ちながら、さらに低価格で利用できる**アーカイブストレージサービス**です。低価格である半面、いったんデータを保存するとデータの取り出しに時間がかかります。また、S3のように保存するデータに対して名称を付けることはできず、自動採番されたアーカイブIDで管理することになります。

　これらのことから、Glacierはオンプレミス環境での磁気テープのように長期間保存し、アクセス頻度が低く、取り出しに時間がかかっても問題ないデータを保存することに適していると言えます。Glacierへのデータの保存はAPIでの操作か、S3のライフサイクル管理によって行うことができます。

■ Glacierの料金

　Glacierの料金は**1GBあたりの月毎料金に利用時間を乗じた従量課金制**です。Glacierの料金はリージョンによって価格が異なります。

　例えば、アジアパシフィック（東京）リージョン（$0.0050/月1GBあたり）で10GBのデータを10日間保存した場合、下記のような計算となります。

$0.0050/月1GB × 10GB × 10日 ÷ 30日（1か月）＝ $0.016

■ GlacierのSLA

　Glacierは、S3と同様に99.999999999％の耐久性を提供するよう設計されているとされていますが、2018年2月現在、SLAは発表されていません。

1-4 アプリケーション基盤としてのAWS

　先に紹介した仮想コンピュータであるEC2やEBS、S3等のストレージ、VPC、Route 53等のネットワークは、AWSを代表する非常に強力なサービス群です。これらのサービスだけでもインフラを構築し、アプリケーションを運用していくことが可能です。

　しかし、AWSは単なる仮想コンピュータやストレージだけでなく、実にさまざまなサービスを提供しています。これらを効果的に利用することで構築・運用の工数やコストを大幅に下げることができます。

　IaaSと並んで、PaaSという言葉があります。PaaSとは、IaaSが仮想マシンやネットワークといったハードウェア部分を提供するのに対し、さらにOSからミドルウェアまで、アプリケーションを稼働させるために必要なプラットフォームを含めてネットワーク経由で提供します。ここでは、PaaSに分類されるAWSのサービスである**RDS**、**Elastic Beanstalk**、**ElastiCache**を紹介します。

Amazon Relational Database Service (RDS)

　RDSは、クラウド上で**リレーショナルデータベース（RDBMS）**を利用できるサービスです。

RDSとは

　AWS上でRDBMSを利用する方法は2種類あります。1つは、EC2インスタンスにRDBMSをインストールする方法で、もう1つがRDSを利用する方法です。RDSでは、データベース用のインスタンス（仮想サーバ）が作成され、そのうえにOSやデータベースエンジンが構築されます。OSやデータベースエンジン部分はAWSが管理するので、利用者はサーバやミドルウェアのメンテナンスは不用です。

　EC2上でRDBMSを利用する場合、サーバの構築はもちろんのこと、パッチの適用、バックアップの取得等は自身で行う必要があります。しかしRDSを使った場合は、サーバの構築は既にされており、パッチ適用やバックアップは自動で行われるため、構築・運用のコストを削減できます。

　便利な半面、RDSインスタンス上のOSにはログインすることができなかったり、メンテナンスの調整が難しかったりと、不自由な点は幾つかありますが、基本的には、AWSでRDBMSを運用する場合のベストプラクティスは、RDSを利用する方法になります。

図1-4-1 RDSのイメージ

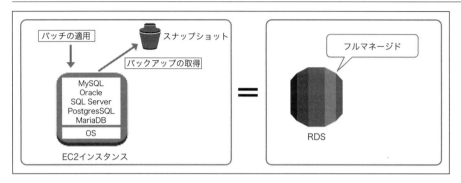

■ RDSで利用できるデータベースエンジン

2018年2月現在、RDSで提供されているデータベースエンジンは以下になります。

・MySQL
・PostgreSQL
・Oracle
・SQL Server
・MariaDB

■ RDSのインスタンスタイプ

RDSはEC2と同様に用途に応じて**インスタンスタイプ**を選択することができます。EC2ほど種類はありませんが、標準的なM4インスタンス、メモリ最適化されたR3インスタンス、低価格のT2インスタンスがあります。この3種類からさらに、smallやmedium、largeといったスペックを選択します。詳細は公式サイトを確認してください。

Amazon RDS インスタンスタイプ
https://aws.amazon.com/jp/rds/instance-types/

■ RDSの料金

RDSは従量課金制です。**インスタンスの利用時間**、**ストレージ容量**、**I/Oリクエスト**、**バックアップ**に対して**課金**されます。なお、RDSインスタンスの停止には制限があります。EC2と同様に停止可能なのは、シングルAZ構成の場合のみです。マルチAZならびにリードレプリカがある場合は停止できません。

マルチAZならびにリードレプリカがある場合は、課金されないようにするためにはインスタンスを削除するしかありません。しばらく使用しないインスタンスは、バックアッ

プ（DBスナップショット）を作成し、削除しましょう。料金については、公式サイトを確認してください。

　RDSの料金
　https://aws.amazon.com/jp/rds/pricing/

■ RDSのSLA

　RDSは2013年6月にGA（General Availability）となりSLAが発表されました。現在のSLAは、マルチAZインスタンスの月間稼働率が99.95％以上となっています。

　用語の定義について補足します。**マルチAZインスタンス**とは、後で説明するマルチAZ機能が有効になっているインスタンスのことです。**月間稼働率**とは、毎月の請求期間中にマルチAZインスタンスが使用不能だった時間の割合を100％から引いたものです。時間は分単位で計算されます。使用不能の定義は、1分間マルチAZインスタンスに対するあらゆる接続が不可能となる状態です。全文については、公式サイトを確認してください。

　Amazon RDSサービスレベルアグリーメント
　http://aws.amazon.com/jp/rds/sla/

■ RDSのライセンス

　OracleとSQL Serverは利用するためにはライセンスが必要になります。RDSでは、**ライセンス料をインスタンス利用料に含めたモデル**と、**自分が持っているライセンスを使用するモデル**（BYOL：Bring Your Own License）の2つのモデルを提供しています。

　これにより、OracleやMicrosoftからライセンスを購入する必要はなく、また**オンプレミス等からの移行の場合、現在使用しているライセンスを引き続き利用することも可能に**なります。

■ RDSのバックアップ

　RDSのバックアップは、**自動バックアップ**と**DBスナップショット**の2種類があります。

◆自動バックアップ

　自動バックアップでは1日に1回、完全なスナップショットを作成し、作成されたスナップショットがS3に保存されます。なお、このスナップショットを作成する時間は自由に選択することができます。また、自動バックアップ機能をオンにすると、**ポイントインタイムリカバリ**が可能となります。

　ポイントインタイムリカバリとは、データベースを過去の特定の時間の状態に戻すこと

です。RDSは日次のスナップショットとトランザクションログからポイントインタイムリカバリを実現します。指定できる時間は現在時刻の5分以上前となります。ただし、自動バックアップには保持期間があり、最小で1日、最大で35日となります。

図1-4-2　自動バックアップのイメージ

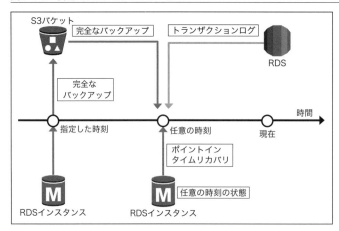

◆**手動バックアップ（DBスナップショット）**

　自動バックアップ以外にも、当然ながら任意の時点でバックアップ（**DBスナップショット**）を作成することができます。自動バックアップと異なり、DBスナップショットには保持期間の制限がありません。先ほど述べたように、しばらく使用しないインスタンスをいったん削除する場合には、DBスナップショットを取得して保存します。

　なお、保持期間の制限がありませんので、手動で作成されたバックアップは自分で削除する必要があります。DBスナップショットの保持には料金が発生するので、不要なDBスナップショットが大量に残っている状態にならないよう注意してください。

■ RDSのネットワーク

　RDSには、個人情報等の重要なデータを格納する可能性が高いです。したがって、RDSについて十分に理解し、セキュアなネットワークを構築することが重要です。

◆**RDSインスタンスのIPアドレスとDNS**

　RDSにアクセスする場合には必ずDNSを利用します。RDSインスタンスのIPアドレスは固定されません。そのため、アクセスにはインスタンス作成時に発行される**DNS名**を利用します。

　このDNS名を名前解決すれば、現在のIPアドレスを調べることはできます。しかし、

このIPアドレスは随時変更されるので注意してください。また、RDSのDNS名は**エンドポイント**（Endpoint）とも呼ばれます。下図の枠で囲んだ部分になります。

図1-4-3　RDSのエンドポイント

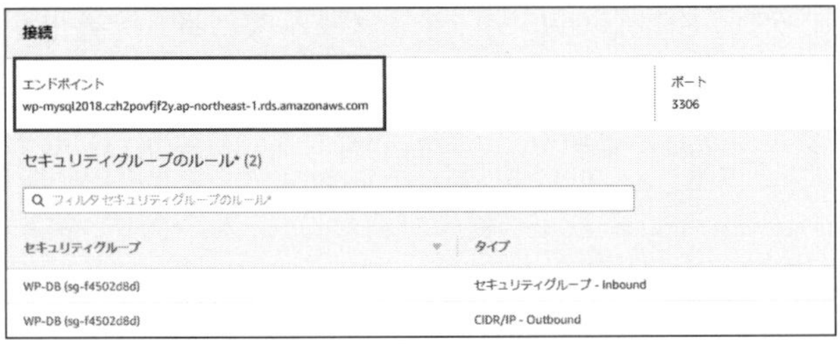

```
接続
エンドポイント                                              ポート
wp-mysql2018.czh2povfjf2y.ap-northeast-1.rds.amazonaws.com    3306

セキュリティグループのルール (2)

  フィルタセキュリティグループのルール

セキュリティグループ                    タイプ
WP-DB (sg-f4502d8d)                   セキュリティグループ - Inbound
WP-DB (sg-f4502d8d)                   CIDR/IP - Outbound
```

◆ RDSインスタンスへのアクセスポート

　RDSインスタンスへは、特定のポートとプロトコルでしかアクセスできません。例えばMySQLの場合、アクセス可能なポートはデフォルトで「3306」になっており、これ以外ではアクセスできません。SSHやRDPは使えないので、RDSインスタンスのOSへログインすることはできません。アクセスするポート番号は、1150以上の番号であれば変更することができます。

◆ セキュリティグループ

　RDSインスタンスには、**セキュリティグループ**を設定します。セキュリティグループにより、IPアドレスやインスタンスごとのアクセス制御を実現することができます。

　また、先ほど述べたようにRDSは特定のポートでしかアクセスできないので、許可するポートは1つになります。

◆ VPCで稼働可能

　RDSはVPC上で稼働させることができます。これにより、RDSインスタンスを特定のサブネットに所属させることができるので、RDSインスタンスに付与されるIPアドレスのレンジをある程度絞ることができます。

　また、プライベートサブネットに所属させることで外部との通信を遮断することもできます。VPCのルートテーブルやネットワークACLも適用され、よりセキュアなネットワークを構築することができます。

◆ マルチAZ

　マルチAZ機能は、RDSの可用性を高める機能です。マルチAZ機能を有効にすることで、作成したRDSインスタンスに対する、**スタンバイレプリカ**が別のAZに作成されます。ア

クティブなRDSインスタンスが使用不可能な状態になった場合、自動的にスタンバイレプリカにフェイルオーバーされます。現在のRDSインスタンスが所属するAZと、フェイルオーバー後のAZがどこになるかは、AWSマネジメントコンソール（管理画面）から確認することができます。

「RDSのSLA」（p.39）で述べたように、SLAはマルチAZインスタンスに対して適用されます。マルチAZ機能を有効にすることで料金は増えますが、本番環境では必ず有効にしてください。逆に開発環境では費用がかさみますので、特に必要がなければ無効にしましょう。

図1-4-4　マルチAZによるRDSインスタンスの切り替え

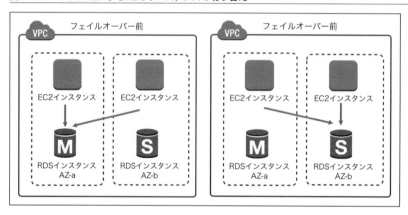

◆ フェイルオーバー時の注意点

　フェイルオーバーが発生しても、RDSインスタンスのDNS名は変わりません。DNSの参照先が変更になるだけなので、アプリケーションからの接続情報を変更する必要はありません。しかし、APサーバ等でDNSをキャッシュしている場合には、アクセスができなくなるので注意してください。

　このフェイルオーバーは、アクティブなRDSインスタンスが使用不可能であることを検知してから処理が始まるため、フェイルオーバーが完了するまでの間はダウンタイムが発生します。フェイルオーバーの時間はSLA等で明確に定義されているわけではありません。基本的には数分で完了しますが、トランザクションの量やデータベースエンジンの種類によって左右されます。

◆ 手動フェイルオーバー

　フェイルオーバーは手動でも実行することができます。リリース前にフェイルオーバー時のテストをする場合に有用です。先ほど述べたように、どこかでDNSをキャッシュしている場合は、手動フェイルオーバーでテストすることで発見できます。また、フェイル

1-4 アプリケーションプラットフォームとしてのAWS

オーバー完了までの時間をある程度予測することもできます。

◆ マルチAZの対応リージョンとデータベースエンジン

東京リージョンでマルチAZ機能を有効にできるのは、MySQL、PostgreSQL、Oracle、SQL Serverです。

■ ストレージタイプ

RDSインスタンスでは、EC2のEBSと同様に以下のストレージを選択することができ、選択したストレージによってIOPSが変わります。

- 汎用SSD (GP2)
- プロビジョンドIOPS SSD (IO1)
- スループット最適化 HDD (ST1)
- Cold HDD (SC1)
- マグネティック

各ストレージタイプについては、「EBSのボリュームタイプ」(p.28)を参照してください。

■ RDSのログ

マネジメントコンソール等からRDSのログを確認することができます。ただし、確認できるログはデータベースに関するもののみで、OSのログといったものは確認できません。具体的にどういったログを確認できるかは、データベースエンジンによって変わるのでドキュメントを確認してください。

Amazon RDS Database Log Files
http://docs.aws.amazon.com/AmazonRDS/latest/UserGuide/USER_LogAccess.html

■ パラメータグループ

パラメータグループは、各データベースエンジンに対する設定情報を管理・適用する機能です。例えば、データベースの文字コード等は、パラメータグループで指定します。作成したパラメータグループは、複数のRDSインスタンスに適用することができます。

RDSインスタンス作成後にもパラメータグループの値を変更したり、別のパラメータグループを適用することができます。ただし、変更した項目によってはRDSインスタンスのリブートが必要になります。

■ オプショングループ

　オプショングループは、データベースの追加機能を管理・適用する機能です。OracleのOEMやStatspackは、オプショングループで指定することで導入できます。パラメータグループと同様に、作成したオプショングループは複数のRDSインスタンスに適用することができます。オプショングループで指定できる値（機能）については、ドキュメントを確認してください。

Working with Option Groups
http://docs.aws.amazon.com/AmazonRDS/latest/UserGuide/USER_WorkingWithOptionGroups.html

■ メンテナンス

　パッチの適用やバージョンアップ等で、RDSインスタンスのメンテナンスが発生する場合があります。場合によってはRDSインスタンスのリブートも必要で、必ずどこかで実施しなければいけません。リブートが必要になるような影響の大きいメンテナンスは、AWSから告知があります。見逃さないよう注意してください。

　メンテナンスを実施する時間はある程度コントロールすることができます。RDSには、**メンテナンスウィンドウ**というものがあり、ここでメンテナンスを実施する曜日と時間を指定できます。指定できる時間は30分間です。メンテナンスは、「2018年01月20日12:00PMから2018年01月27日11:59PMまで」といったように期間が告知されます。告知された期間中は、メンテナンスウィンドウで指定した曜日と時間にメンテナンスが実行される形になります。例えば「金曜日 02:00-02:30」と指定していれば、2018年01月23日の02:00から02:30の間に実行されます。また、メンテナンスウィンドウで指定した時間がくる前に、手動で対応できる場合もあります。

　どのようにしてメンテナンスを完了できるかは、AWSサポートに問い合わせることで情報をもらえます。困った時にはサポートに問い合わせましょう。

■ Amazon Aurora

　MySQLとPostgreSQLについては、**Amazon Aurora**というAWSがRDBMSを独自再設計したサービスを利用可能です。AuroraはRDSと同様にAWSのマネージドサービスで、障害の自己検知と自動フェイルオーバー、ディスクの自動拡張・リードレプリカ等の可用性を高める機能を持っています。また、同程度のハードウェアスペックに構築したMySQL、PostgreSQLに比べて数倍の性能を誇る等、優れた特徴を多く備えています。

　アーキテクチャとしてはデータベースプロセス・キャッシュレイヤー・ストレージクラスタと3つの層に分離しているところに特徴があり、今の技術を使ってデータベースを再

実装したらどうなるかという命題を、実地で行ったというAWSらしいサービスです。通常のRDSとAuroraのどちらを使用すればよいか悩んだ場合は、まずはAuroraから検討してください。性能や可用性面で、通常のRDSよりAuroraの方が優れています。また運用面においても、AuroraもRDSのサービスの一種なので、RDSの項目で説明したそれぞれの考え方は、基本的には踏襲されています。

図1-4-5　Auroraのアーキテクチャ

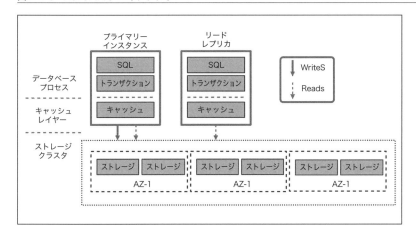

AWS Elastic Beanstalk

Elastic Beanstalkは、アプリケーションを**デプロイ**するだけでサービスを開始できる、素晴らしいAWSサービスです。ここでは、Elastic Beanstalkのサービス内容、アプリケーションのデプロイ方法、アーキテクチャについて紹介します。

Elastic Beanstalkとは

Elastic Beanstalkがどういったものか理解していただくために、EC2上でWebサービスを開始する場合の手順を見ていきます。

まず、稼働させるアプリケーションを開発します。次に、EC2インスタンスを作成し、アプリケーションを動作させるために必要なミドルウェアのインストールと設定を行います。必要であればデータベースも構築します。そして信頼性の高いシステムを構築するために、サーバを冗長化し、ロードバランシングを行います。さらに、インスタンスを監視し、通知が行われる仕組みを整えます。ここまできてようやく、開発したアプリケーションをデプロイし、Webサービスを開始することができます。

図1-4-6　Elastic Beanstalkのイメージ

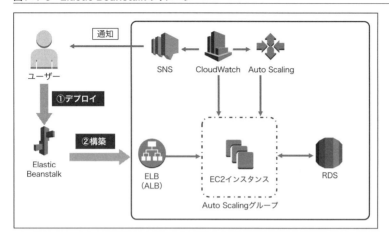

　Elastic Beanstalkは、こういった手順を全て自動で行ってくれます。ミドルウェアまで導入済みのEC2インスタンス、RDS、さらにELB（ALB）とAuto Scaling、CloudWatchでの監視・アラームの設定とSNSによる通知も含めて、サービスを運用するために必要な環境を自動で構築してくれるので、ユーザーはアプリケーションをデプロイするだけでサービスを開始できます。

　Elastic BeanstalkはAWSのPaaSを代表するサービスです。AWS以外にも同様のサービスは幾つか存在し、代表的なものに**Heroku**や**Engine Yard**が挙げられます。AWSのPaaSと他のPaaSを比較する記事やブログでは、Elastic Beanstalkはこれらのサービスと比較されることが多いようです。

■Elastic Beanstalkの料金

　Elastic Beanstalkを利用するための料金は発生しません。しかし、Elastic Beanstalkが構築したEC2インスタンスやELB、RDSインスタンスは、通常の手順で作成したものと同様に課金されます。

■対応言語・プラットフォーム

　2018年2月現在、標準でサポートされているプラットフォームは以下の通りです。

・Docker
・Multi-Container Docker
・Tomcat
・Java
・.NET（Windows/IIS）

- GlassFish
- Node.js
- PHP
- Python
- Ruby
- Go
- Packer

Dockerは、自分で作成したDockerコンテナを利用する場合に選択します。

アプリケーションのデプロイ方法

Elastic Beanstalkにアプリケーションをデプロイする方法は幾つかあります。

◆ warもしくはzipファイルをアップロード

Javaであればwarファイル、その他の言語であればzipファイルをアップロードすることでデプロイが完了します。ファイルサイズの上限は512MBです。また、複数のファイルをアップロードすることはできず、必ず単一のファイルである必要があります。

アップロードする方法は、AWSマネジメントコンソール（管理画面）またはCLI（コマンドツール）から行うことができます。基本的に、どちらで実行しても操作としては同じものになります。

◆ ebコマンド

awsebcliをインストールすることで、**eb**コマンドが利用できます。

ebコマンドを利用すると、Elastic Beanstalkに**eb deploy**でアプリケーションをデプロイすることができます。なお、awsebcliはPythonで記述されており、実行にはPython2.7以上が必要です。

awsebcli
https://pypi.python.org/pypi/awsebcli

◆ 統合開発環境（IDE）

Javaと.NETアプリケーションでは、それぞれEclipseとVisual Studioからデプロイすることができます。**AWS Toolkit for Eclipse**、**AWS Toolkit for Visual Studio**がAWSから提供されており、これらをインストールすることでElastic Beanstalkに直接デプロイすることができます。

Chapter 1

AWS Toolkit for Eclipse
http://aws.amazon.com/jp/eclipse/

AWS Toolkit for Visual Studio
http://aws.amazon.com/jp/visualstudio/

▎Docker

　Elastic BeanstalkはDockerに対応しています。Dockerとはコンテナ型の仮想化ソフトウェアです。Elastic BeanstalkではDockerコンテナをデプロイすることができます。これはつまり、OS(Linux)からアプリケーションまで丸ごとデプロイできるということです。

　先述した通り、Elastic Beanstalkは幾つかのプラットフォームをサポートしていますが、Dockerを利用することでElastic Beanstalkがサポートしていないプラットフォームについても動作させることが可能となります。

　Dockerコンテナをデプロイする方法としては、以下の3つがあります。

- Dockerfileをアップロードする
- Dockerrun.aws.jsonをアップロードする
- Dockerfile、Dockerrun.aws.jsonのどちらか、または両方を含んだzipファイルをアップロードする

　Dockerrun.aws.jsonは、Elastic BeanstalkにDockerコンテナをデプロイする方法をAWS独自の形式で記述したファイルです。ファイルのアップロードは、AWSマネジメントコンソール、CLIまたはebコマンドから実行できます。

▎環境枠 (Environment Tiers)

　Elastic Beanstalkでは**環境枠 (Environment Tiers)** という概念があります。これは簡単に言うと、作成したアプリケーションがどのような役割を持っているかということです。2018年2月現在、環境枠は**ウェブサーバー**と**ワーカー**の2種類あります。

◆ウェブサーバー

　HTTP・HTTPSリクエストを処理する、一般的なWebアプリケーションを動作させる環境です。

◆ワーカー

　ワーカー環境枠は時間のかかる処理等をバックグラウンドで処理するための環境枠です。よく例として挙げられるのは、動画のエンコーディング処理です。Webサーバがエ

ンコーディング処理を依頼するリクエストを受けた際に、エンコーディングが完了してからレスポンスを返していては、レスポンスを返すまでに膨大な時間がかかってしまいます。

図1-4-7　Elastic Beanstalkのワーカー環境枠のイメージ

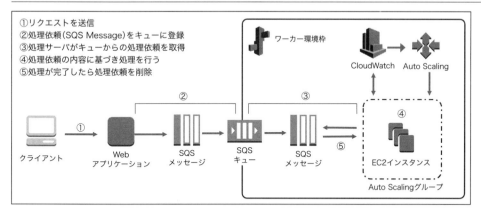

こういった場合には、いったん処理依頼をキューに追加し、処理依頼を受け付けたことをレスポンスとして返します。その後、キューに登録された処理依頼を受け取り、バックグラウンドでエンコーディング処理します。このようなアーキテクチャを実現する際に、キューとバックグラウンドで処理を行うサーバ群を自動で生成できるのがワーカー環境枠です。

■ 環境タイプ（Environment Type）

Elastic Beanstalkでは、オートスケーリング（Auto Scaling）する環境を作成するか、オートスケーリングしない環境を作成するかを選択することができ、これを**環境タイプ（Environment Type）**と呼んでいます。環境タイプはアプリケーション作成後にも変更することができます。

◆Load-balancing、Autoscaling Environment

オートスケーリングする環境を作成します。この際、ELBやAuto Scalingの設定が自動で作成されます。なお、Auto Scalingの設定は後で変更できます。

◆Single-instance Environment

オートスケーリングしない環境を作成します。Web Server環境枠では最小構成でEC2インスタンスが1台のみという形になります。

Chapter1

Amazon ElastiCache

ElastiCacheは、インメモリキャッシュサーバを内包しており、AWS上でインメモリ処理を実現する際に、強力な手段となるサービスです。

ElastiCacheとは

Webシステムの高速化・信頼性の向上のため、データベースへのクエリ結果をキャッシュしたり、セッション情報をWebサーバ以外に格納したりといったことが行われます。ElastiCacheを使うことで、こういったアーキテクチャを簡単に構築できます。

ElastiCacheは、**Memcached**や**Redis**といったインメモリキャッシュエンジンを内包し、インメモリキャッシュ環境を提供するサービスです。サービス内容や機能が似ているため、RDSのキャッシュ版とも言えます。RDS同様に、環境の構築、パッチの自動適用や自動バックアップを行ってくれるため、インメモリキャッシュ環境の構築・運用コストを削減できます。

ElastiCacheは1つ以上の**ノード**をクラスタ化して提供するのも特徴です。ノードは、ElastiCacheの構成のなかで最小の単位です。1つのサーバと捉えてください。ノードには、インメモリキャッシュエンジンがインストールされ、それぞれ固有のDNSを持っています。複数のノードが集まり、1つのキャッシュサーバのように振る舞っているのがクラスタになります。ElastiCacheでは、たとえノードが1つでも、クラスタとして提供されます。

図1-4-8　ElastiCacheのイメージ

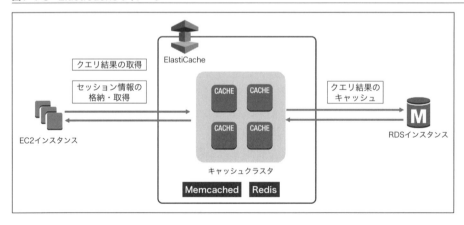

■ ElastiCacheがサポートしているキャッシュエンジン

2018年2月現在、ElastiCacheで提供されているキャッシュエンジンは以下になります。

・Memcached
・Redis

■ ElastiCacheのキャッシュノードタイプ

　キャッシュノードタイプは、EC2やRDSのインスタンスタイプと同じものです。ElastiCacheはRDSと同様に、標準的なM4タイプ、メモリ最適化されたR4タイプ、低価格のマイクロインスタンス（T2タイプ）があり、ここからさらにスペックを選択します。なお、このM4、R4、T2インスタンスは**Current Generation**と呼ばれます。実際には、これ以外にもM1、M2、T1、C1といった**Previous Generation**と呼ばれる古いキャッシュノードタイプを選択することもできます。しかし、これらは以前からElastiCacheを利用しているユーザーが、新キャッシュノードタイプに移行するために残っているだけですので、Current Generationを利用しましょう。

　現在Current Generationであるキャッシュノードタイプも、新しいタイプが出ればPreviousになります。最新情報は公式サイトで確認してください。

使用できるノードの種類
https://aws.amazon.com/jp/elasticache/pricing/

■ ElastiCacheの料金

　ElastiCacheは、従量課金制です。**インスタンスの利用時間、データ転送、バックアップに対して課金**されます。ElastiCacheはRDSと同様に停止ができません。使用しない場合には削除しましょう。データ転送は、同じAZ内では無料です。バックアップは、キャッシュエンジンにRedisを使用した場合のみ、スナップショットを作成できます。

■ ElastiCacheのSLA

　ElastiCacheではSLAは定義されていません。AWSでは、全てのサービスに対してSLAが定義されているわけではありません。サービスを本番環境で利用する前にSLAの有無は確認しましょう。当然、SLAが定義されていないからといって、本番環境で利用できないということはありません。実際、ElastiCacheも広く利用されています。ただし、自システムの実運用に耐えられるかどうかは十分に検証しましょう。

Chapter 1

■ ElastiCacheのネットワーク

ElastiCacheのクラスタはVPC上で起動されます。クラスタ内の各ノードは、複数のAZに配置することができます。各ノードについて、配置するAZは自由に選択できるので、RDSやEC2との関連、可用性を考慮して配置してください。

図1-4-9　ElastiCacheクラスタのイメージ

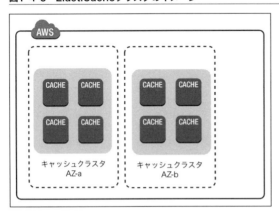

■ ElastiCacheクラスタ・ノードのIPアドレスとDNS

ElastiCacheでは、クラスタ、ノードそれぞれに固有のDNSが割り当てられます。アクセスを行う際には、このDNSを利用します。

■ ElastiCacheのアクセスポート

ポートは1150より大きい番号であれば好きな番号を選択できます。デフォルトではMemcachedは「11211」、Redisは「6379」です。

■ セキュリティグループ

ElastiCacheにもセキュリティグループを割り当てる必要があります。セキュリティグループはクラスタ単位で適用されます。EC2インスタンスやRDSインスタンスからのアクセス許可を忘れずに付与しましょう。

■ RedisのマルチAZ機能

ElastiCacheのノードは複数のAZに配置できるため、それだけでも高い可用性を持っていますが、キャッシュエンジンにRedisを選択した場合、さらにマルチAZ機能を使用できます。マルチAZ機能は、プライマリノードで障害を検知した際に自動フェイルオーバーを行います。この際、ElastiCacheはリードレプリカのなかで最もレプリケーションラグ

が少ないリードレプリカをプライマリノードへ昇格させます。レプリケーションラグとは、リードレプリカに対するデータ変更の反映が非同期で行われるため、リードレプリカがプライマリノードよりも古いデータを持っている現象です。

■ オートディスカバリ

オートディスカバリは、クラスタ内のノードの変化に対応するための機能です。アプリケーションを運用していくなかで、クラスタにノードを追加・削除する場合があると思います。その際に、通常であればノードのエンドポイントリストを更新するために、アプリケーションやサーバの再起動が必要になります。しかし、オートディスカバリ機能を利用していれば、アプリケーションやサーバの再起動は必要ありません。クライアント側でクラスタ内のノードの変化を意識することなく、サービスを利用できます。この機能は、Memcachedでのみ利用できます。

■ ElastiCacheクラスタークライアント

オートディスカバリ機能を使うためには、AWSが提供するMemcachedクライアントであるElastiCacheクラスタークライアントを利用する必要があります。2018年2月現在、Java、.NET、PHP用が提供されています。

■ パラメータグループ

ElastiCacheにもパラメータグループが存在します。用途や機能はRDSのものと同じです。RedisやMemcachedの設定を行います。

■ メンテナンス

パッチの適用等で、ElastiCacheのメンテナンスが発生します。メンテナンス時間の調整は、RDSと同様にメンテナンスウィンドウで行います。曜日と開始時間が設定でき、設定された開始時間から60分の間に実行されます。

Chapter 1

1-5 サービスとしてのAWS

　AWSは、IaaSやPaaSのみならず**SaaS**と呼ばれるようなアプリケーションサービスも積極的に展開しています。AWSを利用してより効率的にシステムを構築・運用するには、アプリケーションサービスをうまく活用することが鍵となります。ここで、アプリケーションサービスの概念および、主要なサービスとそのメリットの紹介をします。

■ AWSのアプリケーションサービスの概念

　AWSには数多くのアプリケーションサービスがありますが、基本的な考え方は共通しています。多くのユーザーが利用する汎用的なサービスを、AWSの大規模なリソースを利用して開発・運用することにより、低コストかつ高品質なサービスが提供できるという点です。

図1-5-1　アプリケーションサービスの概念

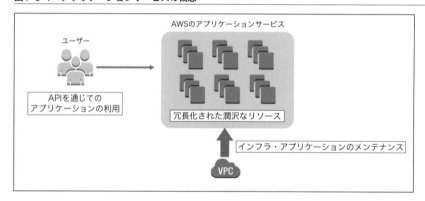

■ 冗長化されたインフラ

　SaaSのメリットの例として、メール送信を考えてみましょう。
　システムからメールを送信する場合は、SMTPサーバが必要になります。自前で構築するのであれば、サーバ上で任意のOSをインストールし、SMTPサーバのミドルウェアを設定する必要があります。また、システムの可用性を求めるのであれば、サーバを複数台用意して冗長化構成にします。毎日、何十〜何百万件送るような場合は、そのような構成でも費用的に問題とならないかもしれません。しかし、数十〜数百件程度の送信であれば、

コストの負担感が相対的に大きいでしょう。これはオンプレミスのみならずEC2を利用して構築した場合も同じです。

AWSが提供するアプリケーションサービスであれば、上記の問題を解決できます。アプリケーションサービスは、個々のユーザー/システム専用ではなく、複数のユーザーが使うことを前提に作っています。そのため、サーバ等のリソースの利用効率が高く、1ユーザーあたりの冗長化のコスト負担が極小です。また、個々のユーザーが突発的に多大なリソースを利用しても、サービス全体でリソースを共用しているために全体への影響は軽微です。そのため、一時的な利用のためにサーバを増強するといったことは不要になります。

構築および運用が不要

アプリケーションサービスのもう1つのメリットとして、ユーザーは構築・運用レスでサービスを利用できる点にあります。先述のメール送信の例では、自前で行う場合はSMTPサーバの構築が必要になります。構築後は、サーバへのセキュリティパッチの適用やログ管理、そもそものサービスの死活監視等、さまざまな運用管理が必要になります。

アプリケーションサービスの場合は、こういった部分を全てサービスの提供者側が行います。運用面についても、多くのリソースを一括で管理することにより、規模の経済によるメリットを享受することができます。

それでは、幾つかのサービスをピックアップして、具体的にAWSのアプリケーションサービスを見ていきましょう。

SESとSQS

AWSのアプリケーションサービスの紹介として、メール配信サービスである **SES** とキューサービスである **SQS** を紹介します。SESについては、誰にとっても馴染みの深いメールのサービスであるため、そのメリットがわかりやすいでしょう。またSQSは、最古のAWSサービスであり、システムをシンプルな構成にするための疎結合性を高めるために重要な役割を果たします。

Amazon Simple Email Service（SES）

SESを一言で表すと、信頼性の高いメール送信サービスです。この信頼性については、二重の意味があります。1つ目は、サービスの利用者にとって確実にメールを配信してくれるという意味です。2つ目は、メールの受信者にとって、ウィルスメールやスパムメールが送られてくることがない、安全な送り手という意味があります。どちらもSESのサービスの根幹に関わる部分なので、順を追って説明します。

近年のメールを取り巻く状況は、ウィルスメールやスパムメール等の悪意を持った送信

者によって非常に危険にさらされています。そのため、メールサーバを運営するインターネットサービスプロバイダ(ISP)や通信キャリア、個人・企業等は、安全性を高めるためにさまざまな手段を講じています。例えば、特定のIPからの短期間で大量のメール送信を遮断したり、IPアドレスやドメインごとに過去の行動履歴から評価(レピュテーション)し、評価が低いIPアドレスからの送信を受け付けなかったりします。また、それらの情報をデータベース化し、全世界で共用することにより効果を高めています。SESは、こういった状況に対処するため、信頼性の高いメールだけを配信するための機能を幾つも備えています。

- 送信時にウィルスやマルウェアを検出してブロックする機能
- 送信の成功数や拒否された数、配信不能や苦情を統計的に管理する機能
- Sender Policy Framework (SPF) や DomainKeys Identified Mail (DKIM) といった認証の仕組みのサポート

図1-5-2　SESの概念

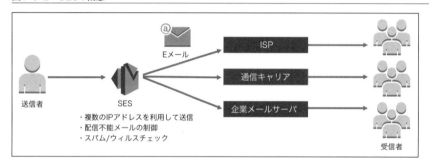

■ SESの制約

　SESは、信頼性を保つために利用者にも幾つかの制約を課しています。まずSESは、登録済みのメールアドレスもしくはドメインからのみ送信可能です。登録の際には、送信元として正式な所有者であることを証明する必要があります。また、利用するには次の3つの条件をクリアしなければなりません。

- Bounce Mail (配信不能メール) の比率を5%以下に保ち続ける
- 苦情を防ぐ (0.1%未満)
- 悪意のあるコンテンツを送らない

　まず配信不能メールですが、これは宛先不明や受け取り拒否等の無効な送信先を指します。この比率が一定以上になると、送信先の管理を適切にしていないと判断されます。次に苦情ですが、ISP等から送信元に苦情としてフィードバックする仕組みがあります。これを使って、受け取った人間からスパム等と報告されることが苦情ということになります。

最後に悪意のあるコンテンツです。これは、ウィルス等を含むメールを指します。

これらの条件を守らないと、SESの利用を制限されます。詳細については、AWSより「Eメール送信のベストプラクティス」という資料が公開されているので、そちらを参照してください。

Eメール送信のベストプラクティス
http://media.amazonwebservices.com/jp/wp/AWS_Amazon_SES_Best_Practices.pdf

■ Amazon Simple Queue Service（SQS）

SQSは、メッセージキューサービスです。AWSのサービス群のなかでは最古のもので、システム間の連携に絶大なる役割を果たします。SQSはスケーラビリティや信頼性に優れ、システム間の連携にSQSを利用することにより、可用性の高いシステムを構築できます。実際、自前で高い耐障害性のキューシステムを構築するのは、アーキテクチャ面からもコスト面からも非常に困難です。SQSを利用すると、安価で信頼性の高いキューシステムをすぐに利用できます。

SQSでは、ジョブの登録者は**メッセージ**として**キュー**に登録します。受信者側は、SQSに対してポーリングしてメッセージがあれば受け取り、何らかの処理をします。処理中は、ロック済みとされ、他の受信者からはメッセージは見えなくなります。処理が完了すればキューからメッセージを削除します。

図1-5-3　SQSのキューとメッセージの概念

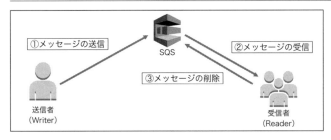

■ SQSの機能

SQSは、システム間の連携を円滑に行うために幾つかの機能を備えています。また、原則として、次の2つの動作をします。

・最低一度のメッセージの到達を保証。半面、2度以上同じメッセージを受信する可能性がある
・メッセージの順序を保証しない

SQSを利用する場合は、この2つの原則を理解したうえでアプリケーションの実装をする必要があります。

まず、**メッセージの到達保証と2つ以上の同一メッセージ受信の可能性**です。これは、メッセージの可用性を重視した設計のためです。SQSのキューにメッセージを保存すれば、データロストの可能性を考える必要はありません。そのかわり、キューからメッセージを受け取った場合に、そのデータが既に処理済みの可能性があることを考慮する必要があります。例えば、データベースへの登録であれば、登録済み確認であったり一意制約等で登録できないようにするといったことが考えられます。

次に**メッセージの順序**についてです。SQSにかぎらずキューシステムは、一般に順序性を保証しません。そのため、順序性が必要になる場合は、メッセージのなかに順番がわかるものを埋め込んでおく必要があります。その順番を利用して、アプリケーション側で処理を記述します。

SQSの動作

SQSには並列で処理をするために、**メッセージのロック機能**があります。1つのメッセージが受信された場合は、そのメッセージは一定期間ロックされます。

ロック期間中はメッセージの受信ができません。また、所定のロック期間が過ぎると、自動的にロックが解除されます。これは、受信者側が何らかの事情で処理を継続できずにメッセージを削除できなかった場合に、ロックされ続けることを防ぐためです。

図1-5-4　SQSの動作

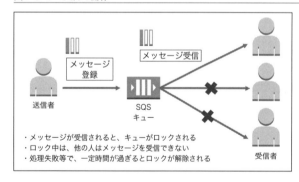

SNSとCloudWatch

AWSの通知サービスである**SNS**と、監視サービスである**CloudWatch**を紹介します。両者ともシステムを柔軟に扱うための重要な役割を果たします。

■ Amazon Simple Notification Service (SNS)

SNSは、プッシュ型の通知サービスです。マルチプロトコルで、複数のプロトコルに簡単に配信できます。利用できるプロトコルは、2018年2月現在で、SMS、email、http/https、SQSに加え、iOSやAndroid等モバイル端末へのプッシュ通知が利用できます。Lambda関数を利用することもできます。メッセージをプロトコルごとに変換する部分はSNSが行うので、通知する人はプロトコルの違いを意識することなく配信できます。

SNSは、システムのイベント通知の中核を担います。SQSやLambda、後で紹介するCloudWatch等と組み合わせて、システム間の連携や外部への通知等に利用します。

図1-5-5　SNSの概念

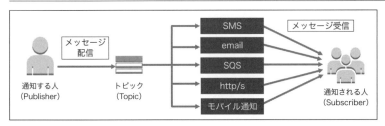

■ SNSの利用

SNSは、**トピック**という単位で管理します。システム管理者は、メッセージを管理する単位でトピックを作成します。トピックの利用者としては、通知する人(Publisher)と通知される人(Subscriber)がいます。Subscriberは、利用するトピックおよび受け取るプロトコルを登録します。これを**購読**と呼びます。Publisherはトピックに対してメッセージを配信するだけで、Subscriberのこともプロトコルのことも意識する必要はありません。

図1-5-6 SNSの利用手順

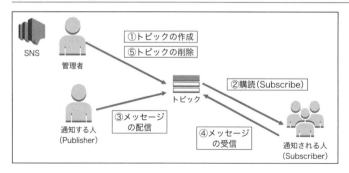

■ Amazon CloudWatch

　CloudWatchは、AWSの各種リソースをモニタリングするサービスです。機能としては、大きく2つあります。定義した監視条件(メトリクス)に達した時にアラートを通知する機能と、CloudWatch Logsと呼ばれるインスタンスのログを格納する機能があります。

◆CloudWatchのアラート機能

　CloudWatchのアラート機能ですが、AWS上の各種リソースに対して**監視条件(メトリクス)**を作成します。メトリクスでは、EC2やRDS、ELBといったリソースごとに基本的な監視項目が設定されています。例えばEC2の場合、CPUやネットワークの使用率、ディスクの読み書き等があります。

図1-5-7 CloudWatchの機能

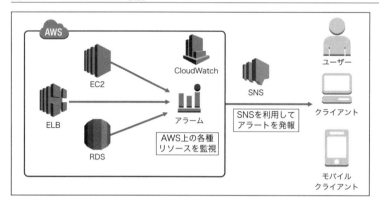

　また、デフォルトで定義されているもの以外については、**カスタムメトリクス**で監視できます。カスタムメトリクスは、EC2インスタンス等に監視したい項目をモニタリングするバッチを作成し、一定間隔でCloudWatchに送り続けます。アラートの閾値や通知は、

CloudWatch側で設定することで利用できます。
　メトリクスの詳細については、公式の開発者ガイドを参照してください。

Amazon CloudWatch Namespaces, Dimensions, and Metrics Reference
http://docs.aws.amazon.com/AmazonCloudWatch/latest/DeveloperGuide/
CW_Support_For_AWS.html

◆ CloudWatch Logs

　CloudWatch Logsには、**ログ収集**と**監視**の2つの機能があります。まずログ収集の部分ですが、EC2インスタンスやElastic Beanstalk等のログをS3に保存します。EC2インスタンスの場合、専用のエージェントをインストールします。この収集の機能面では、ログ収集管理ツールであるFluentdに非常によく似ています。

　収集したログを設定されたメトリクスで監視し、条件に一致すればアラートを発報します。メトリクスの条件としては、特定の文字列の出現や出現回数等があります。例えば、503エラーが発生していないかの監視や、ログイン画面に対して過剰な試行がされていないかの監視等が考えられます。

図1-5-8　CloudWatch Logsの概念

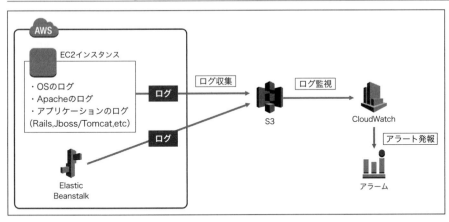

Chapter 1

1-6 AWSの利用コスト

ここまででクラウドとAWSの概要について、一通りの説明をしてきました。次は、AWSを利用するにあたってのコストについて確認します。AWSの料金体系については、値下げでの価格変更や無料枠の拡大等、変更されることが多いです。そこで、ここでは料金体系の考え方と計算の仕方を説明します。実際の利用にあたっては、あらためて公式ページ等で確認してください。

AWSの料金体系

AWSの料金体系は、まず**従量課金**と**無料枠**について理解する必要があります。料金体系については、サービスごとにそれぞれで一見非常に難しく思えます。しかし、原則を押さえておくとすぐに理解できます。それでは、まず料金体系から見ていきましょう。

AWSの料金体系

AWSの料金体系は、サービスごとに細かく規定されています。しかし、基本的な考え方として、使った分を支払うという従量課金の原則があります。従量課金には、**時間ベース**、**容量ベース**、**回数ベース**の3つがあります。AWSのサービスごとの利用料金は、この3つのうちのどれか、もしくは組み合わせで決まります。

◆時間ベース

例えばEC2の場合は、インスタンスのサイズ（CPU・メモリ等の組み合わせ）で1時間ごとの利用料が決定します。2018年2月現在の東京リージョンの価格では、vCPUが1つでメモリが1GBのt2.microの場合、1時間あたり$0.0152となります。vCPUが8つでメモリが32GBのm4.3xlargeの場合は$0.5160となります。

EC2の料金
http://aws.amazon.com/jp/ec2/pricing/

◆容量ベース

またEC2にかぎらずネットワーク通信量に対しての課金もあります。ネットワーク課金の考え方としては、**イン**と**アウト**があります。外のネットワークからAWSへの通信をイ

ンと呼び、AWSから外部のネットワークへの通信はアウトと呼びます。インについては、基本無料です。アウトの通信に対して、1GBあたり幾らという計算の仕方で課金されます。インが無料なので、オンプレミスのサーバのデータをAWSにバックアップするといった使い方であれば、通信量は無料となります。リストア等でそのデータを戻す時のみ課金されます。

◆回数ベース

回数ベースのものについては、APIの呼び出し回数をもとに計算されます。例えばSQSの場合は、100万件のAPIリクエストに対して、$0.50の課金となります。またS3のように、PUT・COPY・POST・LISTのリクエストが1,000リクエストあたりで$0.0047なのに対し、Getのリクエストは、10,000リクエストあたり$0.0037と、呼び出すAPIによって違う価格設定がされているものも多数あります。

◆組み合わせ型

最後に組み合わせ型の課金です。例えば、S3の場合は、1か月あたりのデータのストレージ利用量とAPIのコール数による課金になります。ストレージ利用量は、1か月あたり$0.0330/GBとなります。それに先述のAPIコールの利用料が必要になります。このあたりを理解しておくと、おおよそAWSの料金体系がわかります。

AWSの無料枠

AWSには無料枠というものがあります。無料枠の種類には、新規ユーザー向けと既存ユーザーにも適用される無料枠の2種類があります。新規ユーザーとは、アカウントにサインアップして12か月以内のユーザーを指します。

表1-6-1 主なAWSサービスごとの無料枠

サービス名	内容	既存ユーザー
EC2	750時間/月のLinux、RHEL、またはSLES、Windowsでのt2.microインスタンス使用量	×
S3	5GBの標準ストレージ、20,000件のGETリクエスト、2,000件のPUTリクエスト	×
Cognito	ユーザー認証とID生成(無制限)、10GBのクラウド同期ストレージ、100万回/1か月あたりの同期操作	○
DynamoDB	25GBのストレージ、25ユニットの書き込み容量/読み込み容量	○
EBS	30GB、200万I/O、1GBのスナップショットストレージ	×
CloudFront	50GBのデータ転送(アウト)、2,000,000HTTPおよびHTTPSリクエスト	×
RDS	750時間/1か月のマイクロDBインスタンスの使用量、20GBのDBストレージ、20GBのバックアップストレージ、1,000万I/O	×
ELB	750時間に加え15GB分のデータ処理	×

ElastiCache	750時間	×
SQS	リクエスト1,000,000 件	○
SNS	リクエスト1,000,000 件、HTTP通知100,000件、Eメール通知1,000件	○
CloudWatch	10メトリクス、10アラーム、1,000,000APIリクエスト	○
データ転送料	帯域幅「送信(アウト)」15GB	×

最新の情報については、公式サイトで確かめてください。

AWS無料利用枠
http://aws.amazon.com/jp/free/

AWSの料金計算の仕方

次は、AWSの利用料の計算の仕方と、一般的な使い方での費用感を紹介します。
AWSの利用料の算出には、AWS公式の簡易見積りツールが便利です。その使い方および、一般的な構成での利用料金を説明します。

AWSの料金計算ツール

AWSは、簡易見積りツールとして**Simple Monthly Calculator**を提供しています。Simple Monthly Calculatorは、Webベースのツールで利用予定のサービスの使用量を入力していくことにより、月額の料金を計算することができます。

Amazon Web Services Simple Monthly Calculator
http://calculator.s3.amazonaws.com/index.html?lng=ja_JP

使い方としては、以下の流れで行います。

- **無料利用枠の選択**
- **ヘッダー上から、リージョンの選択**
- **左のメニューで、サービスの選択**
- **サービスごとに、利用予定のリソースと量を選択**

1-6 AWSの利用コスト

図1-6-1　Simple Monthly Calculatorの利用画面

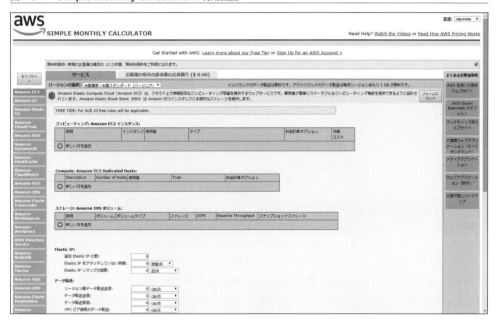

　まず**無料利用枠の選択**です。利用開始後1年間は、無料利用枠が適用されます。チェックを付けておくと自動的に考慮して計算してくれます。次に**リージョンの選択**です。日本国内で利用する場合は「アジアパシフィック（日本）」を選ぶことが多いでしょう。リージョンは最初に選択しておかないと、後から変更しても2つの地域を利用すると見なされるだけなので注意してください。そして、**サービスの選択**ですが、これは利用するサービスごとに切り替えて入力していきます。一般的な利用の仕方であれば、EC2やS3の入力が中心になるでしょう。

　初めて利用する場合は、利用するインスタンスはともかく転送量やAPIの使用回数等、どれくらいの値を入力すればよいかわからないと思います。そういった時は割りきって、EC2/RDSのタイプとインスタンス数、EBSのディスクサイズ、S3のサイズの3つのみ入力すればよいです。一般的な利用の仕方では、EC2やRDSの使用料で全体の7～8割くらいの料金になることが多いです。

　リソースを入力する度に、リアルタイムで計算されます。見積り金額の詳細については、「お客様の毎月の請求書の見積り」タブで確認できます。

65

図1-6-2 見積り結果画面

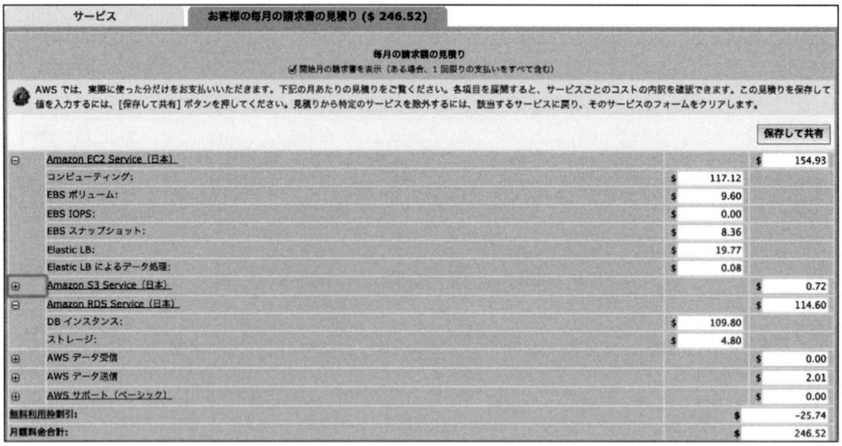

また、結果を保存することができます。「保存して共有」を選ぶと、入力されたパラメータを保持した一意のURLが提供されます。そのURLを利用することで、いつでも見積り結果を再現することができます。

■ 一般的な構成での利用料金の内訳

「APサーバ＋DBサーバ」という構成で考えると、費用に占める割合は次の図の順番になります。

図1-6-3 AWSの利用料の内訳の例

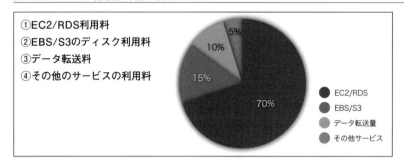

そのため、見積りを行う際には、インスタンスのサイズ・利用時間を重点的に考えるとよいでしょう。

※

ここまでAWSの概要についての説明でした。次の章からは、実際にAWSを動かしながら解説していきます。

Chapter 2
AWSを利用する

Chapter2

2-1 AWS利用の準備

　Chapter1ではクラウドの概念も含め、AWSとは何か、そして具体的にどのようなサービスがあるのかを説明しました。これらを踏まえて、本章では実際にAWSに触れていきます。本節では、AWSを操作するための事前準備として、**AWSアカウント**の作成と、AWSを操作する際に使用する**IAMユーザー**を作成します。

AWSアカウントの作成

　それでは、AWSアカウントを作成しましょう。AWSのトップページにアクセスしてください。Webブラウザを開き検索エンジンで「AWS」と検索すれば最初に出てきます。

AWSのトップページ
http://aws.amazon.com/jp/

図2-1-1　AWSのトップページ

　トップページを開いたら、AWSクラウドの開始方法というリンクが画面に表示されています。リンク先にはAWSの利用方法のチュートリアルが掲載されているので、一度目を通しておくとよいでしょう。

2-1 AWS利用の準備

■ アカウント作成の流れ

アカウント作成の大まかな流れは、以下の通りです。

▽アカウントの作成

①ログイン情報を登録します（アカウント名、Eメールアドレス、AWSマネジメントコンソールにログインするためのパスワードを入力します）。
②連絡先情報（住所や電話番号等）を入力します。なお、入力は半角英数字のみしか入力できません（住所は英語表記で入力します）。アカウントの種類によって入力する項目が異なります。
③支払情報を登録します。
④電話による本人確認を行います（自動音声電話による本人確認を行います）。
⑤サポートプランを選択します。

なお、サポートプランは後から変更可能なので、この時点では**ベーシックプラン**で構いません。サポートプランについては、Chapter5で詳しく説明します。
上記の流れに従って、AWSアカウントを作成しておいてください。

■ AWSマネジメントコンソールへのサインイン

AWSアカウントが作成できたら、さっそく**AWSマネジメントコンソール**（管理画面）へアクセスしてみましょう。AWSトップページの右上にある アカウント から AWSマネジメントコンソール を選択します。

図2-1-2　サインイン

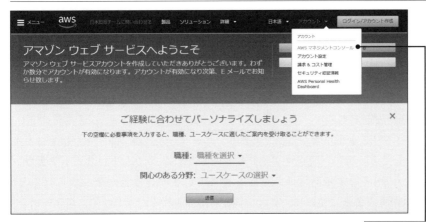

❶ **AWSマネジメントコンソール** を選択する

Chapter 2

サインインページが開いたら、登録した**Eメールアドレス**と**パスワード**でサインインしましょう。サインインすると、AWSマネジメントコンソールの画面が表示されます。

図2-1-3　AWSマネジメントコンソール

これがAWSマネジメントコンソールです。すべてのサービスをクリックすると、利用可能なサービスの一覧が表示されます。ここからも、AWSのサービスの豊富さを感じていただけると思います。逆に、サービスが多すぎて使いこなせるか不安になる方もいると思います。

しかしEC2、RDS、S3といった幾つかの主要なサービスを押さえるだけで十分に運用できますし、クラウドの価値も発揮できます。また、自分でわからずとも、行いたいことをAWSのサポートに伝えれば、どういったサービスを利用すればいいか教えてくれます。サポートは日本語で問い合わせ可能で、相手も日本人なので安心して問い合わせてください。

■ MFA(Multi-Factor Authentication)の設定

AWSマネジメントコンソールにサインインして最初に行うことは、**MFA**(Multi-Factor Authentication)の設定です。

昨今はパスワードリスト型攻撃が増加しており、ユーザー名とパスワードだけではセキュリティが不十分です。特に、現在ログインしているAWSアカウントは**ルートアカウント**とも呼ばれ、AWSに対するあらゆる権限を持っています。これが乗っ取られると、AWSのリソースが思うままに使われ、莫大な料金が請求されるだけでなく、最悪の場合、犯罪に利用されることもあります。そこで、ユーザー名とパスワードに加えて、MFAを使った**2要素認証**を行います。なお、MFAはAWSアカウント（ルートアカウント）だけでなく、この後で作成するIAMユーザーにも設定できます。

■ MFAデバイスの用意

MFAを利用するためには、認証コードを発行するデバイスが必要になります。これを**MFAデバイス**と呼びます。MFAデバイスには、**仮想MFAデバイス**と**ハードウェアMFAデバイス**の2種類があります。

◆仮想MFAデバイス

スマートフォン用アプリケーションを利用することが多いです。利用できるアプリケーションはAWSの公式サイトのMFAのページを参照し、各アプリケーションストアからスマートフォンにインストールして利用してください。公式サイトでは紹介されていませんが、PC用のソフトを使うこともできます。

図2-1-4　仮想MFAデバイス用のアプリケーション

仮想 MFA アプリケーション	
スマートフォン用アプリケーションは、お使いの機種専用のアプリケーションストアからインストールすることができます。さまざまなタイプのスマートフォン用アプリケーションのいくつかを、以下の表に示します。	
Android	Google Authenticator、Authy 2 段階認証
iPhone	Google Authenticator、Authy 2 段階認証
Windows Phone	Authenticator
Blackberry	Google Authenticator

Multi-Factor Authentication
http://aws.amazon.com/jp/iam/details/mfa/

◆ハードウェアMFAデバイス

Gemalto社が販売している物理デバイスを購入して利用します。

Gemalto社
http://onlinenoram.gemalto.com/

基本的には仮想MFAデバイスで十分ですが、金融系等の高いセキュリティを求められる現場ではハードウェアMFAデバイスが利用されています。

今回はすぐに利用できる仮想MFAデバイスを利用しましょう。アプリケーションは好きなものを使ってください。どれを使っても基本的な設定手順は変わりません。筆者は**Google Authenticator**を利用しています。

Chapter 2

■ MFAの設定

　MFAデバイスの用意ができたら、MFAの設定を行います。AWSマネジメントコンソールからIAMを選択してください。なお、ここでは仮想MFAデバイスのインストールは既に行われているものとします。

図2-1-5　IAMを選択する

　IAM（Identity and Access Management）のダッシュボードが開き、**セキュリティステータス**という項目が表示されていると思います。

図2-1-6　IAMのダッシュボード

　これはアカウントに対して、「セキュリティ上この設定は行ってください」という項目です。特に上の2つが重要です。1番目の**ルートアクセスキーの削除**は、AWSアカウント（ルートアカウント）に対するアクセスキーが存在するかという項目です。アクセスキーは後で説明するCLIやSDKを利用する場合に使用しますが、ルートアカウントのアクセスキーは作成しないでください。MFAを設定していてもアクセスキーが流出すれば、ルートア

2-1 AWS利用の準備

カウントに不正にアクセスできてしまいます。2番目の**ルートアカウントのMFAを有効化**がMFAを設定しているかの確認になります。それでは、実際に設定していきましょう。

▽MFAの設定

① **ルートアカウントのMFAを有効化**をクリックし、出現した**MFAの管理**をクリックします。
② 表示されたポップアップで**仮想MFAデバイス**を選択し、**次のステップ**をクリックします。
③ 仮想MFAデバイス用アプリケーションをインストールしているかの確認がされます。ここでは既にインストールしているので、**次のステップ**をクリックします。
④ 表示されるQRコードを仮想MFAデバイス用アプリケーションから読み取ります。GoogleAuthenticatorであれば**バーコードをスキャン**で読み取れます。なお、Android版では実際のQRコードの読み取りには別アプリを使いますので、QRコード読み取りアプリをインストールする必要があります。
⑤ QRコードを読み取ると認証コードの発行が始まります。MFAデバイス上に現在表示されているコードと、その次に表示されたコード(一定時間が経過すると次のコードが表示されます)を、それぞれ**認証コード1**と**認証コード2**に入力し、**仮想MFAの有効化**をクリックします。

図2-1-7 仮想MFAデバイスを指定する

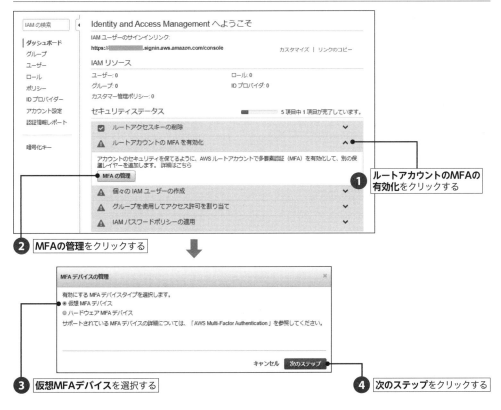

Chapter2

図2-1-8　認証コードを入力する

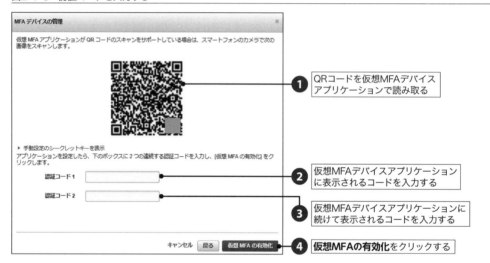

以上で完了です。設定完了を告げるポップアップで完了をクリックして、IAMのダッシュボードに戻りましょう。

図2-1-9　MFAデバイスの設定が完了した

これでダッシュボード画面の「ルートアカウントのMAFを有効化」のチェックが通っていると思います（チェック状況が変更されない場合は、画面を再読み込みしてみてください）。

2-1 AWS利用の準備

■ MFAを使ったサインイン

それでは一度サインアウトし、それからMFAを使ってサインインしてみましょう。

AWSマネジメントコンソール右上にはアカウントの作成時に登録したアカウント名が表示されています。アカウント名をクリックし、サインアウトを選択してください。

図2-1-10 サインアウトする

AWSのトップページに戻るので、再度アカウントからAWSマネジメントコンソールを選択します。サインイン画面が表示されるので、Eメールアドレスとパスワードを入力してサインインをクリックすると、MFAコードの入力画面が表示されます。

ここで、MFAコードにMFAデバイス(仮想MFAデバイスアプリケーション)に表示されている認証コードを入力し、送信をクリックします。このように、今後AWSアカウントでサインインする場合には、登録したMFAデバイスが必要になります。管理には十分注意してください。

図2-1-11 MFAサインイン

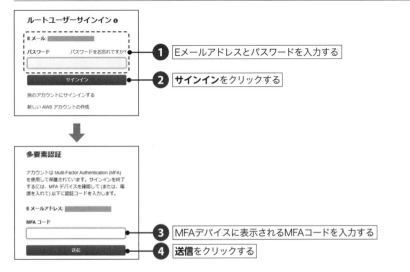

これでセキュリティステータスの5つのうち、2つが完了しました。残り3つは次のIAMユーザー（ユーザーアカウント）の作成の際に行います。

IAMユーザー（ユーザーアカウント）の作成

次に、IAMユーザーを作成していきます。IAMユーザーは、AWSにおける個別のユーザーアカウントです。実際にAWSを操作する際には、AWSアカウントは使用せずIAMユーザーを使用します。これは用途ごとに細かい権限設定ができることと、もしIAMユーザーが乗っ取られた場合でも、AWSアカウントから削除や権限の剥奪ができるからです。たとえ自分1人で使う場合であっても、IAMユーザーを使ってください。

IAMユーザーの追加

まずはAWSマネジメントコンソールで IAM を選択して、IAMのダッシュボードに移動します。画面左側のサイドメニューから ユーザー を選択し、 ユーザーを追加 をクリックします。

> □AWSマネジメントコンソールの操作
> IAM → ユーザー → ユーザーを追加

ユーザーの詳細を入力する画面に移動します。 ユーザー名 にIAMユーザーの名前を入力します。 プログラムによるアクセス は、**アクセスキー**を作成するかの確認になります。この後のCLIやSDKの説明で利用しますので、チェックボックスにチェックを入れた状態にしてください。

AWSマネジメントコンソールへのアクセス をチェックすると、IAMユーザーにパスワードを設定することが可能になります。 パスワードのリセットが必要 にチェックを入れておくと、初回サインイン時にパスワードを変更するよう強制することができます（デフォルトでチェックされます）。入力できたら、 次のステップ：アクセス権限 をクリックします。

図2-1-12　IAMユーザーの作成①

図2-1-13 IAMユーザーの作成②

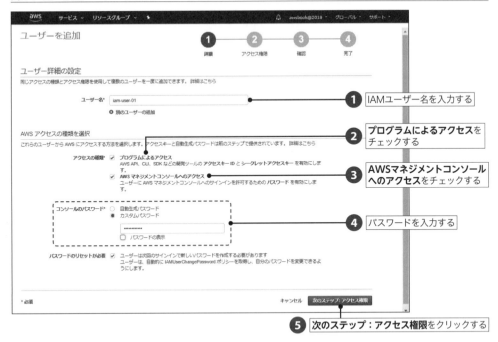

■ IAMグループの作成

続けてIAMユーザーに**アクセス権限**を設定する画面に進みます。

IAMユーザーにアクセス権限を設定する場合、IAMユーザーに直接ポリシーを付与する方法と、ポリシーを付与した**IAMグループ**を作成し、ユーザーをグループに所属させる方法の2種類があります。

基本的にはIAMグループに対してアクセス権限を設定するようにします。理由は、権限の管理がしやすいからです。IAMグループ単位で設定することで、複数のIAMユーザーに同一のアクセス権限を付与することができます。新しいIAMユーザーを追加する場合も、「管理者グループ」「アプリチーム用グループ」「インフラチーム用グループ」といったようにあらかじめグループを分けておけば、どのような権限を付与すればいいかその都度ごとに考える必要がありません。ここでは管理者権限を持ったIAMユーザーを作成するので、グループの名前も管理者であることが想像できるものにしておきましょう。

図2-1-14　IAMグループの作成

　これでIAMグループが作成されて、IAMユーザーがグループのメンバーに設定されます。ポリシーの付与は後ほど行いますので、次のステップ：確認をクリックして確認画面に進んでください（自動的に付与されるポリシーもあります）。なお、明示的にIAMグループを作成しない場合でも、自動的にグループが作成されてユーザーに設定されます。

図2-1-15　確認してユーザーを作成する

❶ ユーザーの作成をクリックする

アクセスキーの入手

　これでIAMユーザーが作成されました。作成結果の画面には**アクセスキーID**と**シークレットアクセスキー**が表示されています。これらは後から必要になってくるので、忘れずに控えておきましょう。.csvのダウンロードをクリックすると、アクセスキー情報が記載されたCSVファイルがダウンロードできます。仮にここでダウンロードを忘れても、後からアクセスキーを作ることができます。ただし、同じアクセスキーは二度とダウンロードできないので、ダウンロードしたCSVファイルは注意して管理してください。

　また、アクセスキーを不特定多数が閲覧できる場所に置かないでください。GitHubにコードと一緒にアクセスキー情報もアップロードしてしまい、不正アクセスされたという事件もあります。ユーザーのセキュリティ認証情報を表示をクリックすることで、画面にアクセスキーを表示することもできます。

　アクセスキーを入手したら、閉じるをクリックしてIAMのユーザー画面に戻ります。

図2-1-16　アクセスキーを入手する

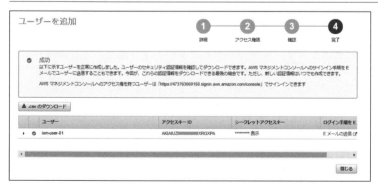

■ IAMポリシーの付与

作成したIAMユーザーにアクセス権限を設定します。アクセス権限は**IAMポリシー**で管理されます。ここでいったん、IAMポリシーについて説明します。

ポリシーには、**管理ポリシー**と**インラインポリシー**の2種類があります。

◆ 管理ポリシー

管理ポリシーは、IAMユーザーやIAMグループ、後述するIAMロールと並び、独立したIAMのポリシー機能です。1つの管理ポリシーを複数のユーザー、グループ、ロールに付与することができます。管理ポリシーはさらに、**AWS管理ポリシー**と**カスタマー管理ポリシー**の2種類があります。

AWS管理ポリシーは、AWS側で作成・管理されるポリシーです。役割やサービスごとに大まかなポリシーが定義されています。管理者権限、全サービスの閲覧のみの権限、EC2フルアクセス権限等が用意されています。細かい設定をする必要がない場合は、AWS管理ポリシーを付与してしまうのが楽です。ただし、これはAWSが管理しているため、AWS側で何らかの機能追加や変更を行った場合は、その変更に対応して自動でポリシーが更新されることに注意してください。

カスタマー管理ポリシーは、ユーザーが作成し、自由に設定できるポリシーです。例えば、特定のIPからのみ操作を受け付けるといった細かい設定を行う場合は、カスタマー管理ポリシーを利用します。

◆ インラインポリシー

インラインポリシーは、特定のIAMユーザー、IAMグループ、IAMロールに直接付与されるポリシーです。基本的に管理ポリシーを利用するので、インラインポリシーを利用する場面はほとんどありません。しかし、管理ポリシーを変更するとそのポリシーを適用している全てのIAMユーザー、IAMグループ、IAMロールに影響します。特定のユーザーのみに権限を付与したい場合等は、インラインポリシーを利用しましょう。

ただし、各IAMユーザーに設定したインラインポリシーを確認するには、1つひとつユーザーの情報を確認しなければならず、手間がかかります。あまり乱用すると管理が難しくなることに注意してください。特に必要がなければ、管理ポリシーを使いましょう。

■ ポリシーの記述方法

ポリシーはJSON形式で記述します。実際にどういう形か見てみましょう。IAMのダッシュボードのサイドメニューからポリシーを選択すると、管理ポリシーの一覧が表示されます。そのなかに**AdministratorAccess**というAWS管理ポリシーがあるので、それをクリックしてください。JSON形式のポリシー定義を確認することができます。

2-1 AWS利用の準備

リスト2-1-1　ポリシーの内容

```
{
  "Version": "2012-10-17",
  "Statement": [
    {
      "Effect": "Allow",
      "Action": "*",
      "Resource": "*"
    }
  ]
}
```

図2-1-17　管理ポリシーを確認する

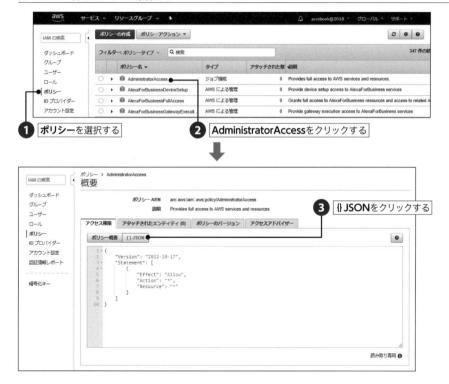

ポリシーの定義で重要なのは**Statement句**です。簡単に説明します。

◆ Effect

許可または拒否を記述します。今回は"Allow"となっているので許可になります。拒否は"Deny"です。

Chapter 2

◆ Action

設定対象のサービスと対象の操作を記述します。"*"になっているので、全てのサービスの全ての操作が対象になっています。例えば、S3に対する全ての操作の場合は"s3:*"といったように記述します。

◆ Resource

設定対象のリソースを記述します。S3の特定のバケットのみを対象とすること等ができます。

※

ポリシーは非常に細かく、柔軟に設定できます。例えば、特定のIPからのみ操作を受け付けるといった設定もできるので、社内からしか操作できないようにすることも可能です。そのように設定したのが次のコードです。

リスト2-1-2　ポリシーの設定例

```
{
  "Version": "2012-10-17",
  "Statement": [
    {
      "Effect": "Allow",
      "Action": "*",
      "Resource": "*",
      "Condition": {
        "IpAddress": {
          "aws:SourceIp": "192.168.0.1/32"
        }
      }
    }
  ]
}
```

◆ Condition

"Condition"を新たに追加しました。これは、ポリシーが適用される条件を指定することができます。他にも幾つか指定できる要素があります。一度、公式ドキュメントの「IAM JSONポリシーエレメントのリファレンス」を確認してみてください。

IAM JSON ポリシーエレメントのリファレンス
http://docs.aws.amazon.com/ja_jp/IAM/latest/UserGuide/AccessPolicyLanguage_ElementDescriptions.html

2-1 AWS利用の準備

なお、先述したようにAWS管理ポリシーは変更できません。この設定を行う場合はカスタマー管理ポリシーを利用します。

◆ポリシージェネレーター

ポリシーを一からJSON形式で記述するのは大変です。JSON自体もあまり書きやすくはないうえ、ActionやResourceにどういった文字列を記述すればいいのかもわかりません。そこで、AWSではポリシーを自動で作成してくれる**ポリシージェネレーター**が用意されています。

ポリシージェネレーターはプルダウンで対象のサービスや機能を選択すると、自動でJSON形式の定義を生成してくれます。機能レベルで細かい設定を行いたい場合にはこちらを利用しましょう。

なお、ポリシージェネレーターは、IAMのポリシー画面で ポリシーの作成 をクリックし、ビジュアルエディタ タブを選択して実行します。

図2-1-18　ポリシージェネレーター

■ カスタマー管理ポリシーの作成

AWS管理ポリシーは自動で更新が行われます。便利ですが、アカウントの厳密な管理という意味では受け入れ難い部分があります。そこで、実際の運用にはカスタマー管理ポリシーを利用する形になるでしょう。

ここで、実際にカスタマー管理ポリシーを作成してみましょう。今回は管理者権限を持つカスタマー管理ポリシーを作成します。IAMのダッシュボードから ポリシー を選択し、ポリシーの作成 をクリックします。

Chapter2

> □AWSマネジメントコンソールの操作
> IAM→ポリシー→ポリシーの作成

　管理ポリシーは、ポリシージェネレーターやJSON形式で記述する他に、既存のAWS管理ポリシーをコピー（インポート）して利用することもできます。今回は既存のAWS管理ポリシーをコピーします。管理ポリシーのインポートをクリックしてください。

　コピーする「管理ポリシー」を選択する画面に移動します。今回は管理者権限を持つポリシーを作成しますので、AdministratorAccessを選択して、インポートをクリックします。このポリシーは、全てのサービスやリソースに対する操作を許可します。

図2-1-19　カスタマー管理ポリシーの作成①

図2-1-20　カスタマー管理ポリシーの作成②

ポリシーの作成画面に戻ります。JSONタブには、インポートした管理ポリシーのコードが入力されているので、先述したIP制限のような細かい設定をする場合等は、ここで編集します。画面右下のReview policyをクリックして、確認画面に進んでください。

図2-1-21　カスタマー管理ポリシーの作成③

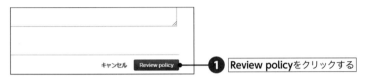

名前にポリシーの名前、説明にポリシーの説明を入力し、Create policyをクリックします。

図2-1-22　カスタマー管理ポリシーの作成④

カスタマー管理ポリシーが作成され、ポリシー画面の一覧に追加されます。カスタマー管理ポリシーには黄色い立方体のAWSマークが付いていないので、一目で区別できます。

図2-1-23　カスタマー管理ポリシーが作成される

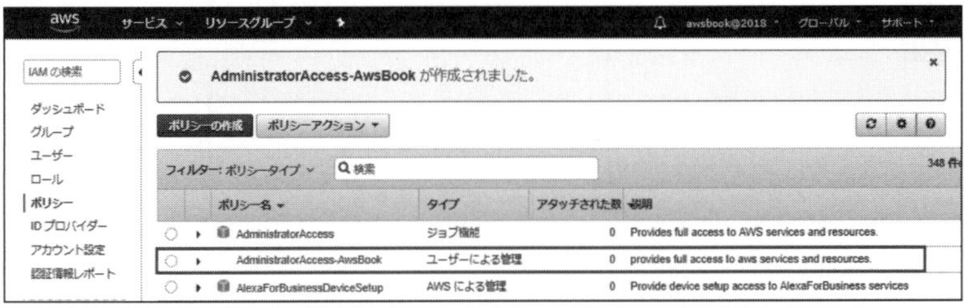

Chapter 2

■ ポリシーの付与

　作成したカスタマー管理ポリシーを付与して、IAMユーザーにアクセス権限を設定します。ポリシーはユーザーごとに直接付与することもできますが、基本的にはIAMグループに対して付与するようにします。理由は、権限の管理がしやすいからです。

　それでは、実際にIAMグループにポリシーを付与していきます。IAMのダッシュボードのサイドメニューから グループ を選択し、IAMグループをクリックします（IAMグループはIAMユーザーと同時に作成しています。詳しくは77ページを参照してください）。

□AWSマネジメントコンソールの操作
IAM→グループ→IAMグループをクリック

図2-1-24　IAMグループを選択する

　アクセス許可 タブを開き、ポリシーのアタッチ をクリックします。ポリシーの一覧が表示されるので、付与するカスタマー管理ポリシーを選択して、ポリシーのアタッチ をクリックします。

図2-1-25　ポリシーを付与する

これでIAMグループにカスタマー管理ポリシーが付与され、グループ内のIAMユーザー全てに権限が設定されます。

図2-1-26　ポリシーが付与された

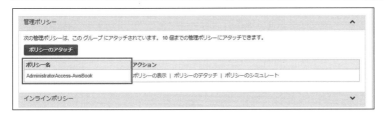

■ IAMユーザーのポリシーを確認する

IAMグループに付与したポリシーが、グループ内のユーザーにもきちんと適用されているか確認してみましょう。IAMのユーザー画面を開き、表示される一覧からIAMユーザーをクリックしてください。

```
□AWSマネジメントコンソールの操作
IAM→ユーザー→IAMユーザーをクリック
```

グループからアタッチ済み欄に、付与したポリシーが表示されていることが確認できるでしょうか。なお、**直接アタッチ済み**欄のポリシーは、IAMユーザーの作成時にAWSによって付与されたものです。ここでは、パスワードリセット（p.76）を行うことを指定するポリシーが付与されています。

図2-1-27 ユーザーのポリシーを確認する

> **Tips** IAMグループの作成
>
> IAMグループを新規に追加する場合は、IAMのグループ画面を開き、**新しいグループの作成**をクリックします。作成したIAMグループにIAMユーザーを追加する場合は、IAMのグループ画面に表示される一覧からIAMグループをクリックで開き、**グループにユーザーを追加**をクリックして設定します。

■ IAMユーザーでのサインイン

　IAMユーザーを作成し、アクセス権限を設定（ポリシーを付与）することができました。IAMユーザーでAWSマネジメントコンソールにアクセスしてみましょう。

　注意点として、AWSアカウントのサインインページとIAMユーザーのサインインページは異なります。IAMユーザーのサインインページのURLは、IAMのダッシュボードから確認できます。「Identity and Access Managementへようこそ」と書かれたすぐ下の**IAMユーザーのサインインリンク**を確認してください。

図2-1-28 IAMアカウントのURLを確認する

次のようなURLが表示されていると思います。

https://"アカウントID".signin.aws.amazon.com/console

数字が並んでいる部分がアカウントIDになります。なお、アカウントIDはエイリアスを設定することができます。URLの右横に**カスタマイズ**というリンクがあります。これをクリックするとエイリアスを設定できます。例えば、エイリアス名を「my-account」と設定すればURLは以下のようになります。

https://my-account.signin.aws.amazon.com/console

どのアカウントにサインインするのかわかりやすくなるので、エイリアスを設定しておくことをお勧めします。

それでは、URLにアクセスしてサインインしましょう。リンクのURLをコピーしてから、AWSアカウントをサインアウトします。

Webブラウザでコピーしておいたリンク URL を開き、77ページで設定したIAMユーザー名とパスワードを使用してサインインします。

図2-1-29　IAMユーザーでサインインする

IAMユーザーの作成時に**パスワードのリセット**が必要にチェックを入れた場合（p.76）、新しいパスワードを設定する画面が表示されます。

無事にサインインできたら、以後はAWSアカウントではなく、IAMユーザーでサインインして作業を行うようにしましょう。

図2-1-30　パスワードを更新する

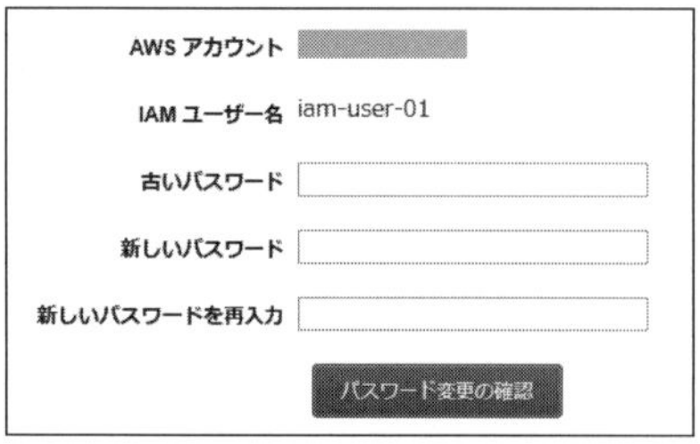

■ パスワードポリシーの設定

　IAMユーザーでサインインしてIAMのダッシュボードを開くと、セキュリティステータスの項目のうち、**IAMパスワードポリシーの適用**以外の項目がチェックされているのが確認できるはずです。次はパスワードポリシーを設定していきましょう。

　パスワードポリシーでは、IAMユーザーに設定するパスワードのルールを決めることができます。最低何文字以上であるとか、含める文字の種類、パスワードの有効期限等を設定できます。IAMのダッシュボードのサイドメニューから**アカウント設定**を選択し、各項目を設定して**パスワードポリシーの適用**をクリックします。

> □AWSマネジメントコンソールの操作
> IAM→アカウント設定→各項目を設定→パスワードポリシーの適用

図2-1-31　パスワードポリシーを設定する

どのようなポリシーを設定するかは、用途や所属する組織によってさまざまだと思いますので、自由に設定してください。ただ、AWSカウント同様にIAMユーザーに対してもMFAが設定できます。MFAを設定していればそこまで厳しいパスワードポリシーを設定する必要はないでしょう。IAMのダッシュボードを開くと、セキュリティステータスの全て項目がチェックされていることが確認できるはずです。

※

これで、AWSのサービスを利用する準備ができました。IAMも1つのサービスですが、やはり醍醐味はEC2やS3、RDSといった代表的なサービスです。この後、AWSマネジメントコンソール以外のAWSを操作する手段であるCLIとSDKについて説明した後、いよいよAWSでインフラを構築していきます。楽しいAWSライフを送りましょう。

図2-1-32　セキュリティステータスを確認する

> **Tips** IAMユーザーにMFAを設定する
>
> AWSアカウントと同様に、IAMユーザーにもMFAを設定することができます。IAMのユーザー画面で作成するIAMユーザーをクリックし、認証情報タブのMFAデバイスの割り当てから設定を行います。設定方法はAWSアカウントの場合と同様です。詳しくは72ページを参照ください。

2-2 AWS CLI

　AWS CLI（以下、CLI）はAWSのサービスをコマンドラインで操作することができる統合ツールです。さまざまなOSでサポートされており、Python言語のAWS SDKであるbotoを元に開発されています。

　CLIでサポートされているAWSサービスは、下記のURLを参照してください。

AWS コマンドラインインターフェイス
http://aws.amazon.com/jp/cli/

　基本的にはAWSマネジメントコンソールとほぼ同様の操作が可能です。そのため、コンソール画面から行っていた操作をプログラムに組み込んだり、バッチ化することでAWSサービスをよりプログラマブルに利用することが可能になります。AWSはコンソール画面から容易にリソースの操作を行えることが大きな特徴ですが、それと同等のことがCLIによって実現できる点がまさに、クラウドコンピューティングの醍醐味を実現していると言えるでしょう。

　ここでは、CLIの設定と基本的な使用方法について紹介します。

CLIのインストールと設定

　CLIのインストールと設定は、下記のように各OSにて容易に行うことができます。

macOSへのインストール

　macOSにおけるCLIのインストールは、ターミナルから下記の手順でコマンド実行することで行います。なお、パッケージ管理ツールとして、**Homebrew**をインストール済みとしています。

```
$ sudo brew install python
$ sudo easy_install pip
$ sudo pip install awscli
```

　コマンド実行後に、下記のコマンドでバージョン情報が表示されればインストールは完了です。

2-2 AWS CLI

```
$ aws --verison
```

また、アップデートは下記のコマンドで行います。

```
$ pip install -U awscli
```

■ Linux（CentOS 7）へのインストール

Linux（CentOS 7）におけるCLIのインストールは、ターミナルから下記の手順でコマンドを実行することで行います。

```
$ sudo yum install python-setuptools
$ sudo easy_install pip
$ sudo pip install awscli
```

コマンド実行後に、下記のコマンドでバージョン情報が表示されればインストールは完了です。

```
$ aws --version
```

また、アップデートは下記のコマンドで行います。

```
$ pip install -U awscli
```

■ Windowsへのインストール

WindowsにおけるCLIのインストールは次の手順で行います。
64ビットOSと32ビットOSでそれぞれ、下記のリンクよりインストーラをダウンロードします。

64ビットOS
https://s3.amazonaws.com/aws-cli/AWSCLI64.msi

32ビットOS
https://s3.amazonaws.com/aws-cli/AWSCLI32.msi

ダウンロードしたインストーラを実行して、ウィザードに従ってインストールを行います。インストール後にコマンドプロンプトにて次のコマンドを実行し、バージョン情報が表示されればインストールは完了です。

```
C:¥> aws --version
```

■ CLIの基本設定

　CLIのインストールが完了したら、ターミナルまたはコマンドプロンプトで環境設定を行いましょう。設定は、下記のコマンドを実行して対話形式で行います。設定内容を修正する場合にも同じコマンドを用います。

　求められる入力項目と入力例も記載します。

```
$ aws configure
AWS Access Key ID [None]: ********
AWS Secret Access Key [None]: ********
Default region name [None]: ap-northeast-1
Default output format [None]: text
```

　"AWS Access Key ID"はCLIを実行するための認証情報として**アクセスキー**を入力します。"AWS Secret Access Key"はCLIを実行するための認証情報として**シークレットアクセスキー**を入力します。アクセスキーとシークレットアクセスキーの情報は、IAMのユーザーごとに作成することができます。IAMユーザーのアクセスキーとシークレットアクセスキーについては、「アクセスキーの入手」を参照してください(p.79)。

　"Default region name"はCLIをデフォルトで利用する**リージョン**を指定します。例えば東京リージョンの場合は"ap-northeast-1"と入力します。本書では東京リージョンを使っていきます。

　"Default output format"はCLIの実行結果出力の形式を入力します。選択できる出力結果形式は「text」「json」「table」があります。textはシェルコマンドの実行結果に類似した出力形式、jsonはJSONでの出力形式、tableはテーブル形式での出力になります。ここでは「text」を指定しました。

■ 設定の確認

　設定が完了したら、CLIの**参照コマンド**を実行します。実行結果が表示されれば設定は正しく行われています。下記はCLIの設定でDefault output formatを「text」に設定し、EC2を利用する際にあらかじめ用意されているデフォルトのセキュリティグループを参照した例になります。

```
$ aws ec2 describe-security-groups
SECURITYGROUPS default VPC security group sg-******** default ******** vpc-********
IPPERMISSIONS -1
USERIDGROUPPAIRS sg-******** ********
IPPERMISSIONSEGRESS -1
IPRANGES 0.0.0.0/0
```

複数profileの設定

CLIは設定内容を**profile**という形で複数登録し、使い分けることもできます。下記は**--profile**オプションを使用して、上記の例とは別の設定内容を保存する方法です。

```
$ aws configure --profile sample-user
AWS Access Key ID [None]: ********
AWS Secret Access Key [None]: *********
Default region name [None]: ap-northeast-1
Default output format [None]: text
```

設定したprofileでコマンドを実行する場合は、実行時に--profileオプションで設定したprofileを指定します。

```
$ aws ec2 describe-security-groups --profile sample-user
SECURITYGROUPS default VPC security group sg-******** default ******** vpc-********
IPPERMISSIONS -1
USERIDGROUPPAIRS sg-******** ********
IPPERMISSIONSEGRESS -1
IPRANGES 0.0.0.0/0
```

設定ファイルの保存場所

CLIの設定ファイルは、macOS、Linux、Windowsともにユーザーのホームディレクトリの「.aws」ディレクトリに保存されています。

```
$ cd ~/.aws/
$ ls
config credentials
$ cat config
[default]
output = text
region = ap-northeast-1
[profile sample-user]
output = text
region = ap-northeast-1
$ cat credentials
```

```
[default]
aws_access_key_id = ********
aws_secret_access_key = ********
[sample-user]
aws_access_key_id = ********
aws_secret_access_key = ********
```

　credentialsファイルはアクセスキーとシークレットアクセスキーの情報を保存しており、configファイルはリージョン名と出力結果型式の情報を保存しています。

　Windowsの場合は、以下のように確認してください（ドライブやユーザー名は自分の環境に合わせてください）。

```
C:¥> cd C:¥Users¥User_Name¥.aws
C:¥Users¥User_Name¥.aws> dir /B
C:¥Users¥User_Name¥.aws> type config
C:¥Users¥User_Name¥.aws> type credentials
```

CLIの基本的な使用方法

　CLIはAWSのさまざまなサービスに対して参照、作成、修正、削除等の一連の操作、およびサービスに特化した操作が行えるようになっています。また、各リソースを特定するための条件として、サービスに応じたオプションも備えています。ここでは、AWSサービス全般にわたって広く使用できる基本的な使用方法とオプションについて説明します。

CLIの基本的な記法

　CLIの基本的な記法は、下記のようにawsコマンドに続けて操作するサービス名と、サービスに付随するリソース操作コマンドを入力します。

aws <サービス名> <リソース操作コマンド>

　例えば、次のように入力します。

```
$ aws ec2  describe-security-groups
$ aws s3 ls
```

CLIの基本的なオプション

　CLIで各サービスを通してリソースを扱う際に広く利用できるオプションとして次の表のものが挙げられます。

2-2 AWS CLI

表2-2-1 基本的なオプション

オプション	処理
--profile	設定したprofileを指定してコマンドを実行する
--region	リージョンの指定
--output	出力形式の指定
--filters	参照系のコマンド使用時に検索条件を指定してフィルタリングする
--query	実行結果内容を絞り込んで出力する

■ --region、--outputオプションによるリージョンと出力形式の指定

　CLIの基本設定(p.94)で設定したDefault region name（リージョン）とDefault output format（出力型式）は、CLIのコマンド実行時にオプションを指定することで一時的に変更して出力結果を得ることが可能です。下記は--regionオプションを使用してリージョンを「米国東部（バージニア北部）、us-east-1」、--jsonオプションを使用して出力形式を「JSON」に指定してコマンドを実行した例です。

```
$ aws ec2 describe-security-groups --region us-east-1 --output json
{
  "SecurityGroups": [
    {
      "IpPermissionsEgress": [
        {
          "IpProtocol": "-1",
          "IpRanges": [
            {
              "CidrIp": "0.0.0.0/0"
            }
          ],
          "UserIdGroupPairs": []
        }
      ],
      "Description": "default VPC security group",
      "IpPermissions": [
        {
          "IpProtocol": "-1",
          "IpRanges": [],
          "UserIdGroupPairs": [
            {
              "UserId": "********",
              "GroupId": "sg-********"
            }
          ]
        }
      ],
      "GroupName": "default",
```

```
      "VpcId": "vpc-********",
      "OwnerId": "********",
      "GroupId": "sg-********"
    }
  ]
}
```

■ --filtersオプションによる検索条件指定

　--filtersオプションを使用することで、参照系コマンド実行時に検索条件を指定することができます。指定できる--filtersオプションのフィルタ名は各サービス、リソースによって異なるので、CLIのコマンドリファレンスを参照する必要があります。

AWS CLI Command Reference
http://docs.aws.amazon.com/cli/latest/

　フィルタ名の詳細についてはコマンドリファレンスのページのリンクを、「AWS CLI Command Reference→サービス名→サービスに応じたコマンド（Options項目の--filtersの説明を参照）」のようにたどって参照することができます。
　下記は--filtersの基本的な記法になります。

aws ＜サービス名＞ ＜リソース操作コマンド＞ --filters "Name=＜フィルタ名A＞,Values=＜条件A1＞" "Name=＜フィルタ名B＞,Values=＜条件B1＞,＜条件B2＞"・・・

　--filtersの使用方法は、1つのフィルタに対してダブルクォーテーション（"）で囲み、"Name="の後にフィルタ名、"Values="にフィルタ名に対する条件を記載します。条件はカンマ（,）で区切ることで複数指定することが可能です。また、条件を"*"等のワイルドカードを使用して指定することもできます。さらにフィルタを追加して絞り込みたい場合は、半角スペースを挟んで列挙していきます。
　下記に、--filtersとCLIコマンドリファレンスでのフィルタ名の参照先の例を幾つか挙げます。

□ 10.0.0.10のプライベートアドレスを持つインスタンスを参照する場合
ec2→describe-instances（Options項目の--filtersの説明を参照）
```
$ aws ec2 describe-instances --filters "Name=private-ip-address,Values=10.0.0.10"
```

2-2 AWS CLI

□t2.mediumまたはm3.mediumのタイプのインスタンスを参照する場合

ec2→describe-instances（Options項目の--filtersの説明を参照）

```
$ aws ec2 describe-instances --filters "Name=instance-type,Values=t2.medium,m3.medium"
```

□ProjectタグにAWS Trainingの記載があるインスタンスを参照する場合

ec2→describe-instances（Options項目の--filtersの説明を参照）

```
$ aws ec2 describe-instances --filters "Name=tag:Project,Values=AWS Training"
```

□上記2番目かつ3番目の例の条件をクリアするインスタンスを参照する場合

ec2→describe-instances（Options項目の--filtersの説明を参照）

```
$ aws ec2 describe-instances --filters "Name=instance-type,Values=t2.medium,m3.medium" "Name=tag:Project,Values=AWS Training"
```

□AMI NameにSampleAMI-2015（任意の文字列）の記載があるインスタンスを参照する場合

ec2→describe-images（Options項目の--filtersの説明を参照）

```
$ aws ec2 describe-images --filters "Name=name,Values=SampleAMI2015*"
```

■ --queryオプションによる結果出力の絞り込み

　--queryオプションを使用することで、コマンド全般にわたって実行時に実行結果出力の絞り込みをすることができます。指定できる--queryオプションのクエリー名は各コマンドの出力項目名に相当し、各サービス、リソースによって異なるので、CLIのコマンドリファレンスを参照する必要があります。

AWS CLI Command Reference
http://docs.aws.amazon.com/cli/latest/

　クエリー名（コマンドの出力項目）の詳細についてはコマンドリファレンスのページのリンクを「AWS CLI Command Reference→サービス名→サービスに応じたコマンド（Output項目の説明を参照）」とたどることで参照することができます。
　下記は--queryの基本的な記法になります。

□1階層目に出力するクエリー名がある場合

```
aws <サービス名> <リソース操作コマンド> --query '<クエリー名（1階層目）>'
```

Chapter2

□1階層目がリスト構造になっており、2階層目に出力するクエリー名がある場合

`aws <サービス名> <リソース操作コマンド> --query '<項目名（1階層目）>[].<クエリー名（2階層目）>'`

□1階層目、2階層目がリスト構造になっており、3階層目に出力するクエリー名が2つある場合

`aws <サービス名> <リソース操作コマンド> --query '<項目名（1階層目）>[].<項目名（2階層目）>[].[<クエリー名A（3階層目）>,<クエリー名B（3階層目）>]'`

□1階層目、2階層目がリスト構造になっており、3階層目に出力するクエリー名が2つある場合に別名（キー）を付けてJSON形式を指定して出力する

`aws <サービス名> <リソース操作コマンド> --query '<項目名（1階層目）>[].<項目名（2階層目）>[].{<別名A>:<クエリー名A（3階層目）>,<別名B>:<クエリー名B(3階層目)>}' --output json`

□1階層目、2階層目がリスト構造になっており、3階層目の項目で条件検索を行い、3階層目のクエリー名を出力する

`aws <サービス名> <リソース操作コマンド> --query '<項目名（1階層目）>[].<項目名（2階層目）>[?<項目名（3階層目）><演算子>`条件`].<クエリー名(3階層目)>'`

　クエリー名（コマンドの出力項目）は階層構造になっており、コマンドリファレンスを参照して階層構造と出力項目を--queryオプションで指定します。
　--queryの使用方法はクエリー名（コマンドの出力項目）までの階層構造の表現に対してシングルクォーテーション（'）で囲みます。クエリー名はカンマ（,）で区切ることで複数指定することが可能です。
　また、JSON形式、Table形式での出力ではクエリー名に別名（キー）を付けて出力させたり、--filtersと同様に条件検索をすることもでき、「<」「<=」「==」「>=」「>」「!=」等の演算子も使えます。下記に--queryとAWS CLIコマンドリファレンスでのクエリー名の参照先の例を幾つか挙げます。

□全てのインスタンスに対してインスタンスIDのみを参照する場合

ec2→describe-instances（Output項目の説明を参照）

```
$ aws ec2 describe-instances --query 'Reservations[].Instances[].InstanceId'
```

□全てのインスタンスに対してインスタンスID、プライベートIPを参照する場合

ec2→describe-instances（Output項目の説明を参照）

```
$ aws ec2 describe-instances --query 'Reservations[].Instances[].[InstanceId,PrivateIpAddress]'
```

2-2 AWS CLI

□ 全てのインスタンスに対してインスタンスID、プライベートIPにそれぞれID、IPという別名（キー）を付けてJSON形式で参照する場合

ec2→describe-instances（Output項目の説明を参照）

```
$ aws ec2 describe-instances --query 'Reservations[].Instances[].{ID:InstanceId,IP:PrivateIpAddress}' --output json
```

□ 全てのインスタンスに対してインスタンスタイプがt2.smallのインスタンスID、プライベートIPを参照する場合

ec2→describe-instances（Output項目の説明を参照）

```
$ aws ec2 describe-instances --query 'Reservations[].Instances[?InstanceType==`t2.small`].[InstanceId,PrivateIpAddress]'
```

□ 全てのインスタンスに対してインスタンスタイプがt2.small、タグキーがNameのインスタンスID、プライベートIP、タグバリューにそれぞれID、IP、NAMEという別名（キー）を付けてJSON形式で参照する場合

ec2→describe-instances（Output項目の説明を参照）

```
$ aws ec2 describe-instances --query 'Reservations[].Instances[?InstanceType==`t2.small`].{ID:InstanceId,IP:PrivateIpAddress,NAME:Tags[?Key==`Name`].Value}' --output json
```

> **Tips** --filtersと--queryの条件検索の使い分け
>
> 　--filtersと--queryの基本的な使い方について説明しましたが、紹介した以外にもさまざまな使い方が存在します。特に--queryは出力内容を絞り込むだけでなく--filtersと同様に条件検索も可能で、さらには演算子を用いる、関数を用いる等の拡張性が高いです。ただ、--filtersの記法は単純でわかりやすいですが、--queryの記法は--filtersに比べて複雑です。これは1つの案にすぎませんが、基本的な条件検索は--filtersで行い、演算子での条件検索が必要な場合に--queryを使用するというパターンがよいでしょう。

Chapter 2

2-3 AWS SDK

　AWS SDK（以下、SDk）は、プログラミング言語でAWSのサービスを操作することができるライブラリです。SDKでサポートされているAWSサービスは、言語ごとに異なります。詳細は下記のURLを参照してください。

アマゾンウェブサービスのツール
http://aws.amazon.com/jp/tools/

　SDKをプログラミング言語のライブラリとしてインストールすることで、CLIと同様にAWSのサービス、リソースをプログラムから柔軟に操作・管理することが可能になります。また、各プログラミング言語に用意されているフレームワークと一緒に使用することもできるため、Webアプリケーションやスマートフォンアプリ等、広くソフトウェア開発にAWSサービス・リソースを組み込むことができます。ここではSDKの設定と基本的な使用方法をRuby、PHP、Javaの言語について紹介します。

　なお、この節はある程度AWSとプログラミングについての知識があることを前提に解説しています。これからAWSを使い始めたいという人は、次節以降の解説に一通り目を通していただいたうえで、この節を読み返していただけると理解が進むかと思います。

サポートされる言語とバージョン

　2018年2月時点でPython、Ruby、PHP、Java、Node.js、.NET、ブラウザ（JavaScript）、Android、iOS、Go、C++、AWS Mobile、AWS IoTデバイスがサポートされています。SDKでサポートされている言語については、上記のAWSの公式サイトを参照してください。

　本書ではこのうち、Ruby、PHP、Javaについて説明します。各言語がサポートされているバージョンは下記となります。

表2-3-1　各言語の対応バージョン

言語	バージョン
Ruby	1.9以上
PHP	5.5以上
Java	8以上

2-3 AWS SDK

 SDKのインストールと設定

SDKのインストールと設定方法をRuby、PHP、Java言語について紹介します。

■ AWS SDK for Rubyのインストール

Rubyに対応したSDKのインストールは下記の手順で行います。事前に**Ruby**と**gem**がインストールされていることを前提とします。

◆macOSへのインストール

macOSへのインストールは、ターミナルで下記のコマンドを実行することで行います。

```
$ gem install aws-sdk
```

◆Linux(CentOS 7)へのインストール

Linux(CentOS 7)へのインストールは、ターミナルで下記のコマンドを実行することで行います。

```
$ gem install aws-sdk
```

◆Windowsへのインストール

Windowsへのインストールは、Rubyコマンドプロンプトで下記のコマンドを実行することで行います。

```
C:\> gem install aws-sdk
```

なお、コマンドの実行には、SSLのルート証明書が必要となります。詳しくは133ページの「WindowsのSSLのルート証明書の配置」を参照してください。

■ AWS SDK for PHPのインストール

PHPに対応したSDKのインストールは下記の手順で行います。事前に**PHP**がインストールされていることを前提とします。

◆macOSへのインストール

macOSへのインストールは、ターミナルで次のコマンドを実行することで行います。

```
$ curl -sS https://getcomposer.org/installer | php
$ php composer.phar require aws/aws-sdk-php
```

◆Linux（CentOS 7）へのインストール

　Linux（CentOS 7）へのインストールは、ターミナルで下記のコマンドを実行することで行います。

```
$ curl -sS https://getcomposer.org/installer | php
$ php composer.phar require aws/aws-sdk-php
```

◆Windowsへのインストール

　Windowsへのインストールは、コマンドプロンプトで下記のコマンドを実行することで行います。

```
C:¥> curl -sS https://getcomposer.org/installer | php
C:¥> php composer.phar require aws/aws-sdk-php
```

■ AWS SDK for Javaのインストール

　Javaに対応したSDKのインストールは下記の手順で行います。事前に**Java**と**Apache Ant**がインストールされていることを前提とします。

◆macOSへのインストール

　下記のリンクよりSDKのzipファイルをダウンロードします。

SDKのダウンロード
http://sdk-for-java.amazonwebservices.com/latest/aws-java-sdk.zip

　ダウンロードしたzipファイルを解凍し、配下の「lib」「third-party」ディレクトリをライブラリとして指定してコーディングを行います。

◆Linux（CentOS 7）へのインストール

　下記のリンクよりSDKのzipファイルをダウンロードします。

SDKのダウンロード
http://sdk-for-java.amazonwebservices.com/latest/aws-java-sdk.zip

ダウンロードしたzipファイルを解凍し、配下の「lib」「third-party」ディレクトリをライブラリとして指定してコーディングを行います。

◆Windowsへのインストール

下記のリンクよりSDKのzipファイルをダウンロードします。

SDKのダウンロード
http://sdk-for-java.amazonwebservices.com/latest/aws-java-sdk.zip

ダウンロードしたzipファイルを解凍し、配下の「lib」「third-party」ディレクトリをライブラリとして指定してコーディングを行います。

SDKの基本的な使用方法

SDKは対応するプログラム言語によって可能な操作が異なる場合がありますが、AWSのさまざまなサービスに対して参照、作成、修正、削除等の一連の操作、およびサービスに特化した操作が行えるようになっています。また、各リソースを特定するための条件としてサービスに応じたオプションも備えています。

ここでは、簡単なEC2インスタンスのパラメータ表示のサンプルプログラムをRuby、PHP、Javaで示し、基本的なコーディングの仕方について説明します。

今回の例で用いるプログラムの仕様はRuby、PHP、Java共通で下記のようにしています。なお、取得データの詳細については、この後で順を追って解説していきます。

- EC2のクライアントのdescribe_instancesを用いる
- filtersでインスタンスステータス名が「running」かつ、タイプが「t2.small」または「m3.large」であるインスタンスを検索する（CLIのfiltersに相当する操作）
- 取得したデータのうち、インスタンスID、Nameタグの値、インスタンスステータス名、プライベートIPアドレス、グローバルIPアドレス、インスタンスタイプを表示する（CLIのqueryに相当する操作）

AWS認証情報と検索の優先順位

SDKの利用を開始する前に、まずAWS認証情報の取得方法について学びましょう。AWS認証情報とは、どのIAMユーザーが使っているのか判別する方法です。ほぼアクセスキーとシークレットアクセスキーと同義になります。各言語のSDKごとに若干の差異はありますが、AWS SDKは基本的には次の順番でAWS認証情報を取得していきます。

Chapter 2

- ①プログラム中で指定した認証情報
- ②環境変数
- ③AWS認証情報ファイル
- ④インスタンスプロファイル認証情報

　まず一番優先順位が高いのが、プログラム中で指定した認証情報です。プログラムにキーを直接埋め込む形式です。この方法は手軽ですが、うっかりアクセスキー・シークレットアクセスキーを埋め込んだままソースコードをリポジトリに登録してしまうリスクが高くなります。プライベートなリポジトリならいざしらず、GitHubのパブリックリポジトリに登録してしまうとすぐに悪用され大事故になります。そのため、本書ではこの認証方法は推奨しません。

リスト2-3-1　キーを直接埋め込む

```
s3 = Aws::S3::Client.new(
  access_key_id: 'your_access_key_id',
  secret_access_key: 'your_secret_access_key'
)
```

　次に環境変数の利用です。AWSのSDKでは、環境変数中に**AWS_ACCESS_KEY_ID**と**AWS_SECRET_ACCESS_KEY**あるいは**AWS_SESSION_TOKEN**があった場合は、それが認証情報として利用されます。この方法は比較的安全なので、開発用のPC等のローカル環境で後述のインスタンスプロファイル認証（ロール）が使えない場合に利用をお勧めします。

　環境変数がない場合は、AWS認証情報ファイルを参照します。AWS認証情報ファイルとは、OSごとに所定の場所に置かれた「credentials」という名前のファイルです。

　LinuxおよびmacOSでは、以下の場所に置かれます。

```
~/.aws/credentials
```

　Windowsでは、以下の場所に置かれます。

```
%HOMEPATH%\.aws\credentials
```

　AWS認証情報ファイルの特徴としては、デフォルトの認証情報の他に、developやproduction等の任意の名前で複数の認証情報を記述でき、プログラムから切り替えて利用できることにあります。一方で、後述のロール等があるので、ローカルの開発環境以外ではあまり利用をお勧めしません。

リスト2-3-2　Credentials設定ファイルの例

```
[default]
aws_access_key_id = ********
aws_secret_access_key = ********
region =: ap-northeast-1

[production]
aws_access_key_id = ********
aws_secret_access_key = ********
region = ap-northeast-1

[deveopment]
aws_access_key_id = ********
aws_secret_access_key = ********
region = ap-northeast-1
```

最後のインスタンスプロファイル認証情報は、**IAMロール**を利用した認証です。EC2インスタンス自体に権限を付与して、そのインスタンスで実行されたプログラムに権限を与えるという方式です。課題としては、そのインスタンス内で利用する全てのプログラムが必要とする権限を付与する必要があるので、権限が肥大化しがちです。一方でアクセスキーの管理が不要なので、セキュリティ・運用上のメリットが非常に大きいです。本書では、可能なかぎりインスタンスプロファイルを利用することを推奨します。それが駄目な場合は、環境変数を利用しましょう。

■ AWS SDK for Rubyの使用方法の例

RubyのSDKの仕様は、下記URLのドキュメントに記載されています。基本的にはこのドキュメントを参考にAWSサービスの操作とリソースのパラメータ構成について調べて実装していきます。なお、RubyのAWS SDKはv1、v2、v3があり、それぞれ設定および記述方法が違うので注意してください。ここではv3を利用します。

AWS SDK for Ruby
http://docs.aws.amazon.com/AWSRubySDK/latest/_index.html

上記URLのドキュメントでは、「Client（AWS::EC2）→describe_instances→Parameters,Returns」のようにリンクをたどりメソッドの仕様を参照します。特に条件検索を行う**Parameters**の**filters**と返り値である**Returns**の構造についてはよく確認する必要があります。

Chapter 2

　以下にSDKを用いたサンプルプログラムを示します。サンプルプログラムが利用する認証情報は、事前に環境変数にセットしておきます。

　LinuxおよびmacOSでは次のようにセットします。

```
$ export AWS_ACCESS_KEY_ID="your access key"
$ export AWS_SECRET_ACCESS_KEY="your secret access key"
```

　Windowsでは次のようにセットします。

```
C:¥> SET AWS_ACCESS_KEY_ID="your access key"
C:¥> SET AWS_SECRET_ACCESS_KEY="your secret access key"
```

リスト2-3-3　aws_sdk_sample.rb

```ruby
require 'aws-sdk'

#リージョンを指定してEC2クライアントを取得
ec2 = Aws::EC2::Resource.new(region: 'ap-northeast-1')

# インスタンスステータス名がrunningで、
# インスタンスタイプがt2.small, t2.microであるインスタンスを取得
ec2.instances(
  filters: [
    { name: "instance-state-name", values: ["running"] },
    { name: "instance-type", values: ["t2.micro", "t2.small"] }
  ]
).each do |instance|
  tag_name=""
  instance.tags.each{ |tag|
    tag_name = tag.value if tag.key == "Name"
  }
  # インスタンスID、タグキーNameの値、インスタンスステータス名、プライベートIPアドレス、
  # グローバルIPアドレス、インスタンスタイプを表示する。
  puts "#{instance.id} #{tag_name} #{instance.state.name} #{instance.private_ip_address} #{instance.public_ip_address} #{instance.instance_type}"
end
```

　rubyコマンドでサンプルプログラム本体を実行します。

```
$ ruby aws_sdk_sample.rb
i-0f99b90e113cd9d46 CloudWatch Agent running 172.30.11.234 13.115.175.99 t2.small
i-0f9959f04fdea96b9 AgentTest running 172.30.11.235 13.230.33.10 t2.micro
```

なお、サンプルプログラムは、本書のサポートページから入手可能です。

サポートページ
http://isbn.sbcr.jp/92579/

■ AWS SDK for PHPの使用方法の例

PHPに対応したSDKの仕様は、下記URLのドキュメントに記載されています。基本的にはこのドキュメントを参考に、AWSサービスの操作とリソースのパラメータ構成について調べて実装を行っていきます。

AWS SDK for PHP 3.x
http://docs.aws.amazon.com/aws-sdk-php/latest/

上記URLのドキュメントでは「Ec2→Ec2Client→describeInstances→Parameters,Returns」のようにリンクをたどりメソッドの仕様を参照します。特に条件検索を行う**Parameters**の**Filters**と返り値である**Returns**の構造についてはよく確認する必要があります。

以下にSDKを用いたサンプルプログラムを示します。サンプルプログラムが利用する認証情報は、事前に環境変数にセットしておきます。

LinuxおよびmacOSでは次のようにセットします。

```
$ export AWS_ACCESS_KEY_ID="your access key"
$ export AWS_SECRET_ACCESS_KEY="your secret access key"
```

Windowsでは次のようにセットします。

```
C:\> SET AWS_ACCESS_KEY_ID="your access key"
C:\> SET AWS_SECRET_ACCESS_KEY="your secret access key"
```

リスト2-3-4　aws_sdk_sample.php

```php
<?php

// AWS SDKライブラリのローディング
require 'vendor/autoload.php';
use Aws\Ec2\Ec2Client;

$ec2Client = new Ec2Client([
    'region' => 'ap-northeast-1',
    'version' => '2016-11-15'
]);
```

Chapter2

```php
// インスタンスステータス名がrunningで
// インスタンスタイプがt2.small, m3.largeであるインスタンスセットを含む
// Reservationセットを取得
$reservation_set = $ec2Client->describeInstances(array
  (
    'Filters' => array(
      array('Name' => 'instance-state-name', 'Values' => array('running')),
      array('Name' => 'instance-type', 'Values' => array('t2.small', 't2.micro'))
    )
  )
);

// 取得したReservationsセットを1つずつ取り出し、インスタンスを取得する
foreach ($reservation_set["Reservations"] as $reservation) {
  // インスタンスを取得
  $instance = $reservation["Instances"][0];

  // インスタンスに設定されているタグのうち「Name」のキーの値を取得する
  $tag_name = "";
  foreach($instance["Tags"] as $tag) {
    if ($tag["Key"] == "Name") $tag_name = $tag["Value"];
  }

  // インスタンスID、タグキーNameの値、インスタンスステータス名、
  // プライベートIPアドレス、グローバルIPアドレス、インスタンスタイプを表示する
  echo $instance["InstanceId"] . " " . $tag_name . " " . $instance["State"]["Name"] . " " . $instance["PrivateIpAddress"] . " " . $instance["PublicIpAddress"] . " " . $instance["InstanceType"] . "\n";
}
?>
```

phpコマンドでサンプルプログラム本体を実行します。

```
$ php aws_sdk_sample.php
i-0f99b90e113cd9d46 CloudWatch Agent running 172.30.11.234 13.115.175.99 t2.small
i-0f9959f04fdea96b9 AgentTest running 172.30.11.235 13.230.33.10 t2.micro
```

なお、サンプルプログラムは、本書のサポートページから入手可能です。

サポートページ
http://isbn.sbcr.jp/92579/

2-3 AWS SDK

■ AWS SDK for Javaの使用方法の例

Javaに対応したSDKの仕様は、下記URLのドキュメントに記載されています。基本的にはこのドキュメントを参考に、AWSサービスの操作とリソースのパラメータ構成について調べて実装を行っていきます。

AWS SDK for Java API Reference
http://docs.aws.amazon.com/AWSJavaSDK/latest/javadoc/index.html

上記URLのドキュメントでは、「com.amazonaws.services.ec2.model→DescribeInstancesRequest, DescribeInstancesResult」のようにリンクをたどり、メソッドの仕様を参照します。特に条件検索を行う**DescribeInstancesRequest**の**Filter**と返り値である**DescribeInstancesResult**の構造についてはよく確認する必要があります。

SDKを用いたサンプルプログラムを以下に示します。ここでは、AWS認証情報ファイル（Credentials）を使った方法を紹介します。

◆ディレクトリ・ファイル構成

Javaのサンプルプログラムの構成は**aws-java-sdk**（AWS SDK Javaライブラリ）のディレクトリ、**サンプルプログラム本体**と**build.xml**（ビルド情報ファイル）が格納されるディレクトリを配置します。credentials（Credentials設定ファイル）についてはCLIで設定した「<ユーザーディレクトリ>/.aws/」に配置されているものを使用します（p.106）。

ディレクトリの構成は、以下のようになります。

図2-3-1　ディレクトリ構成

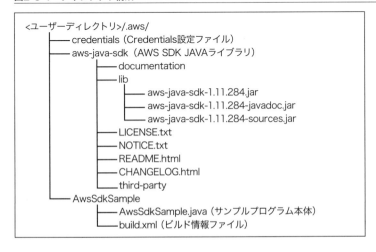

◆credentials（Credentials設定ファイル）

　Credentials設定ファイルは、AWSにアクセスするためのアクセスキー、シークレットアクセスキーをCLIの**aws configure**コマンドで生成（p.94）されるものと同様の形式で記述します。リージョンについてはAwsSdkSample.java（サンプルプログラム本体）に記述します。

リスト2-3-5　credentials（Credentials設定ファイル）

```
[default]
aws_access_key_id = ********
aws_secret_access_key = ********
```

　"aws_access_key_id"と"aws_secret_access_key"は各自の環境に合わせてアクセスキーとシークレットアクセスキーを入力してください。

◆build.xml（ビルド情報ファイル）

　ビルド情報ファイルは下記のように記述します。ここではaws-java-sdk（AWS SDK Javaライブラリ）の読み込み、AwsSdkSample.java（サンプルプログラム本体）のビルドと実行について記述します。

リスト2-3-6　build.xml（ビルド情報ファイル）

```xml
<!-- Ant build script for compiling and running the
  AWS Java SDK EC2 Spot Instances sample.
  Don't forget to fill in your AWS access credentials in (~/.aws/credentials)
  before trying to run it. -->
<project name="AWS SDK Sample" default="run" basedir=".">
  <path id="aws.java.sdk.classpath">
    <fileset dir="../aws-java-sdk/third-party" includes="**/*.jar"/>
    <fileset dir="../aws-java-sdk/lib" includes="**/*.jar"/>
    <pathelement location="."/>
  </path>

  <target name="run">
    <javac srcdir="." destdir="." classpathref="aws.java.sdk.classpath"/>
    <java classname="AwsSdkSample" classpathref="aws.java.sdk.classpath"
      fork="true"/>
  </target>

</project>
```

◆AwsSdkSample.java（サンプルプログラム本体）

サンプルプログラム本体では、Credentials設定ファイルの内容を読み込み、SDKのメソッドを実行して結果を表示します。

リスト2-3-7　AwsSdkSample.java（サンプルプログラム本体）

```java
import java.net.InetAddress;
import java.net.UnknownHostException;
import java.util.Collections;
import java.util.List;
import java.util.ArrayList;

// AWS SDKライブラリのローディング
import com.amazonaws.AmazonClientException;
import com.amazonaws.AmazonServiceException;
import com.amazonaws.auth.AWSCredentials;
import com.amazonaws.auth.profile.ProfileCredentialsProvider;
import com.amazonaws.regions.Region;
import com.amazonaws.regions.Regions;
import com.amazonaws.services.ec2.AmazonEC2;
import com.amazonaws.services.ec2.AmazonEC2Client;
import com.amazonaws.services.ec2.model.DescribeInstancesRequest;
import com.amazonaws.services.ec2.model.DescribeInstancesResult;
import com.amazonaws.services.ec2.model.Reservation;
import com.amazonaws.services.ec2.model.Instance;
import com.amazonaws.services.ec2.model.Tag;
import com.amazonaws.services.ec2.model.Filter;

public class AwsSdkSample {

  public static void main(String[] args) {

    // Credentials設定ファイルの読み込み
    AWSCredentials credentials = null;
    try {
      credentials = new ProfileCredentialsProvider().getCredentials();
    } catch (Exception e) {
      throw new AmazonClientException(
        "Cannot load the credentials from the credential profiles file. " +
        "Please make sure that your credentials file is at the correct " +
        "location (~/.aws/credentials), and is in valid format.",
        e);
    }

    // EC2クライアントを取得
    AmazonEC2 ec2 = new AmazonEC2Client(credentials);
    Region apNortheast1 = Region.getRegion(Regions.AP_NORTHEAST_1);
```

Chapter 2

```java
        ec2.setRegion(apNortheast1);

        // インスタンスステータス名がrunningであるフィルタの設定
        List<String> value1 = new ArrayList<String>();
        value1.add("running");
        Filter filter1 = new Filter("instance-state-name", value1);

        // インスタンスタイプがt2.small, m3.largeであるフィルタの設定
        List<String> value2 = new ArrayList<String>();
        value2.add("t2.small");
        value2.add("m3.large");
        Filter filter2 = new Filter("instance-type", value2);

        // インスタンスステータス名がrunningで
        // インスタンスタイプがt2.small, m3.largeである
        // インスタンスセットを含むReservationセットを取得
        DescribeInstancesResult instanceResult = ec2.describeInstances(new
        DescribeInstancesRequest().withFilters(filter1, filter2));

        // 取得したReservationsセットを1つずつ取り出し、
        // インスタンスを取得する
        for (Reservation reservation : instanceResult.getReservations()) {
          for (Instance instance : reservation.getInstances()) {
            // インスタンスに設定されているタグのうち
            // 「Name」のキーの値を取得する
            String tagName = "";
            for (Tag tag : instance.getTags()) {
              if (tag.getKey().toString().equals("Name")) {
                tagName = tag.getValue();
              }
            }
            // インスタンスID、タグキーNameの値、インスタンスステータス名、
            // プライベートIPアドレス、グローバルIPアドレス、
            // インスタンスタイプを表示する
            System.out.println(instance.getInstanceId() + " " +
              tagName + " " + instance.getState().getName() + " " +
              instance.getPrivateIpAddress() + " " +
              instance.getPublicIpAddress() + " " +
              instance.getInstanceType());
          }
        }
    }
}
```

◆実行手順と表示例

　Apache Antの**ant**コマンドでサンプルプログラム本体をbuild.xmlに従ってビルドし、同時に実行します。

```
$ cd ./AwsSdkSample
$ ant
    [java] i-******** InstanceNameX running 10.0.0.10 54.0.0.0 t2.small
    [java] i-******** InstanceNameY running 10.0.0.11 54.0.0.1 m3.large
```

　なお、サンプルプログラムは、本書のサポートページから入手可能です。

サポートページ
https://isbn.sbcr.jp/92579/

Chapter2

2-4 VPCネットワークの作成

それでは、AWSが提供しているさまざまなサービスを利用して、システムのインフラを構築していきましょう。最初はネットワークの作成からです。

Chapter1でも説明しましたが、EC2やRDSなどのインスタンスはVPCネットワークで動作することが標準となっています。AWSアカウントの開設と同時に作成される**デフォルトVPC**をそのまま利用することもできますし、任意のネットワークアドレスを指定した**カスタムVPC**を作成することもできます。ここでは、デフォルトVPCとカスタムVPCの違いや、カスタムVPCを作成するうえで理解すべき事項について説明します。

デフォルトVPC

デフォルトVPCは、AWSアカウントを開設すると標準で作成されるVPCネットワークです。後述するカスタムVPCを作成せずにEC2やRDS等のインスタンスを作成した場合は、自動的にデフォルトVPC内に組み込まれます。デフォルトVPCでは、カスタムVPCですべき以下の設定が事前に行われています。各設定項目の詳細は後述します。

表2-4-1 VPCの設定

設定名	設定内容	設定の割当最小単位
①VPC	デフォルトVPC全体のネットワークアドレス。範囲は「172.31.0.0/16」(65,536IP)	リージョン
②サブネット	各AZ（アベイラビリティーゾーン）に1つずつ設置。「/20」(4,096IP)のネットワークアドレスが割り当てられる	AZ
③ルートテーブル	VPCネットワークアドレス範囲内の通信(172.31.0.0/16)はVPC内部へルーティング。それ以外はインターネットに向けたルーティング	サブネット
④インターネットゲートウェイ	インターネットへの接続用ゲートウェイが作成され、ルートテーブルに割り当てられている	VPC
⑤ネットワークACL	インバウンド（内部への通信）・アウトバウンド（外部への通信）ともに、全ての通信を許可	サブネット
⑥セキュリティグループ	インバウンド（内部への通信）は全ての通信を拒否、アウトバウンド（外部への通信）は全ての通信を許可	インスタンス

※この他にもDHCPオプションセットが作成されますが、ここでは説明を省略します。

デフォルトVPCの構成は以下の通りです。サブネットに作成されたリソース（EC2やRDS等のインスタンス）は、上記の表の①～⑥で設定されたネットワーク設定に従って、インターネットやその他のネットワークと通信します。

図2-4-1　デフォルトVPCの構成

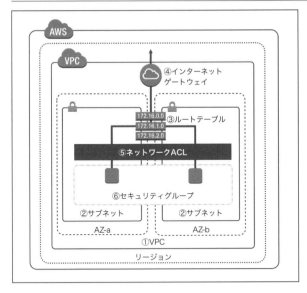

Tips　デフォルトVPCの特殊設定

　デフォルトVPCに最初からあるサブネット上にEC2インスタンスを作成すると、EC2インスタンスに**パブリックIPアドレス**と**プライベートIPアドレス**の両方が設定されます。また、**パブリックDNSホスト名**と**プライベートDNSホスト名**も設定されます。デフォルトVPC内に追加で作成したサブネットやカスタムVPCでは、パブリックのIPアドレスやDNSホスト名は設定されません。これは、起動時にパブリックIPアドレスとパブリックDNS名が設定されていたEC2-Classic (p.21参照) の仕様を踏襲したものと考えられます。

　VPCやサブネットの設定を変更することで、EC2インスタンス作成時にパブリックIPアドレスやDNSホスト名を自動的に設定することも可能です。詳しくは次項の「カスタムVPCを作成する」で説明します。

カスタムVPCを作成する

　ここでは、実際にカスタムVPCを作成するために必要な設定項目を説明します。
　AWSマネジメントコンソールからVPCへのリンクを選択すると、VPCのダッシュボードが表示されます。ダッシュボードには以下4つの代表的なVPC構成をウィザード形式で

Chapter 2

作成するためのリンク（VPCウィザードの開始）があります。

・インターネットに接続することができるサブネットが1つだけ存在するVPC（①）
・インターネットに接続することができるサブネットと接続できないサブネットが1つずつ存在するVPC（②）
・②の構成に外部からハードウェアVPN接続を可能とするVPC（③）
・外部からはハードウェアVPN接続のみ可能なVPC（④）

　ウィザードを利用することで簡単にカスタムVPCを作成することができますが、ここではVPCを構成する各設定項目を理解するために、ウィザードは使用せずに作成を行います。
　カスタムVPC作成の大きな流れは以下の通りです。

▽カスタムVPCの作成
①VPCネットワークを作成します。
②サブネットを作成します。
③ルートテーブルを作成します。
④インターネットゲートウェイを作成します。
⑤ネットワークACLを設定します。
⑥セキュリティグループを設定します。

■ リージョンの選択

　本書では、特に指定がない場合は東京リージョンでサービスを利用します。作成作業を開始する前に忘れずに「東京」を選択しておいてください。AWSマネジメントコンソール右上のリージョン名をクリックし、表示されるリストから「アジアパシフィック（東京）」を選択します。

図2-4-2　「東京」リージョンを選択する

❶ アジアパシフィック（東京）を選択する

■ VPCネットワークの作成

2つのAZに1つずつサブネットがあるVPCネットワークを作成します。AWSマネジメントコンソールのトップ画面で VPC を選択します。続いて、VPCのダッシュボードのサイドメニューから VPC を選択してくVPC画面を開き、 VPCの作成 をクリックします。

> □AWSマネジメントコンソールの操作
> VPC→VPC→VPCの作成

ここでは、次のような構成でカスタムVPCを作成します。

図2-4-3　作成するカスタムVPCの構成

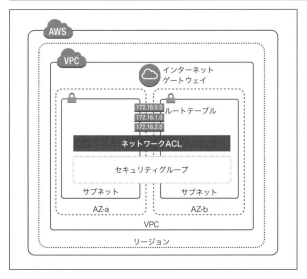

最初は、VPCネットワークで使用する**プライベートネットワークアドレスの範囲**を設定します。VPCネットワークで稼働する予定のEC2インスタンス数や作成する予定のサブネット数に応じて、必要なネットワークアドレスの範囲を設定してください。

VPCのネットワークアドレスは一度設定すると後から変更できないので、後々のシステム拡張等も踏まえて余裕を持った範囲を設定してください。

表2-4-2　VPCネットワークの設定項目

設定項目	必須	説明
名前タグ		設定を識別するための名前
IPv4 CIDRブロック	○	最小「/28」(16IPアドレス)から最大「/16」(65,536IPアドレス)のネットワーク
IPv6 CIDRブロック		Amazonが提供するIPv6 CIDRブロック。「/56」固定
テナンシー	○	デフォルトか専用を選択

　テナンシーで「専用」を設定すると、EC2インスタンスを起動するホストサーバを指定(専有)できます。セキュリティやコンプライアンスの問題で、ホストサーバを他システムと共有することが許されない場合等に使用します。「専用」オプションは、EC2インスタンスの時間あたりの利用料が割高になります。

図2-4-4　VPCの作成

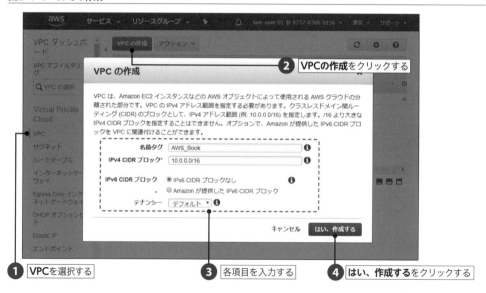

表2-4-3　VPCネットワークの設定例

設定項目	値
名前タグ	AWS_Book(任意の名前、日本語は不可)
IPv4 CIDRブロック	10.0.0.0/16
IPv6 CIDRブロック	IPv6 CIDRブロックなし
テナンシー	デフォルト

　VPCネットワークの作成後に設定を変更できる項目もあります。各項目と設定の内容は以下の通りです。

2-4　VPCネットワークの作成

表2-4-4　VPCネットワークの作成後に変更可能な項目

設定項目	デフォルト値	説明
DHCPオプションセット	AWS標準	ドメイン名、ドメインネームサーバ、NTPサーバ、NetBIOSネームサーバ、NetBIOSノードタイプの5つのDHCPサービスを設定
DNS解決	はい	VPC内でDNS機能を利用するかどうかを設定。特別にVPC内でDNSを使用したくない場合以外は「はい」にする
DNSホスト名	いいえ	インスタンスにDNSホスト名を付与するかどうかを設定。DNS名を割り当てたい場合は「はい」にする

なお、VPCネットワークを新規で作成すると、そのなかで使用できる**ルートテーブル**と**ネットワークACL**、**セキュリティグループ**（それぞれ後述）が自動的に作成されます。

図2-4-5　VPCネットワークが作成される

ここでは、次節でEC2インスタンスにアクセスする際にパブリックDNSを使用するため（p.153）、**DNSホスト名**を「はい」にしています。作成したVPCを右クリックして、**DNSホスト名の編集**を選択してください。

図2-4-6　DNSホスト名の設定

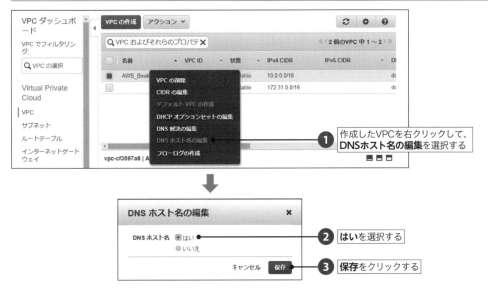

121

Chapter2

◆ CLIでVPCを作成する

VPCネットワークの作成はCLIから行うこともできます。「10.0.0.0/16」のVPCネットワークを作成して、DNSホスト名を「はい」にする場合は、次のように実行します。

```
$ aws ec2 create-vpc --cidr-block 10.0.0.0/16
$ aws ec2 modify-vpc-attribute --vpc-id vpc-******** --enable-dns-hostnames
```

「10.0.0.0/16」のVPCネットワークのテナンシーを「専用」で作成する場合は、次のように実行します。

```
$ aws ec2 create-vpc --cidr-block 10.0.0.0/16 --instance-tenancy dedicated
```

CLIの実行の際には、94ページの解説に従って環境設定を行っておいてください。また、"vpc-id"はVPC作成時に発番されたIDを記述してください。

■ サブネットの作成

2番目はサブネットの作成です。サブネットとは、大きなネットワークを複数の小さなネットワークに分割して管理する際の、管理単位となるネットワークのことを指します。VPC内で役割に応じたネットワークを作成することができます。

この例では、2つのサブネットを作ります。1つは後ほど追加で作成するので (p.169)、まずは1つ目のサブネットを作成しましょう。

サブネットの作成は、VPCのダッシュボードのサイドメニューから サブネット を選択し、サブネットの作成 をクリックして行います。

□AWSマネジメントコンソールの操作

VPC→サブネット→サブネットの作成

表2-4-5 サブネットの設定項目

設定項目	必須	説明
名前タグ		設定を識別するための名前を設定
VPC	○	サブネットを作成するVPCを指定
アベイラビリティーゾーン		サブネットを作成するAZを指定。指定しなければ任意のAZが選択される
IPv4 CIDRブロック	○	サブネットに割り当てるネットワークの範囲を指定。割り当てたネットワークの最初の4IPと最後の1IPはAWSが内部的に使用するため使用できない

2-4 VPCネットワークの作成

表2-4-6　サブネットの作成の設定例

設定項目	値
ネームタグ	AWS_Book_Subnet（任意の名前）
VPC	AWS_Book（作成したVPCネットワーク）
アベイラビリティーゾーン	ap-northeast-1a
CIDRブロック	10.0.0.0/24

図2-4-7　サブネットの作成

サブネットのCIDRブロックを設定する際に気をつけるべき制約事項があります。ELBをVPC内に作成する場合の制約として、ELB作成時点でELBを作成するサブネットに20IPアドレス以上の空きが必要になります。そのため「/28」（16IPアドレス）で作成したサブネットにはELBを作成することができません。

この制限は、おそらくELBで負荷に応じて内部的に拡張・縮小が行われることによるものと思われます。ELBを作成する予定があるサブネットは、余裕を持って「/24」（256IPアドレス）以上のネットワーク範囲で作成することを推奨します。

VPCネットワークの作成で説明した「DNSホスト名」オプションを「はい」にして（p.121）、サブネット設定の「自動割り当てパブリックIP」を「はい」にすると、前項で説明したデフォルトVPCの特殊設定（p.117）を実現することができます。

図2-4-8　サブネットが作成される

作成したサブネットが一覧に表示されます。なお、作成したサブネットの他にも、デフォルトVPCのサブネットが3つ表示されています。

サブネット作成後に、以下の設定項目を変更できます。

表2-4-7　作成後に変更可能な項目

設定項目	デフォルト値	説明
自動割り当てパブリックIP	いいえ	インスタンス起動時に自動的にパブリックIPアドレスを付与したい場合は、「はい」に変更する

◆ CLIでサブネットを作成する

サブネットの作成はCLIから行うこともできます。「ap-northeast-1a」というAZに「10.0.0.0/24」のサブネットを作成する場合は次のように実行します。"vpc-id"はVPCの作成時に発番されたIDを記述してください。

```
$ aws ec2 create-subnet --vpc-id vpc-******** --availability-zone ap-northeast-1a
--cidr-block 10.0.0.0/24
```

「ap-northeast-1c」というAZに「10.0.100.0/24」のサブネットを作成する場合は、次のように実行します。

```
$ aws ec2 create-subnet --vpc-id vpc-******** --availability-zone ap-northeast-1c
--cidr-block 10.0.100.0/24
```

■ ルートテーブルの作成

3番目は、ルートテーブルの作成です。ルートテーブルはサブネット単位で設定することができ、サブネット内で稼働するEC2インスタンスのネットワークルーティングを制御します。インターネットを介して通信する場合は、インターネットゲートウェイをルーティング先に指定したり、VPN接続で外部のサーバと通信する場合は、仮想プライベート

ゲートウェイをルーティング先に指定したりします。

VPCネットワークを作成すると、自動的にルートテーブルも作成されます。自動で作成されるルートテーブルをそのまま使うこともできますが、ここでは、それとは別に1つルートテーブルを追加します。

ルートテーブルの作成は、VPCのダッシュボードのサイドメニューからルートテーブルを選択し、ルートテーブルの作成をクリックして行います。

□AWSマネジメントコンソールの操作

VPC→ルートテーブル→ルートテーブルの作成

ルートテーブル作成時の設定項目は下記の通りです。

図2-4-9　ルートテーブルの作成

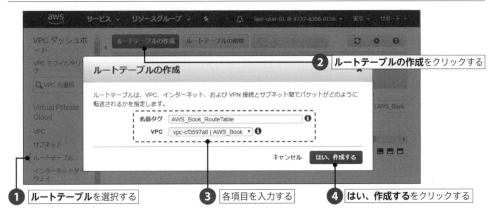

表2-4-8　ルートテーブルの設定項目

設定項目	必須	説明
名前タグ		設定を識別するための名前を設定
VPC	○	ルートテーブルを作成するVPCのIDを指定

表2-4-9　ルートテーブルの作成の設定例

設定項目	値
名前タグ	AWS_Book_RouteTable（任意の名前）
VPC	AWS_Book（作成したVPC）

図2-4-10　ルートテーブルが作成された

作成したルートテーブルが一覧に表示されます。なお、作成したルートテーブルの他にも、デフォルトVPCのルートテーブルと、カスタムVPCに初期状態で作成されるルートテーブルが1つずつ表示されています。

ルートテーブル作成後に、以下の設定項目を変更できます。

表2-4-10　作成後に変更可能な項目

設定項目	説明
メインテーブルとして設定	選択したルートテーブルをメインルートテーブルとする場合に使用。メインルートテーブルとは、VPC内に複数のルートテーブルを作成した場合に代表となるルーティング設定のことを指す

◆CLIでルートテーブルを作成する

　ルートテーブルの作成はCLIから行うこともできます。VPCネットワークにルートテーブルを作成するには、次のように実行します。"vpc-id"は、VPC作成時に発番されたIDを記述してください。

```
$ aws ec2 create-route-table --vpc-id vpc-********
```

■ サブネットとルートテーブルの関連付け

　作成したサブネットは、VPC内の1つのルートテーブルに関連付ける必要があります。サブネットの新規作成時はルートテーブルを指定することができないため、VPC内のメインルートテーブルに自動的に関連付けされます。サブネットとルートテーブルの関連付けを変更する場合は、以下の手順で行います。ここでは、122ページで作成したサブネットと、先ほど作成したルートテーブルを関連付けてみましょう。

□AWSマネジメントコンソールの操作
VPC→ルートテーブル

2-4 VPCネットワークの作成

▽サブネットとルートテーブルの関連付け
①ルートテーブルの一覧から、作成したルートテーブルを選択します。
②サブネットの関連付けタブを開きます。
③編集をクリックします。
④サブネットの一覧が表示されるので、先ほど作成したサブネットにチェックを入れます。
⑤保存をクリックします。

図2-4-11　サブネットとルートテーブルの関連付け

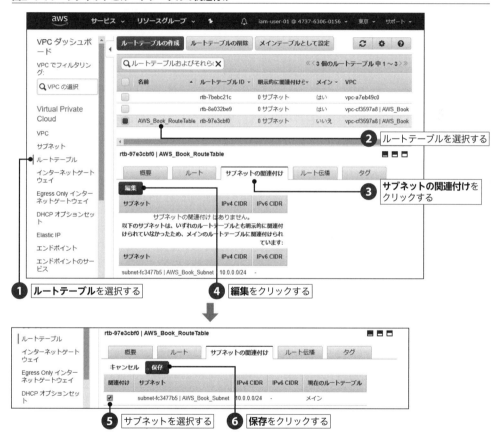

　VPCのネットワークの作成時に成されたルートテーブル（メインルートテーブル）に自動的に関連付けされたサブネットは、動作としてはそのままの設定でも問題ありません。しかし、自動的に関連付けされたままにせず、明示的にルートテーブルと関連付けるようにしてください。なぜなら、例えばメインルートテーブルを他のルートテーブルに変更した場合、明示的に関連付けていないサブネットは新たに設定したメインルートテーブルに

127

関連付けられてしまいます。そのため、これまでできていた通信ができなくなったり、不要な通信ができるようになったりする等の問題が発生する可能性もあります。

　もう1つメインルートテーブルで気をつけておくべきことがあります。それは、メインルートテーブルはできるだけ必要最低限のルーティング設定にしておくことです。新しくサブネットを作成した際に、ルートテーブルとの関連付けを忘れていた場合でも、想定外（特にインターネットと）の通信が行われないようにするためです。メインルートテーブルはVPCの内部通信のみ可能な設定（デフォルト設定）から変更しないようにしましょう。

◆ CLIで関連付けを行う

　ルートテーブルとサブネットの関連付けは、CLIから行うこともできます。次のように実行します。"rtb"は作成したルートテーブル、"subnet"は作成したサブネットのIDを記述してください。

```
$ aws ec2 associate-route-table --route-table-id rtb-******** --subnet-id subnet-********
```

■ インターネットゲートウェイの作成

　4番目は、インターネットゲートウェイの作成です。インターネットゲートウェイは、VPC内で稼働するEC2インスタンスがインターネットを通じて外部と通信する際に必要です。作成したインターネットゲートウェイは、ルートテーブルのターゲット（ルートテーブルのルーティングを設定する時に指定するルーティング先）として使用します。

　インターネットゲートウェイをルートテーブルに設定することで、VPC内で稼働するEC2インスタンスがインターネット上に存在するサーバと通信できます。インターネットゲートウェイ自体は特に設定する項目はなく、設定全体を識別するための**名前タグ**のみ設定することができます。

　インターネットゲートウェイの作成は、VPCのダッシュボードのサイドメニューから**インターネットゲートウェイ**を選択し、**インターネットゲートウェイの作成**をクリックして行います。

> □ AWSマネジメントコンソールの操作
> **VPC**→**インターネットゲートウェイ**→**インターネットゲートウェイの作成**

2-4 VPCネットワークの作成

図2-4-12　インターネットゲートウェイの作成

表2-4-11　インターネットゲートウェイの設定項目

設定項目	説明
名前タグ	設定を識別するための名前を設定

表2-4-12　インターネットゲートウェイの作成の設定例

設定項目	値
名前タグ	AWS_Book_Gateway（任意の名前）

　作成したインターネットゲートウェイが一覧に表示されます。ここでも、作成したものの他に、デフォルトVPC用のインターネットゲートウェイが表示されています。

図2-4-13　インターネットゲートウェイが作成された

◆インターネットゲートウェイとVPCの関連付け

　作成したインターネットゲートウェイは、VPCとの関連付けを行います。一覧を確認すると、作成したインターネットゲートウェイの**状態**の値が「**detached**」になっているのがわかります。これが「**attached**」になるように設定します。
　表示される一覧からVPCに関連付けたいインターネットゲートウェイを選択し、VPC

にアタッチをクリックすることでVPCに関連付けすることができます。

図2-4-14　インターネットゲートウェイとVPCを関連付ける

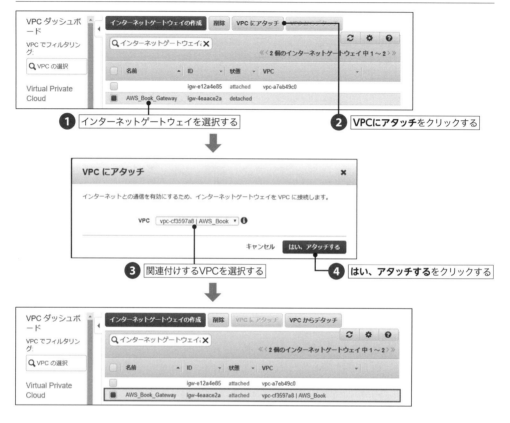

◆CLIでインターネットゲートウェイを作成する

CLIでインターネットゲートウェイを作成するには、以下のように実行します。

```
$ aws ec2 create-internet-gateway
```

次のように実行することで、CLIからVPCに関連付けをすることができます。"igw"は作成したインターネットゲートウェイ、"vpc"は作成したVPCのIDを記述します。

```
$ aws ec2 attach-internet-gateway --internet-gateway-id igw-******* --vpc-id vpc-*******
```

2-4 VPCネットワークの作成

■ **インターネットゲートウェイをルーティング先に指定する**

　これでルートテーブルにインターネットゲートウェイを設定することができるようになりました。作成したルートテーブルにインターネットゲートウェイへのルーティングを追加しましょう。

```
□AWSマネジメントコンソールの操作
VPC→ルートテーブル
```

以下の手順で設定を行います。

▽ルートテーブルにインターネットゲートウェイを設定する
①ルートテーブルの一覧から、今回作成したルートテーブルを選択します。
②ルートタブを開きます。
③編集をクリックします。
④別のルートを追加をクリックして、設定値を入力します。
⑤保存をクリックしてください。

図2-4-15　ルートテーブルにインターネットゲートウェイを設定する

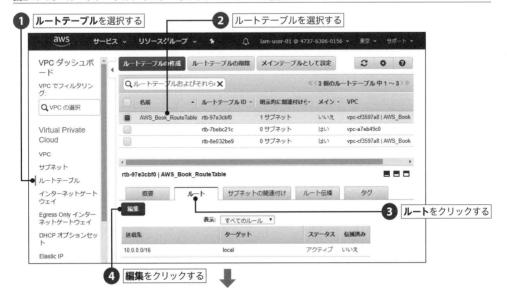

131

Chapter2

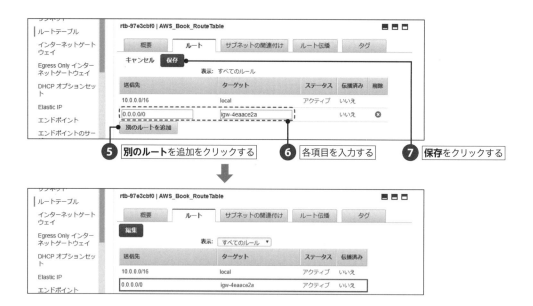

表2-4-13　ルートテーブルの設定例

設定項目	値
送信先	0.0.0.0/0
ターゲット	igw-********（igwは今回作成したインターネットゲートウェイのIDを入力）

　ターゲットの入力は、リストから選択することができます。送信先を「0.0.0.0/0」にすることで、全てのアドレスとマッチするようにしています。

◆CLIでルートテーブルと関連付ける

　次のように実行することで、ルートテーブルにインターネットゲートウェイを関連付けることができます。"rtb"は作成したルートテーブル、"igw"は作成したインターネットゲートウェイのIDを記述します。

```
$ aws ec2 create-route --route-table-id rtb-******* ¥
--destination-cidr-block 0.0.0.0/0 ¥
--gateway-id igw-********
```

■ ネットワークACLとセキュリティグループの設定

　VPCには、ネットワークセキュリティに関する設定項目として**ネットワークACL**（Access Control List）と**セキュリティグループ**の2つがあります。ここでは、VPC作成時に自動的に作成された設定のままとします。ネットワークACLとセキュリティグループ

の説明や違い等はChapter4で詳しく説明します。

※

　ここまででAWSを利用するためのベースとなるネットワーク（VPC）の設定が完了しました。次節からはVPC上で実際にEC2インスタンスを作成します。

> **Tips**　WindowsのSSLのルート証明書の配置
>
> 　RubyからHTTPSのサイトにアクセスする際には、相手先の証明書の検証が行われます。その際に、Rubyに対して**ルート証明書**を指定しておかないと、証明書の検証が行えずにエラーになります。
>
> 　対処法としては、証明書の検証をスキップする方法と、ルート証明書をダウンロードして指定しておく方法があります。基本的には、後者の方法がよいでしょう。ルート証明書はいろいろな所から取得できます。例えば、「http://curl.haxx.se/ca/cacert.pem」から入手します。取得したルート証明書は、「C:¥tools¥Ruby200¥」の下に保存しておきます（ファイル名は「cacert.pem」としておきます）。
>
> 　あとは、環境変数に「SSL_CERT_FILE」を追加し、ルート証明書のパス（この例では「C:¥tools¥Ruby200¥cacert.pem」）を設定します。

Chapter 2

2-5
仮想サーバ(EC2)の利用

　いよいよAWSを代表するサービスであるEC2を使っていきましょう。本節では、作成したVPC上にEC2を使って仮想サーバを起動し、EC2のマシンイメージであるAMI(Amazon Machine Image)を作成します。

　EC2により起動された仮想サーバは**インスタンス**と呼ばれます。EC2を起動するまでには、インスタンスにSSHやRDPでログインするための**公開鍵・秘密鍵**の作成、ファイアウォールである**セキュリティグループ**の作成、インターネット経由でアクセスするために**グローバルIP**の割り当てなど、必要な作業が幾つかあります。これらは、EC2を起動する流れのなかで一緒に作成や設定をすることができます。しかし、今後AWSで運用していくなかでは、それぞれ個別で作る場合の方が多くなってきますので、本節ではあえて1つひとつ作成していきたいと思います。まずは、公開鍵・秘密鍵の作成、次にセキュリティグループの作成、そしてEC2の起動という流れで行います。

　また、AWSマネジメントコンソールでの利用方法だけでなく、CLIでの利用方法も紹介します。慣れてきたらCLIからの操作も試してみてください。

■ AWS操作用の公開鍵・秘密鍵の作成

　EC2では**公開鍵暗号方式**でログイン情報を暗号化します。そのため、起動したEC2へログインするためには公開鍵・秘密鍵が必要になります。EC2では、この公開鍵・秘密鍵を数クリックで簡単に作ることができます。また、AWSの外部で作成した鍵をEC2にインポートして使用することもできます。

■ AWSマネジメントコンソールからのキーペア作成

　公開鍵・秘密鍵のことを、**キーペア**と呼びます。では、AWSマネジメントコンソールからキーペアを作成してみましょう。

▽キーペアの作成
①AWSマネジメントコンソールのトップ画面から EC2 を選択します。
②EC2のダッシュボードのサイドメニューから キーペア を選択します。
③ キーペアの作成 をクリックします。
④ キーペア名 に、作成するキーペアの名前を入力します。

⑤作成をクリックします。
⑥pem形式のファイルをダウンロードします。

```
□AWSマネジメントコンソールの操作
EC2→キーペア→キーペアの作成
```

図2-5-1　キーペアの作成

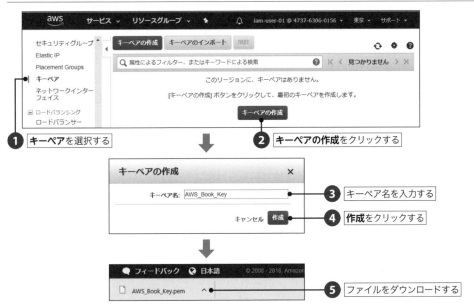

表2-5-1　キーペアの作成の設定例

設定項目	値
キーペア名	AWS_Book_Key（任意の名前）

図2-5-2　キーペアが作成された

　これで、キーペアの作成は完了です。なお、ここで作成したキーペアのファイルはこのタイミングでしかダウンロードできません。今後は二度とダウンロードできないので、注意して管理してください。

135

■ CLIからキーペアを作成する

CLIを利用する場合、以下のコマンドで作成できます。ここでは「myKeyPair」という名前で作成しています。

```
$ aws ec2 create-key-pair --key-name myKeyPair
```

このコマンドを実行すると以下の値が返ってきます。

表2-5-2　create-key-pairコマンドの結果

値	内容
KeyMaterial	鍵の実体
KeyName	鍵名
KeyFingerprint	フィンガープリント

KeyMaterialの値をpemファイルとして保存することで、鍵として利用できます。保存までを一度に行うと以下のようになります。

```
$ aws ec2 create-key-pair ¥
--key-name myKeyPair ¥
--query 'KeyMaterial' ¥
--output text > myKeyPair.pem
```

■ AWS外部で作成した公開鍵のインポート

オンプレミス等からの移行で、新たに鍵を作成したくない場合や、他のツールで鍵を作成したい場合もあると思います。そういった場合、AWS外部で独自に作成した鍵をEC2にインポートして利用することができます。なお、インポートできる鍵には以下の制約があります。

表2-5-3　インポートできる鍵の制限

項目	内容
鍵の形式	OpenSSHパブリックキー形式(./.ssh/authorized_keysの形式)、Base64でエンコードされたDER形式、SSHパブリックキーファイル形式（RFC4716で指定）
鍵の種類	RSAキーのみ(DSAキーを使用することはできない)
鍵長	1024、2048、および4096の鍵長

独自に作成した鍵のインポートは、以下の手順で行います。

▽鍵のインポート
①AWSマネージコンソールからEC2→キーペアを選択します。
②キーペアのインポートをクリックします。
③インポートしたい公開鍵をファイルを選択から選択して、インポートをクリックします。

これにより、独自に作成した鍵を利用できます。

◆CLIから公開鍵をインポートする
CLIでは以下のようになります。"id_rsa.pub"がインポートしたい公開鍵です。

```
$ impkey=`cat ~/.ssh/id_rsa.pub`
$ aws ec2 import-key-pair ¥
--key-name ImportKey ¥
--public-key-material ${impkey}
```

図2-5-3 公開鍵のインポート

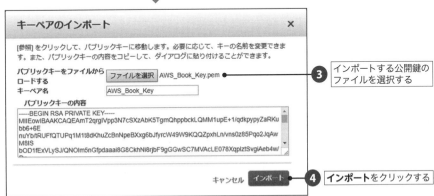

Chapter2

セキュリティグループを作成する

　セキュリティグループはAWSにおいてファイアウォールの役割を果たします。セキュリティグループはホワイトリスト方式なので、「何を許可するのか」のみを指定できます。何も指定しなければ、全て拒否することになります。接続元や宛先の指定方法はIPアドレス、またはセキュリティグループがそれぞれ持っている一意のIDで指定します。では、実際に作成してみましょう。

AWSマネジメントコンソールからのセキュリティグループ作成

　AWSマネジメントコンソールのトップ画面からEC2を選択します。続けて、EC2のダッシュボードのサイドメニューでセキュリティグループを選択します。画面を見るとデフォルトのセキュリティグループが既に1つ用意されています（デフォルトVPC用のものも表示されています）。今回は新たに作成するので、画面上部にあるセキュリティグループの作成をクリックしてください。

> □AWSマネジメントコンソールの操作
> EC2→セキュリティグループ→セキュリティグループの作成

　ポップアップが表示されるので、各設定をしていきます。セキュリティグループ名、説明、セキュリティグループを作成するVPC、許可する通信内容（セキュリティグループのルール）を設定します。
　グループ名と説明は自由に入力してください（日本語は不可）。VPCは119ページで作成したものを選択してください。セキュリティグループはVPCごとに作成することになります。セキュリティグループのルールは後ほど作成します。

図2-5-4　セキュリティグループの作成

2-5 仮想サーバ(EC2)の利用

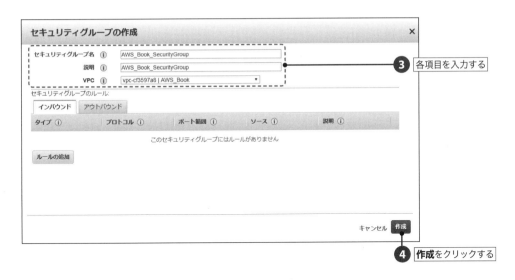

表2-5-4 セキュリティグループの設定例

設定項目	値
セキュリティグループ名	AWS_Book_SecurityGroup(任意の名前)
説明	AWS_Book_SecurityGroup(任意のコメント)
VPC	AWS_Book(作成したVPC)

図2-5-5 セキュリティグループが追加される

一覧に作成したセキュリティグループが表示されます。その他のセキュリティグループは、カスタムVPCを作成した時に初期状態で作成されるものと、デフォルトVPCのものです。

■ セキュリティグループのルールの設定

セキュリティグループのルールの設定をしていきます。今回は、起動したEC2インスタンスにSSHでログインできるよう、セキュリティグループのルールのインバウンド(内部への通信)を以下のように設定してください。インバウンドタブを選択して、各項目を入力してます。

図2-5-6 セキュリティグループのルールの設定

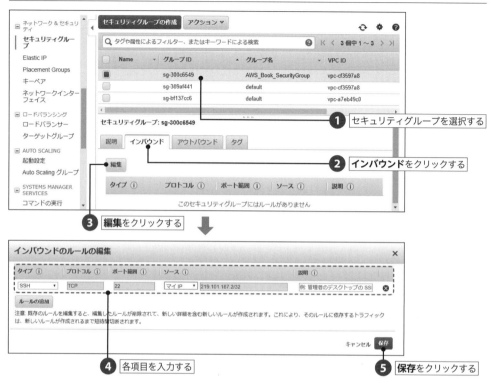

表2-5-5 セキュリティグループのルールの設定例

設定項目	値
タイプ	SSH
プロトコル	TCP（自動入力）
ポート範囲	22（自動入力）
ソース	マイIP

図2-5-7 セキュリティグループのルールが作成される

インバウンドは、このセキュリティグループに対してどのような接続を許可するかの設定になります。それぞれの設定項目について説明します。

◆タイプ

どのような種類の通信かを選択します。SSHやHTTP等の代表的な通信はプルダウンで選択でき、選択に合わせてプロトコルとポート範囲は自動で入力されます。アプリケーション等で利用する特殊な通信の許可は「カスタム〜」を選択して設定します。例えば、Tomcatのデフォルトである8080ポートへの接続は「カスタムTCPルール」から設定します。

図2-5-8　特殊な通信の設定

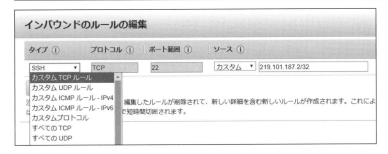

◆プロトコル/ポート範囲

プロトコルはTCP、UDP、ICMP等のプロトコルを設定します。ポート範囲は使用するポート番号を設定します。これは「0-65535」といったように範囲で指定することもできます。タイプで、SSHやHTTP等のプルダウンに用意されている通信を選択した際は自動で入力されます。「カスタム〜」を選択した場合は、任意の値を指定できます。

◆ソース

許可する接続元です。「マイIP」を選択すると、今自分がAWSマネジメントコンソールにアクセスしているグローバルIPが自動的に入力されます。「任意の場所」を選択すると「0.0.0.0/0」が入力されます。「カスタムIP」だと好きなIPまたはセキュリティグループIDを入力できます。

■ CLIからセキュリティグループを作成する

それでは、CLIから作成してみます。セキュリティグループの作成は以下のコマンドで行えます。"vpc-id"はVPC作成時に発番されたIDを記述してください（AWSマネジメントコンソールでVPC→VPCから確認できます）。コマンドが成功すると、GroupIdが返却されます。

```
$ aws ec2 create-security-group ¥
--group-name mySecurityGroup ¥
--description "my First Security Group" ¥
--vpc-id vpc-********

{
    "GroupId": "sg-********"
}
```

グループが作成されただけで、自分のIPからSSHの許可がされていないので、設定を追加します。まずは、自分のIPを確認しましょう。IPをチェックするためにAWSが用意しているサイトがあります。

```
$ curl http://checkip.amazonaws.com/
```

返却された値をセキュリティグループのインバウンドに設定します。今回は仮に「192.168.0.1」とします。また、先ほどセキュリティグループを作成した時に返却されたGroupIdを"--group-id"に設定します。他、"--protocol"と"--port"はSSHなので「tcp」「22」と設定します。

```
$ aws ec2 authorize-security-group-ingress ¥
--group-id sg-******** ¥
--protocol tcp ¥
--port 22 ¥
--cidr 192.168.0.1/32
```

設定がうまくできたか確認します。

```
$ aws ec2 describe-security-groups ¥
--group-ids sg-******** ¥
--output json

{
    "SecurityGroups": [
    {
        "IpPermissionsEgress": [
        {
            "IpProtocol": "-1",
            "IpRanges": [
            {
                "CidrIp": "0.0.0.0/0"
            }
```

```
        ],
        "UserIdGroupPairs": []
      }
    ],
    "Description": "my First Security Group",
    "IpPermissions": [
      {
        "ToPort": 22,
        "IpProtocol": "tcp",
        "IpRanges": [
          {
            "CidrIp": "192.168.0.1/32"
          }
        ],
        "UserIdGroupPairs": [],
        "FromPort": 22
      }
    ],
    "GroupName": "mySecurityGroup",
    "VpcId": "vpc-********",
    "OwnerId": "999999999999",
    "GroupId": "sg-********"
  }
]
}
```

"IpPermissions"に先ほど設定した内容が反映されているのがわかると思います。以上のようにしてCLIからセキュリティグループを作成することができます。

> **Tips** アウトバウンド
>
> インバウンドタブの隣に「アウトバウンド」タブがあります。アウトバウンドは、このセキュリティグループから外へ出ていく場合のルールを設定します。設定項目についてはインバウンドと同じです。送信先に許可する接続先を指定します。今回の例では「任意の場所」が指定されているので、外に出ていく通信は特に制限していません。重要な情報にアクセスできるインスタンスが属するセキュリティグループでは、アウトバウンドを細かく設定しましょう。

Chapter 2

■ EC2を起動する

それでは、EC2を起動していきましょう。起動するために、EC2インスタンスの準備を行います。AWSマネジメントコンソールのトップ画面から EC2 を選択します。そして、ダッシュボードのサイドメニューから インスタンス を選択し、インスタンスの作成 をクリックします。

```
□AWSマネジメントコンソールの操作
 EC2 → インスタンス → インスタンスの作成
```

図2-5-9　EC2インスタンスの準備

■ AMIの選択

最初に行うのはAMIの選択です。表示される一覧のうち、「無料利用枠の対象」というラベルがあるものは無料のAMIです。今回はAmazonから提供されている **Amazon Linux AMI** を選択しましょう。選択 をクリックします。AMIの名前の横に書かれている「ami-〜」という文字列はAMIのIDになります。CLIで起動する際には、このIDを指定します。

図2-5-10　AMIの選択

2-5 仮想サーバ(EC2)の利用

■ インスタンスタイプの選択

インスタンスタイプを選択します。インスタンプタイプは選択したAMIの仮想化方式によって、選択できるものと選択できないものがあります。例えば、T2インスタンスはHVMでしか利用できません。また、無料利用枠の対象というラベルがあるものは、無料利用枠の期間内であれば無料で利用できます。今回は無料で利用できる**t2.micro**を選択してください。選択したら、次の手順：インスタンスの詳細の設定をクリックします。

図2-5-11　インスタンプタイプの選択

① t2.microを選択する
② 次の手順：インスタンの詳細の設定をクリックする

■ 詳細設定

起動するインスタンスの詳細設定を行います。各項目の説明を表にしました。

表2-5-6　インスタンスの設定項目

設定項目	説明
インスタンス数	起動するインスタンスの数
個人のオプション	購入オプションの選択。チェックを付けるとスポットインスタンスとして購入できる
ネットワーク	インスタンスを起動するVPC
サブネット	インスタンスが所属するサブネット
自動割り当てパブリックIP	自動的にパブリックIPを付与するかの設定
IAMロール	EC2インスタンスに付与するIAM権限を選択する設定（詳しくはChapter4で説明）
シャットダウンの動作	EC2をシャットダウンした時の動作。削除を選択すると、シャットダウン後にEC2インスタンスを削除する。停止であれば通常のシャットダウンと同じ。EC2インスタンスは残るので、再度インスタンスを起動することができる
削除保護の有効化	起動したEC2インスタンスの削除を禁止する
モニタリング	CloudWatchでの詳細モニタリングの有効化・無効化を選択する。有効にした場合、CloudWatchには1分間隔でデータが送信される（通常は5分間隔）

Chapter2

テナンシー	ハードウェア専有オプション。共有テナンシーはハードウェアを共有、専用テナンシーはハードウェアを専有する
T2無制限	T2無制限インスタンスを使用する場合に指定

　削除保護の有効化の設定は、間違えて削除してしまうことを防ぐためです。設定は後で変更することができますので、本当に不要になった際はこの設定をオフにすれば、インスタンスを削除できます。

　モニタリングを有効化にすると、追加料金がかかります。

　今回は、前節で作成したVPC（p.119）上にEC2インスタンスを起動します。また、SSHでログインする際にパブリックIPを使います。そのため、以下の項目を変更してください（それ以外はデフォルトのまま進めます）。設定後は、次の手順：ストレージの追加をクリックします。

図2-5-12　インスタンスの設定

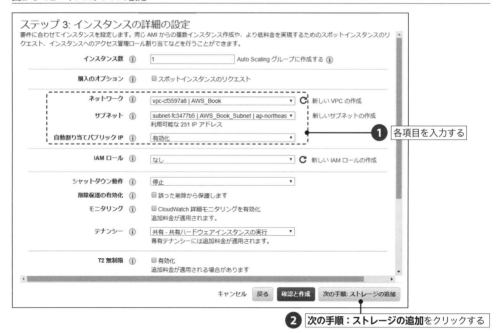

表2-5-7　インスタンスの設定例

設定項目	値
ネットワーク	AWS_Book（作成したVPC）
サブネット	AWS_Book_Subnet（作成したサブネット）
自動割り当てパブリックIP	有効化

2-5 仮想サーバ(EC2)の利用

◆ネットワークインターフェイス

サブネットを指定した場合、EC2インスタンスの**プライベートIP**を指定することができます。サブネットを指定すると、**ネットワークインターフェイス**という項目が出現します（画面を下にスクロールしてください）。表示された表の**プライマリIP**に割り当てたいアドレスを入力することで、プライベートIPを指定できます。何も入力しなければ、サブネット内で空いているIPアドレスが自動的に割り当てられます。

図2-5-13　ネットワークインターフェイス

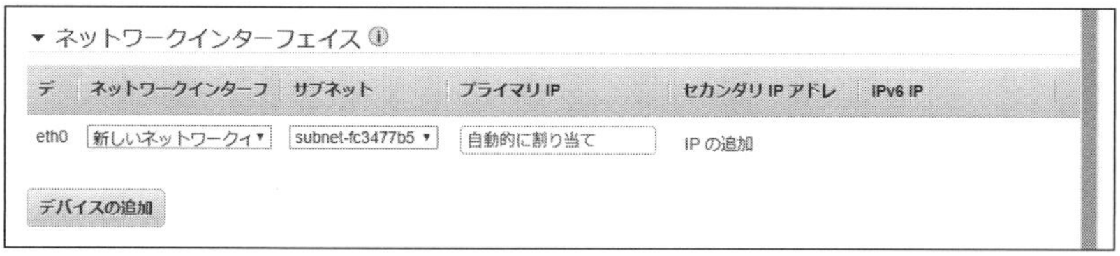

◆高度な詳細

ネットワークインターフェイスの下に**高度な詳細**という項目があります。クリックすると、**ユーザーデータ**という項目が表示されます。ユーザーデータには、シェルスクリプトもしくはcloudinitディレクティブを記述することができます。ここに記述することで、<u>インスタンス起動時にパッケージのインストールやサービスの起動、ユーザーやグループの作成等を行うことができます</u>。例えば、起動時にApacheをインストールする場合、以下のように記述します。

リスト2-5-1　起動時にApacheをインストールする（シェルスクリプト）

```
#!/bin/bash
yum install httpd -y
```

リスト2-5-2　起動時にApacheをインストールする（cloud-initディレクティブ）

```
#cloud-confi g
packages:
- httpd
```

ChefやPuppetを実行することもできるので、インスタンスを起動するだけで、サーバの構築を完了させることもできます。また、ユーザーデータで記述したスクリプトや、cloud-initディレクティブはインスタンスの初回起動時にのみ実行されます。具体的な利用方法はChapter3で紹介します。今回は、何も指定せずに次にいきましょう。

図2-5-14　高度な詳細

■ ストレージの追加

EC2インスタンスにアタッチ（関連付け）するストレージを選択します。EBSだけではなく、インスタンスタイプによっては無料のローカルディスクである**インスタンスストア**を追加できます。今回は、インスタンスタイプで「t2.micro」を選択しているので、残念ながらインスタンスストアは追加できません。

図2-5-15　ストレージの追加

❶ **次の手順：タグの追加**をクリックする

　初期値では、ルートデバイスのみで、サイズが「8GB」、ボリュームタイプが「汎用SSD」になっています。今回は変更せず、このまま進みましょう。**次の手順：タグの追加**をクリックします。なお、ボリュームタイプの「マグネティック」は非推奨のため、「マグネティック」を選択していると後で警告画面が表示されます。

2-5 仮想サーバ(EC2)の利用

■ タグの追加

EC2インスタンスには任意の**タグ**(Tag)を付けることができます。タグを付けたからといって、特に何か機能が追加されたり、設定が変更されたりといったことはありません。ただ、インスタンスを管理するうえでは非常に便利です。インスタンスの名前だけでなく、起動した人の名前や、使用しているプロジェクト名等を入れておけば、誰が何のために起動したのかもわかります。また、APIからもタグの値を取得できるので、運用スクリプトのインプットとしても利用できます。

設定せずに次に進むこともできますが、**Name**タグは最低限設定するようにしましょう。タグの追加をクリックし、キー欄に「Name」と入力し、値欄に任意のタグ名を入力してください(ここでは「AWS_Book_Instance」と入力)。

入力したら、次の手順：セキュリティグループの設定をクリックします。

図2-5-16　タグの追加

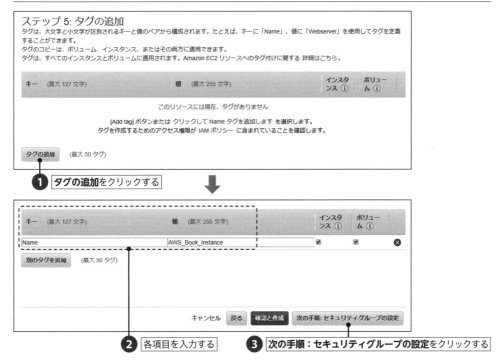

149

Chapter2

■ セキュリティグループの設定

起動するEC2インスタンスのセキュリティグループを設定します。「新しいセキュリティグループを作成する」を選択すると、インスタンスと一緒にセキュリティグループも新たに作成します。「既存のセキュリティグループを選択する」は既に存在しているセキュリティグループを選択します。今回は、先ほど作成したセキュリティグループがあるので、既存のセキュリティグループを選択するを選択しましょう。

作成しておいたセキュリティグループを選択したら、確認と作成をクリックします。

図2-5-17 セキュリティグループの設定

■ EC2インスタンスの起動

今まで設定してきた内容の確認画面が表示されます。内容を確認して、問題なければ作成をクリックしましょう。

クリックすると、キーペアの選択画面が表示されます。こちらも先ほど作成したキーペア(p.134)を選択しましょう。下にあるチェックボックスは本当に選択した鍵を持っているか確認しています。持っていれば、チェックボックスをオンにしましょう。

最後にインスタンスの作成をクリックすれば完了です。

図2-5-18　内容を確認して起動する

図2-5-19　キーペアの選択

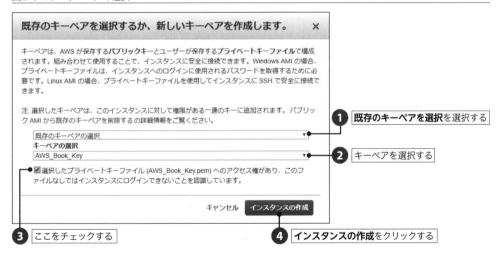

　作成ステータスの画面が表示されます。画面下部にあるインスタンスの表示をクリックします。

図2-5-20　EC2インスタンスが起動された

① インスタンスの表示をクリックする

画面がEC2のダッシュボードに戻り、EC2インスタンスが起動されていることが確認できます。

図2-5-21　EC2インスタンスが確認できる

■ CLIからEC2インスタンスを起動する

CLIからのEC2インスタンスの起動は以下のようになります。**ec2 run-instances**コマンドを使います。"image-id"は、144ページで選択したAMIのIDです。"count"は起動するインスタンスの数です。"subnet-id"はサブネットのID（AWSマネジメントコンソールの VPC→サブネット から確認できます）を記述します。

```
$ aws ec2 run-instances ¥
--image-id ami-b66ed3de ¥
--count 1 ¥
--instance-type t2.micro ¥
--key-name myKeyPair ¥
--security-group-ids sg-7e75981a ¥
--subnet-id subnet-95e227be
```

コマンドを実行すると、起動したEC2インスタンスに関するさまざまな情報が返されます。そのなかから「InstanceID」を探してみてください。以下のような値があります。次で使いますので、こちらを控えておいてください。

"InstanceId": "i-a3597849",

AWSマネジメントコンソールから確認すればわかりますが、今、CLIから起動したEC2インスタンスにはタグが付いていません。これではどのようなインスタンスかわかりにくいので、タグを付けましょう（Nameタグに「myFirstEC2」を設定します）。**createtags**コマンドを使います。この際、"resources"にInstanceIDを指定してください。

```
$ aws ec2 create-tags ¥
--resources i-a3597849 ¥
--tags Key=Name,Value=myFirstEC2
```

以上のように、CLIからEC2インスタンスを起動することができます。EC2インスタンスの起動時にはさまざまな項目が指定できますが、対応するオプションやコマンドは全てCLIに存在します。

■ EC2インスタンスへのログイン

起動したEC2インスタンスへログインしてみましょう。まず、AWSマネジメントコンソールから起動したEC2インスタンスの**パブリックDNS**を確認しましょう。EC2→インスタンスから先ほど起動したEC2インスタンスを選択します。パブリックDNSは、EC2インスタンスに割り当てられたパブリックIPに紐付いています。

パブリックDNSが表示されていますので、コピーしてください。EC2インスタンスへは、パブリックDNSを利用して接続します。Amazon Linux AMIではデフォルトで「ec2-user」というユーザーが存在し、SSHで接続できるようになっています。SSHコマンドで接続してみましょう。なお、pemファイルの権限は「0600」にします。

図2-5-22 パブリックDNSを確認する

次のようにコマンドを実行します。

```
$ chmod 0600 myKeyPair.pem
$ ssh -i myKeyPair.pem ec2-user@ec*-**-***-***-***.compute-1.amazonaws.com
```

"myKeyPair.pem"は自分のキーペア名に置き換えてください。"ec2-user@ec*-**-***-***-***.compute-1.amazonaws.com"は、自分のパブリックDNSに置き換えてください。

以下のような画面が表示されればログイン成功です。

図2-5-23 ログイン成功

```
       __|  __|_  )
       _|  (     /   Amazon Linux AMI
      ___|\___|___|

https://aws.amazon.com/amazon-linux-ami/2017.09-release-notes/
4 package(s) needed for security, out of 5 available
Run "sudo yum update" to apply all updates.
[ec2-user@ip-10-0-0-49 ~]$
```

◆Windowsの場合

Windowsでは、SSHクライアントソフトを利用してログインします。例えば、代表的なSSHクライアントソフトであるTera Termを使う場合は、以下のように操作します。ホストにEC2インスタンスのパブリックDNSを指定します。

Tera Term
http://ttssh2.sourceforge.jp/

2-5 仮想サーバ(EC2)の利用

図2-5-24 パブリックDNSを指定する

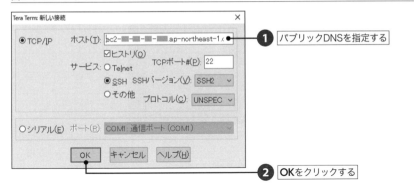

次に、ユーザ名に「ec2-user」、パスフレーズは何も入力せず、秘密鍵でキーペアのファイルを選択してください（ec2-userはEC2インスタンスにデフォルトで存在するユーザーです）。

図2-5-25 ログインする

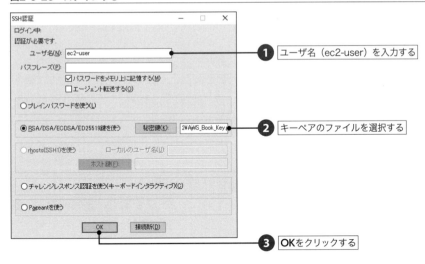

次のような画面が表示されればログイン成功です。

Chapter 2

図2-5-26　ログイン成功

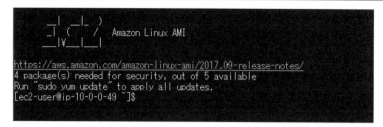

■HTTPサーバをインストールしてアクセスする

せっかくなので、HTTPサーバをインストールして起動してみましょう。ログイン後に以下コマンドを入力してください。ユーザー「ec2-user」にはsudo権限が付いているのでsudoコマンドで実行します。また、chkconfigコマンドで自動起動するように設定しておきます。

```
$ sudo yum install httpd -y
$ sudo service httpd start
$ sudo chkconfig httpd on
```

Apacheがインストールされ、起動します。しかし、このままブラウザからパブリックDNSにアクセスしても、アクセスできません。なぜなら、セキュリティグループで許可されていないからです。

それでは、セキュリティグループに許可を追加しましょう。

▽許可の追加
①AWSマネジメントコンソールでEC2→セキュリティグループを選択します。
②起動しているEC2インスタンスに紐付いているセキュリティグループを選択し、インバウンド→編集をクリックします。
③ルールの追加をクリックし、タイプに「HTTP」、送信元に「任意の場所」を設定します。
④保存をクリックします。

□AWSマネジメントコンソールの操作
EC2→セキュリティグループ

図2-5-27　許可の追加

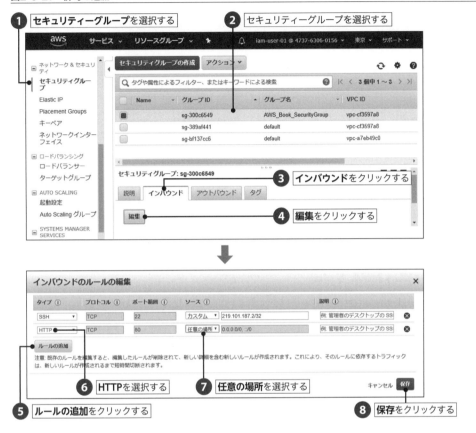

EC2インスタンスのインバウンドにHTTP通信を許可するルールが追加されます。

図2-5-28　ルールが追加される

これで、ブラウザからEC2インスタンスのパブリックDNSにアクセスすると、TestPageが表示されます。

図2-5-29　Test Page

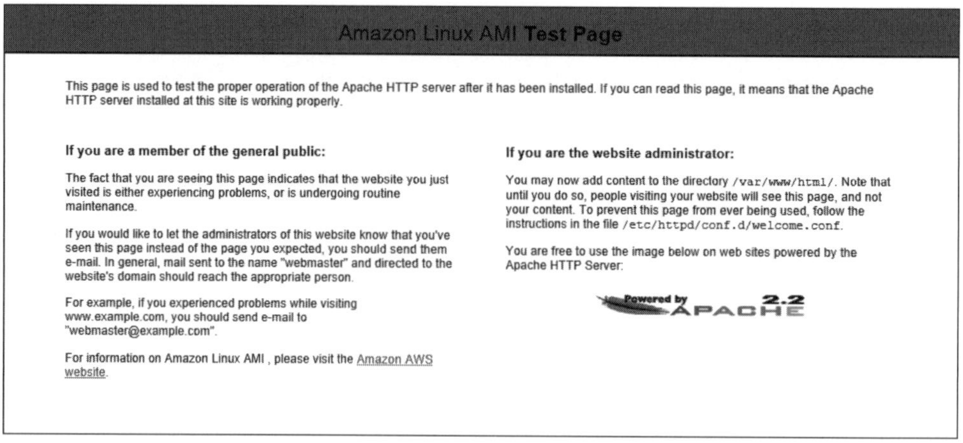

AMIを作成する

　EC2インスタンスを無事に起動することができました。今度は起動したEC2インスタンスの**AMI**を作成していきます。AMIには、OSの情報といったインスタンスを起動するために必要な情報が含まれています。AMIを作成することで、EC2インスタンスを簡単に複製することが可能になります。ここで作成するAMIは、後ほど2つ目のサブネットを作成する際に利用します。

　ここで、注意してほしいことは、EBS上に保存されているデータはAMIには含まれないことです。AMI作成時に、一緒にEBSスナップショットが作成されます。AMIには、インスタンスがどのEBSスナップショットに紐付いているかの情報が保存されます。少しややこしいですが、あくまでEBSスナップショットとAMIは別ですので、一緒に考えないよう注意してください。

AWSマネジメントコンソールからAMIを作成する

　それではAMIを作成しましょう。AWSマネジメントコンソールの EC2→インスタンス から起動したEC2インスタンスを選択し、アクション をクリックします。プルダウンが表示されるので、イメージの作成 を選択します。

□AWSマネジメントコンソールの操作
EC2→インスタンス→アクション→イメージの作成

2-5 仮想サーバ(EC2)の利用

図2-5-30 AMIの作成①

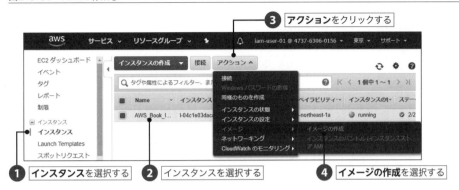

ポップアップが表示されるので、イメージ名にAMIの名前、イメージの説明を入力してください(ここでは「AWS_Book_AMI」と入力しています)。設定が終わったら、イメージの作成をクリックします。

図2-5-31 AMIの作成②

再起動しないは、AMI作成時にEC2インスタンスを停止するかどうかのオプションです。チェックを入れることでEC2インスタンスを起動したままAMIを作成することができますが、非推奨となっています。今回は、AMI作成時にどのような動きをするか理解してもらうため、チェックを外した状態で作成してください。

159

Chapter2

表2-5-8 AMIの作成の設定例

設定項目	値
インスタンスID	インスタンスのID(自動入力)
イメージ名	AWS_Book_AMI(任意の名前)
イメージの説明	AWS_Book_AMI(任意のコメント)
再起動しない	チェックを外す

　EC2のダッシュボードのサイドメニューからAMIを選択してください。AMIが作成されていることが確認できます。また、作成中に先ほどと同様にEC2インスタンスにログインしてみてください。タイミングにもよりますが、アクセスできないと思います。なお、インスタンスはAMIの作成が終われば、自動的に再起動するので特に何かする必要はありません。

図2-5-32 AMIの確認

① AMIを選択する

■ CLIからAMIを作成する

　CLIからAMIを作成しましょう。AMIを作成するコマンドは、日次でバックアップを取得する場合等に活躍する場面が多いです。実際に見てみましょう。

```
$ aws ec2 create-image ¥
--instance-id i-******** ¥
--name "myFirstEC2" ¥
--description "myFirstEC2-AMI"

{
    "ImageId": "ami-dc3da3b4"
}
```

　"instance-id"にはInstanceIDを入力してくだい(p.153)。コマンドが成功するとImageIdが返されます。作成されたAMIの情報は以下のコマンドで取得できます。"image-id"に先ほどのコマンドで返ってきたImageIdを指定してください。

160

```
$ aws ec2 describe-images ¥
--image-id ami-********
```

Elastic IP (EIP) の利用

　EC2インスタンスに割り当てることのできるグローバルIPには、2種類あります。1つは、先ほど利用した**パブリックIP**、もう1つが**Elastic IP**（EIP）です。EIPはその名の通り静的なIPです。パブリックIPはEC2インスタンスが起動・停止される度に変わります。1つのVPC内部でシステムが完結するのであれば困りませんが、VPCの外にあるシステムとインターネットを通して連携がある場合は、毎回IPが変わってしまっては困ります。そこで、グローバルIPを常に固定したい場合にEIPを利用します。

■EIPの取得とEC2インスタンスへの割り当て

　それではEIPを取得してみましょう。以下の手順で行います。

▽Elastic IPの取得
①AWSマネジメントコンソールから EC2 → Elastic IP を選択します。
②新しいアドレスの割り当て をクリックします。
③割り当て をクリックします。

□AWSマネジメントコンソールの操作
EC2 → Elastic IP → 新しいアドレスの割り当て → 割り当て

図2-5-33　Elastic IPの取得

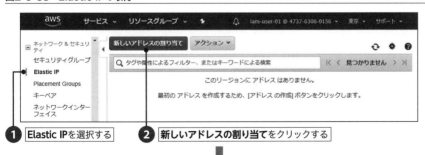

Chapter2

　EIPが取得できたので、これをEC2インスタンスに割り当てましょう。Elastic IP画面でEIPを選択し、**アクション**から**アドレスの関連付け**を選択します。EIPを割り当てる対象を、**インスタンス**もしくは**ネットワークインターフェイス**で指定します。今回は**インスタンス**で指定します。インスタンスの入力欄をクリックすると候補が表示されるので、割り当てるEC2インスタンスを選択します。

　プライベートIPアドレスは、EIPに関連付けるプライベートIPを指定します。**再関連付け**のチェックボックスは、割り当てようとしているEIPが既に他のEC2インスタンスに割り当てられている場合に、割り当てを外して現在指定しているEC2インスタンスに付け替えます。プライベートIPアドレスも再関連付けチェックボックスも今回は特に変更しなくて結構です。設定が完了したら**関連付ける**をクリックしてください。

図2-5-34　EIPをEC2インスタンスに割り当てる

2-5 仮想サーバ(EC2)の利用

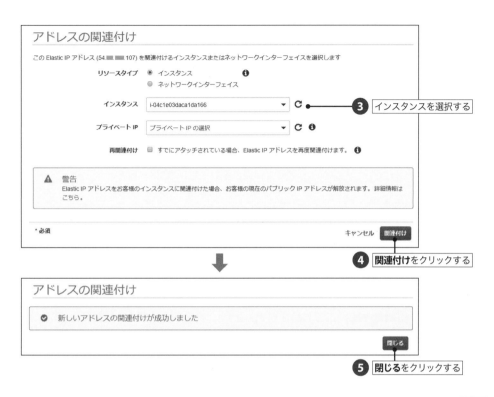

EIPが割り当てられたか確認してみましょう。AWSマネジメントコンソールの**EC2→インスタンス**からEC2インスタンスを確認します。次の画面のようにEIPが割り当てられていれば成功です。

図2-5-35　EC2インスタンスを確認する

■CLIからEIPの取得・EC2インスタンスへの割り当て

では、CLIからEIPを設定してみましょう。まずはEIPの取得です。コマンドを実行すると以下のように値が返ります。

```
$ aws ec2 allocate-address

{
  "PublicIp": "54.***.***.73",
  "Domain": "vpc",
  "AllocationId": "eipalloc-34e15651"
}
```

このアドレスをEC2インスタンスに割り当てましょう。必要になるのは、割り当てるEC2インスタンスのInstanceIdと、先ほどのコマンドの結果で返ってきたAllocationIdです。以下のようになります。

```
$ aws ec2 associate-address --instance-id i-******** --allocation-id eipalloc-********
```

確認してみましょう。

```
$ aws ec2 describe-addresses

{
  "Addresses": [
  {
    "Domain": "vpc",
    "InstanceId": "i-********",
    "NetworkInterfaceId": "eni-********",
    "AssociationId": "eipassoc-********",
    "NetworkInterfaceOwnerId": "999999999999",
    "PublicIp": "54.***.***.73",
    "AllocationId": "eipalloc-********",
    "PrivateIpAddress": "10.0.0.102"
  }
  ]
}
```

2-6 ELBを利用する

　ここからは、ELB（Elastic Load Balancing）を利用してEC2インスタンスを冗長化構成にしましょう。ELBはLoad Balancingという名の通り、アクセスを複数台のEC2インスタンスに分散する役割を担います。ELBには第1世代のCLB（Classic Load Balancer）と第2世代のALB（Application Load Balancer）に2種類があり、総称してELBと呼ばれています。新規に構築を行う場合はALBを使うとよいでしょう。

　一般的にアクセス分散機能を利用する目的は大きく2つあります。1つは、大量のアクセスを複数のインスタンスで処理する負荷分散を目的とした利用です。もう1つは、1台のインスタンスに障害が発生した場合でも、他のインスタンスでサービス提供を継続することができる可用性の担保を目的とした利用です。AWSでは、ELBを利用することで上記2つの目的をどちらもかなえることができます。

　以降では、ELBサービスについての詳細を紹介した後、実際にELBを作成してEC2インスタンスを冗長化構成にする方法を説明します。

ELBサービスの詳細

　ELBは負荷を分散させるためや可用性を担保するために利用すると説明しました。しかし、ELBはそれ以外にもさまざまな機能や特徴を持っています。ここでは、ELBが持つさまざまな機能や特徴を説明します。

ELBサービスの可用性

　ELBはアクセス負荷に応じて自動的にリソースの拡張・縮小を行います。そのため、ELBはリクエスト処理能力を常に監視しています。大量のリクエストが発生してもELBがボトルネックとなることはほぼ考えられません。

　しかし、瞬間的なアクセス増加の場合は、リソースの自動拡張までに一定の時間がかかるため、一時的なボトルネックになることがあります。もし、キャンペーンやイベント、TV放映等で瞬間的なアクセス増加が事前に予想できる場合は、AWSサポートに申請することで前もってELBのリソースを拡張（Pre-Warming）することができます（AWSサポートのビジネスもしくはエンタープライズレベルの契約が必要です）。

　ELBの拡張・縮小は、スケールアップ・ダウンとスケールアウト・インの2方式が状況に応じて行われます。どちらの場合でもELBへのアクセスIPが変更されるため、ELBに

アクセスする場合は、必ずELB作成時に生成されるドメイン名（DNS）でアクセスするようにしてください。

■ シングルAZ構成とマルチAZ構成（Cross-Zone Load Balancing）

ELB（ALB）に登録されたEC2インスタンスが単一のAZ（アベイラビリティーゾーン）にのみ存在する場合と、複数のAZに存在する場合でELBの分散方式が少し異なります。

図2-6-1　インスタンスが単一のAZに存在する場合のELB構成

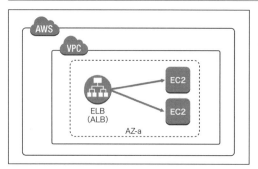

ELBに登録されたEC2インスタンスが複数のAZに存在する場合は、ELB作成時に生成されるドメイン名に各AZのELBのグローバルIPアドレスが登録されます。ELBにリクエストが届くと、**DNSラウンドロビン方式**（1対1）で各AZのELBにリクエストが分散されます。分散されたリクエストは、さらにそのAZで稼働するEC2インスタンスにリクエストを分散します。

図2-6-2　インスタンスが複数のAZに存在する場合のELB構成

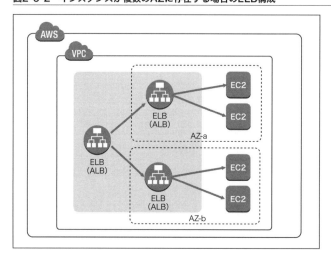

ここで気をつけるべきことは、ELBに登録されたEC2インスタンスが複数のAZに存在する場合、各AZ内のEC2インスタンス数を同一にしておかなければならないということです。ELBにリクエストが届くと、どのAZに何台のEC2インスタンスがあるかは関係なく、各AZのELBに1対1で分散されるため、もし、各AZ内のEC2インスタンス数が同一ではない場合、1インスタンスあたりの負荷に偏りが発生します。また、同一インスタンス数にしていても、インスタンスに異常が発生し、ELBから切り離されてしまった等の場合も残ったインスタンスに負荷が偏るといった問題点もあります。

この問題を解消する設定が、2013年11月に登場した**Cross-Zone Load Balancing（クロスゾーン負荷分散）**です。Closs-Zone Load Balancingを有効にすることで、各AZのELBは全てのAZに存在するEC2インスタンスにリクエストを分散できるようになります。新規でELBを作成する場合は、この設定がデフォルトで有効になっています。古いELBも特別な要件がないかぎりはCross-Zone Load Balancingの設定を有効にしましょう。

図2-6-3　Cross-Zone設定を有効にした場合のELB構成

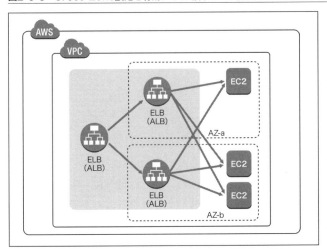

■ External-ELBとInternal-ELB

ELBにはインターネットからのリクエストを受け付ける**External-ELB**と、VCPのサブネット内のリクエストのみを受け付ける**Internal-ELB**の2つがあります。External-ELBはインターネットからのリクエストを受け付ける必要があるため、VPCのパブリックサブネット内に作成します。Internal-ELBはグローバルIPアドレスが付与されないため、パブリックサブネットを作成したとしても、インターネットからアクセスすることはできません。

この2つのELBを組み合わせることで、3階層システム（Webサーバ、APサーバ、DBサーバ）等のようにアプリケーションの複数の層でリクエストを分散するアーキテクチャを

構成できます。

図2-6-4　3階層システムの構成

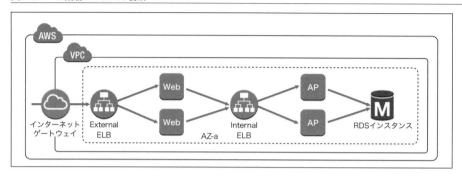

■ ヘルスチェック

ELBは登録されているインスタンスの状態を監視することができます。監視状態が異常となったインスタンスはELBから切り離されるため、リクエストの割り当てが行われることはありません。ヘルスチェックの方法は、対象のポートがListen状態になっているかどうかを監視する**ポート監視**と、HTTPやHTTPSの場合に実際のHTMLファイルへのアクセス可否を確認する**サービス監視**の2種類があります。

■ SSLターミネーション

SSLターミネーション機能とは、HTTPS通信で使用するSSL証明書を認証（暗号化・復号）する機能のことを指します。この機能がELBにあることで、SSL証明書をELB配下の各インスタンスに設定する必要がなくなります。そのため、通信の暗号化・復号を各インスタンスで実施する必要がなくなり、インスタンスの負荷を軽減することができます。また、SSL証明書をELBで集中管理することができるという運用面でのメリットもあります。

■ スティッキーセッション

スティッキーセッションとは、同じユーザーからきたリクエストを同じインスタンスで処理させるようにする機能です。ELBのスティッキーセッションは、ELBが独自に発行するCookieを利用する方式と、アプリケーションが発行したCookieを利用する方式の2種類が選択できます。しかし、最近はELB配下の各インスタンス間でセッション情報を共有する仕組み（MemcachedやRedis、AWSにもElastiCacheというサービスがあります）を利用することが主流となっています。システムの耐障害性や拡張性を考慮すると、ELBのスティッキーセッションは利用せず、各インスタンス間でセッション情報を共有する仕組みの方が望ましいです。

2-6 ELBを利用する

■ ログ取得機能

ELBで処理したリクエストのログを取得することができます。取得したログはS3に保存されます。障害発生時や通信エラーが発生した場合に、インスタンスのログだけではなくELBのログを取得しておくことで原因を調査しやすくなることもあるため、ELBのログは可能なかぎり取得するようにしてください。

※

ここまでは、ELBに関する詳細な機能や特徴を説明しました。それでは、実際にELBを作成しましょう。

◆ ELBの作成

ここからは実際にELBを作成していくのですが、前準備として、前項で作成したEC2インスタンスと同じインスタンスを別のAZに作成します。さらに、ELB用のセキュリティグループも必要になりますので、事前に作成しておきましょう。

■ サブネットの追加

冗長化構成にするためのEC2インスタンスを配置するサブネットを追加します。追加するサブネットは、122ページで作成したサブネットとは異なるAZ（ap-northeast-1c）を指定します。また、124ページで作成したルートテーブル（AWS_Book_RouteTable）との関連付けも行います。サブネットの作成方法は、122ページを参照してください。

```
□AWSマネジメントコンソールの操作
VPC → サブネット → サブネットの作成
```

図2-6-5 サブネットの追加

Chapter 2

表2-6-1　サブネットの設定例

設定項目	値
ネームタグ	AWS_Book_Subnet2（任意の名前）
VPC	AWS_Book（作成したVPCネットワーク）
アベイラビリティーゾーン	ap-northeast-1c
CIDRブロック	10.0.1.0/24

図2-6-6　ルートテーブルの関連付け

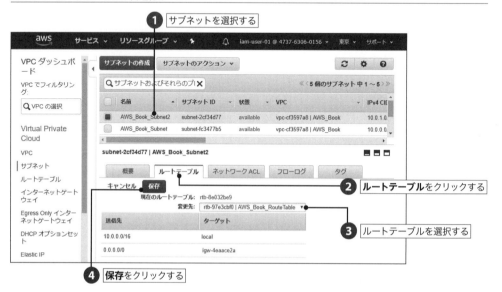

2-6 ELBを利用する

■ 別のAZにEC2インスタンスを作成する

冗長化構成にするためには、ELBに登録するEC2インスタンスが2つ以上必要です。そこで、144ページから説明した作成方法に従って、EC2インスタンスを1つ作成してください。その際に、インスタンス作成に使用するAMIは、前節（p.158）で作成したものを使用します。EC2インスタンスから作成したAMIを利用することで、元のインスタンスと同じEBSスナップショットから新しいインスタンスボリュームを作成することができます。

AWSマネジメントコンソールでEC2→AMIを選択し、AMIの一覧から既に作成しているAMIを選択して作成をクリックしてください。あとは144ページから解説した作成方法と同じです。インスタンスタイプは「t2.micro」を選択してください。サブネットは先ほど追加した2つ目のサブネットを指定してください。ストレージの追加はデフォルトのまま先に進みます。Nameタグは「AWS_Book_Instance2」としておきましょう。

```
□AWSマネジメントコンソールの操作
EC2→AMI→AMIを選択→作成
```

図2-6-7　AMIの選択

図2-6-8　インスタンスの設定

表2-6-2　インスタンスの設定例

設定項目	値
ネットワーク	AWS_Book（作成したVPC）
サブネット	AWS_Book_Subnet2（作成した2つ目のサブネット）
自動割り当てパブリックIP	有効化

図2-6-9　タグの追加

　インスタンスのセキュリティグループは、最初のインスタンス用に作成したものを使用しましょう。既存のセキュリティグループを選択するにチェックを入れて、セキュリティグループ（ここではAWS_Book_SecurityGroup）を選択します。

図2-6-10　セキュリティグループの設定

キーペアは、最初のインスタンス用に作成したものを使用します。

図2-6-11　EC2インスタンスが追加された

ELB用のセキュリティグループを作成する

ELBもEC2インスタンスと同様に、セキュリティグループを作成して通信要件を制御できます。ここでは、インターネットからHTTPで通信できるように設定します。セキュリティグループの作成方法は138ページと同じです。設定は以下の図のようにしてください。

```
□AWSマネジメントコンソールの操作
EC2→セキュリティグループ→セキュリティグループの作成
```

図2-6-12　ELB用のセキュリティグループの作成

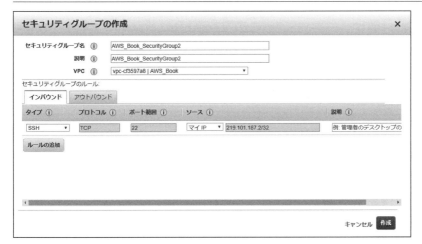

表2-6-3　セキュリティグループの設定例

設定項目	値
セキュリティグループ名	AWS_Book_SecurityGroup2(任意の名前)
説明	AWS_Book_SecurityGroup2(任意のコメント)
VPC	AWS_Book(作成したVPC)
タイプ	SSH
プロトコル	TCP(自動入力)
ポート範囲	22(自動入力)
ソース	マイIP

図2-6-13　ELB用のセキュリティグループが追加された

これでELBを作成する前の準備は整いました。

ELBの作成

AWSマネジメントコンソールからEC2→ロードバランサーを選択し、ロードバランサーの作成をクリックします。

```
□AWSマネジメントコンソールの操作
EC2→ロードバランサー→ロードバランサーの作成
```

図2-6-14　ELBの作成

「ロードバランサーの種類の選択」の画面が表示されます。ここではApplication Load Balancerを選択します。

図2-6-15　ロードバランサーの種類の選択

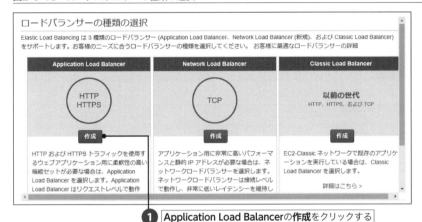

◆ロードバランサーの設定

ELBを作成するために必要な情報を入力する画面が表示されるので、表2-6-5の設定値に従って入力してください。

アベイラビリティーゾーンでは、ELBを作成するVPCと、登録するEC2インスタンスを含むサブネットを選択します。

表2-6-4　ELBの設定項目

設定項目	説明
名前	ELBの名前を記述。ここに記述した名前がELBにアクセスするためのDNSの一部になる
スキーマ	External-Webを作成する場合「インターネット向け」、Internal-ELBを作成する場合は「内部」をチェックする
IPアドレスタイプ	サポートするIPアドレスのタイプを指定する。「dualstack」を選択するとIPv4とIPv6の両方をサポートする
リスナー	ELBで受信するプロトコルやポート、ELBからインスタンスに連携するプロトコルやポートを設定する
アベイラビリティーゾーン	ELBを作成するVPCとサブネットを指定
タグ	識別用のタグ

Chapter 2

表2-6-5　ELBの設定例

設定項目	値
名前	External-Web(任意の名前)
スキーマ	インターネット向け
IPアドレスタイプ	ipv4
リスナー	デフォルトのまま(HTTP)
VPC	AWS_Book(作成したVPC)
サブネット	AWS_Book_Subnet、AWS_Book_Subnet2(作成したサブネット)
タグ	Nameタグ、External-Web-ELB(任意の名前)

図2-6-16　ロードバランサーの設定

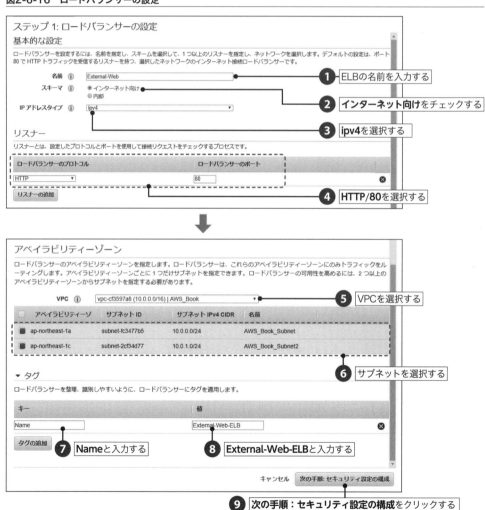

2-6 ELBを利用する

なお、名前に「External-Web」を設定した場合、DNSは「External-Web-12345678.ap-northeast-1.elb.amazonaws.com」のようになります（DNSのなかの数字はアカウントによって変わります）。

◆セキュリティグループの設定

次は、ELBの通信要件を決めるためにセキュリティグループを選択します。ここでは、前準備（p.173）で作成したセキュリティグループ（AWS_Book_SecurityGroup2）を選択して、次の手順：ルーティングの設定をクリックしてください。

図2-6-17 セキュリティグループの設定

◆ルーティングの設定

リクエストを送る**ターゲットグループ**を設定します。名前を入力し（ここではElbTargetとしました）、その他の項目はデフォルトのままとします。

表2-6-6 ターゲットグループの設定項目

設定項目	内容
ターゲットグループ	新しくグループを作るか、既存のグループを使用するか
名前	グループ名
プロトコル	HTTP、HTTPSから使用するプロトコルを選択
ポート	選択したプロトコルで使用するポート番号を指定。HTTP/TCP接続とHTTPS/SSL接続の両方に使用できるポートは、25、80、443、および1024-65535
ターゲットの種類	インスタンスかIPかを指定

続けて**ヘルスチェック**の情報を設定します。ここではデフォルト設定のまま**次の手順：ターゲットの登録**をクリックして次に進んでください。

各設定内容は次の表の通りです。実際に本番サービスで使用する場合は、必要に応じて設定を変更してください。

表2-6-7　ヘルスチェック設定項目

設定項目	説明
プロトコル	HTTP、HTTPSから使用するプロトコルを選択
パス	プロトコルがHTTP、HTTPSの時だけ、ヘルスチェックのためにアクセスするパスを指定
正常のしきい値	インスタンスが正常であると判定するまでのヘルスチェック実行回数を指定
非正常のしきい値	インスタンスが異常であると判定するまでのヘルスチェック実行回数を指定
タイムアウト	ヘルスチェックの結果がインスタンスから返ってくるまでの応答待ち時間を指定
間隔	ヘルスチェックの実行間隔を指定
成功コード	成功時に返すコード番号を指定

図2-6-18　ルーティングの設定

2-6 ELBを利用する

◆ターゲットの登録

ELBに登録するEC2インスタンスを選択します。ここでは、前節(p.144)で作成したEC2インスタンス(AWS_Book_Instance)と、本節の前準備(p.171)で作成したEC2インスタンス(AWS_Book_Instance2)の2つを選択して、次の手順:確認をクリックしてください。

図2-6-19　ターゲットの登録

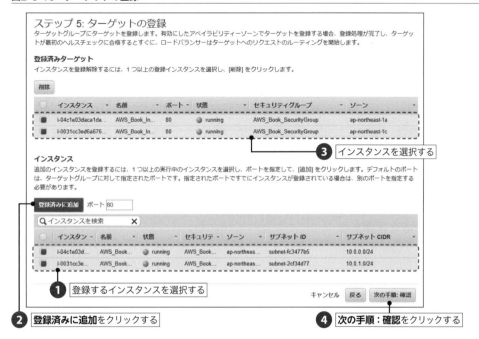

全ての設定が完了したら、最後に設定内容の確認画面が表示されます。作成をクリックしてELBを作成しましょう。「ロードバランサーを正常に作成しました」というメッセージが表示されたら完了です。閉じるをクリックしてELBの作成を終了してください。

図2-6-20　ELBの作成完了

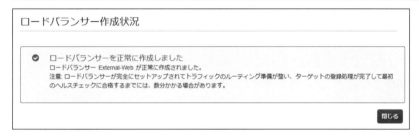

Chapter 2

■ CLIでの作成

これまで説明してきたAWSマネジメントコンソールでのELB作成を、CLIから行ってみましょう。まずELBを作成します。"subnet-"は設定するサブネット、"sg-"はELB用のセキュリティグループのIDを指定します。

```
$ aws elb create-load-balancer ¥
--load-balancer-name External-Web ¥
--listeners Protocol=HTTP,LoadBalancerPort=80,InstanceProtocol=HTTP,InstancePort=80 ¥
--tag Key=NAME,Value=Exteranl-Web ¥
--subnets subnet-******** ¥
--security-groups sg-*********
```

次に、EC2インスタンスを割り当てます。"i-"には設定するEC2インスタンスのIDを指定します。

```
$ aws elb register-instances-with-load-balancer --load-balancer-name External-Web
--instances i-******** i-********
```

■ アクセス分散を確認する

作成したELBで2つのEC2インスタンスに分散されているか確認してみましょう。

◆ test.htmlの編集

作成したELBに関連付けた2つのEC2インスタンスにSSHでログインして、「/var/www/html」ディレクトリに「index.html」を作成してください（インスタンスへのログインは153ページを参照してください）。各EC2インスタンスのtest.htmlには異なる内容を記載してください。例えば1台は「test1」、もう1台は「test2」等です。

```
$ sudo vi /var/www/html/index.html
```

◆ ELBのDNS名でブラウザからアクセスする

例えば、次のようにアクセスします（DNSは各自の環境に合わせてください）。追加したヘルスチェックの設定によっては、index.htmlの作成後、ELBのDNS名でブラウザからアクセスできるようになるまでに少し時間がかかります。デフォルト設定では、ヘルスチェック間隔が30秒で正常のしきい値が10回のため、300秒程度かかります。

http://External-Web-********.ap-northeast-1.elb.amazonaws.com/index.html

Chapter3
パターン別構築例

Chapter 3

3-1 EC2を利用した動的サイトの構築

　Chapter3からは、パターン別にAWSでの構築例と構築方法を紹介します。見慣れた構築パターンも、AWSの豊富なサービスを駆使することで、オンプレミスと比べると信じられないほど簡単に構築できます。また、今までは実現するために莫大な費用がかかったり、技術的に難しく実現が不可能に近かったアーキテクチャも、AWSを利用することで容易に実現することができます。

　しかし、いざ構築するとなっても、サービスや機能が多すぎて、どれを利用したらいいかわからなかったり、そもそも便利なサービスや機能に気づかないということもあります。本章では、具体的な構築パターンに合わせて、どのようなサービスや機能を使っていけばいいのかを示していきますので、今後みなさんがAWSでシステムを構築していくうえでの参考にしていただければと思います。

　本節では、**EC2を利用した動的サイトの構築例を紹介**します。EC2はAWSの多くのサービス内の1つにすぎませんが、これだけでもシステムを構築できるくらい、必要な機能が揃っています。ここでは、以下の2つを例に扱っていきます。

・WordPressを使ったブログサイトの構築
・冗長化構成におけるロードバランシングとHTTPSサイトの構築

　また、**Marketplace**（マーケットプレイス）で公開されているAMIを効果的に利用することで、構築レスでサイトを稼働させることができます。マーケットプレイスの利用例として、株式会社デジタルキューブが運営している**AMIMOTO**を紹介します。

　それでは、実際に構築していきましょう。

WordPressを使ったブログサイトの構築

　EC2によって動的サイトを構築し、そのうえでWordPressを運用する場合を見ていきましょう。

構築するパターン

　最初はWordPressを稼働させる最低限の構成を作ります。次の図のように、WordPressを稼働させるEC2インスタンスがあり、WordPressが利用するMySQLをRDSインスタンスで作成します。

図3-1-1　WordPressを稼働させる構成

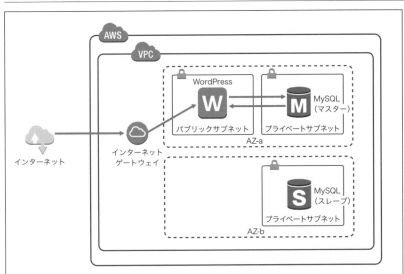

この構成を実際に構築していきましょう。

■ VPCネットワークの作成

まずはVPCネットワークを構築します。**カスタムVPC**を作成し、**パブリックサブネット**と**プライベートサブネット**の2種類を、それぞれのAZ（アベイラビリティーゾーン）上に作成します。WordPressをインストールする**EC2インスタンス**をパブリックサブネットに配置し、MySQLの**RDSインスタンス**はプライベートサブネットに配置します。詳しくはChapter4で説明しますが、基本的にRDSインスタンスはパブリックサブネットに置きません。そのため、RDSインスタンス用にプライベートサブネットを作成します。データベースは**マスター・スレーブ型式**にします。異なるAZにプライベートサブネットを作成して、スレーブ用のRDSインスタンスを配置します。

◆カスタムVPCの作成

Chapter2-4（p.117）で解説した内容に従って、カスタムVPCを作成します。

> □AWSマネジメントコンソールの操作
> VPC→VPC→VPCの作成

作成するVPCの設定値は次の通りです。

Chapter 3

表3-1-1 カスタムVPCの設定例

設定項目	値
名前タグ	vpc-WordPress
IPv4 CIDRブロック	10.1.0.0/16
テナンシー	デフォルト

図3-1-2 カスタムVPCの作成

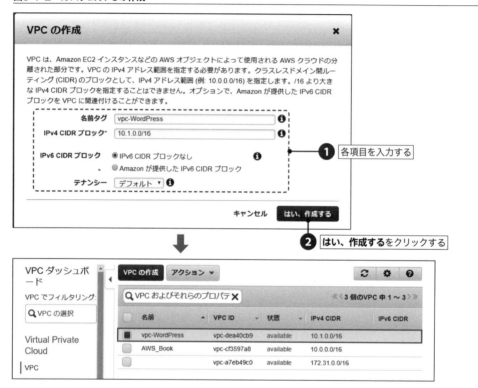

　カスタムVPC「vpc-WordPress」が作成されました。今回は、Chapter2で作成したVPC等をそのまま残した形で構築を行っています。設定値等を参考にしながら作業を進めてください。

　EC2インスタンスに**DNS**を割り当てたい場合は、上記の画面で作成したカスタムVPCを右クリックして**DNSホスト名の編集**を選択し、表示される画面で**DNSホスト名**を「はい」にしてください。ここではDNSを割り当てる設定をしておきましょう (p.121)。

3-1 EC2を利用した動的サイトの構築

図3-1-3 EC2インスタンスにDNSを割り当てる

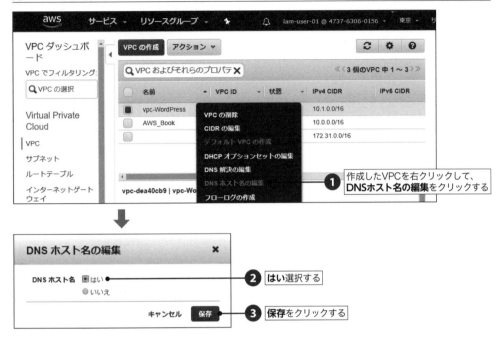

■ サブネットの作成

Chapter2-4 (p.122) で解説した内容に従って、以下の4つのサブネットを作成します。「WP-PublicSubnet-C」はこの項では使いませんが、後ほど必要になるので一緒に作成しておきます。

□AWSマネジメントコンソールの操作
VPC→サブネット→サブネットの作成

表3-1-2 サブネットの設定例

設定項目	名前タグ	VPC	アベイラビリティーゾーン	IPv4CIDRブロック
値	WP-PublicSubnet-A	vpc-WordPress	ap-northeast-1a	10.1.11.0/24
	WP-PrivateSubnet-A	vpc-WordPress	ap-northeast-1a	10.1.15.0/24
	WP-PublicSubnet-C	vpc-WordPress	ap-northeast-1c	10.1.51.0/24
	WP-PrivateSubnet-C	vpc-WordPress	ap-northeast-1c	10.1.55.0/24

Chapter3

図3-1-4 サブネットを作成する

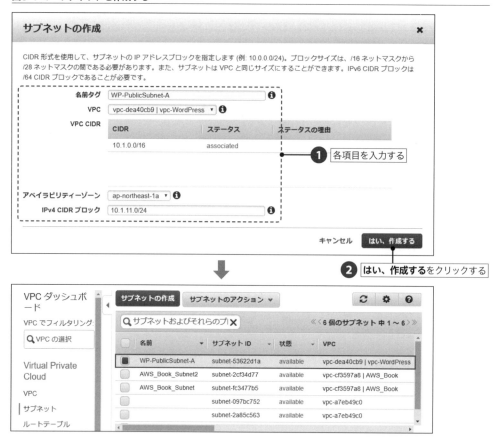

「WP-PublicSubnet-A」が作成されました。その他のサブネットも同様の手順で作成します。

WP-PublicSubnet-Aと**WP-PublicSubnet-C**は、パブリックIPが自動付与されるように設定しておきます。サブネットの一覧からそれぞれを右クリックし、自動割り当てIP設定の変更を選択します。表示されたポップアップでIPの自動割り当てにチェックを入れ、保存をクリックします。

3-1 EC2を利用した動的サイトの構築

図3-1-5 サブネットにパブリックIPを付与する

■インターネットゲートウェイの作成

インターネットゲートウェイを作成します。Chapter2-4 (p.128) で解説した内容に従って作業を行ってください (Chapter2では先にルートテーブルを作成しましたが、ここではインターネットゲートウェイを先に作成する手順で行います)。

> □AWSマネジメントコンソールの操作
> VPC→インターネットゲートウェイ→インターネットゲートウェイの作成

表3-1-3 インターネットゲートウェイの設定例

設定項目	値
名前タグ	WP-InternetGateway

Chapter3

図3-1-6 インターネットゲートウェイの作成

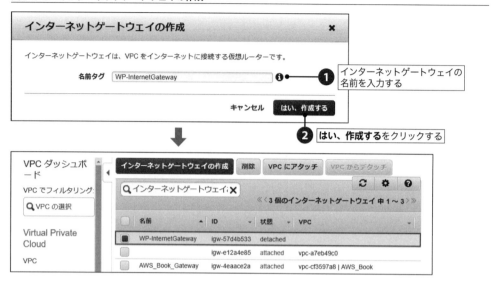

作成したインターネットゲートウェイを、カスタムVPC（vpc-WordPress）に関連付けします。インターネットゲートウェイを選択した状態で、VPCにアタッチをクリックします。表示されるポップアップで、関連付けするVPC（vpc-WordPress）を選択してください。

図3-1-7 インターネットゲートウェイとVPCの関連付け

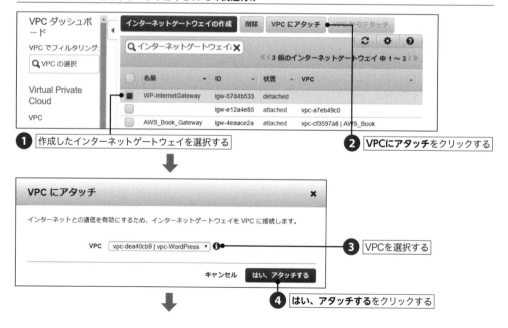

3-1 EC2を利用した動的サイトの構築

■ ルートテーブルの作成

パブリックサブネット用にインターネットゲートウェイをルーティングするルートテーブルを作成します。Chapter2-4（p.124）で解説した内容に従って作業を行ってください。VPCの作成時に既にルートテーブルが作成されていますが、ここでは新たに追加で作成していきましょう。

```
□AWSマネジメントコンソールの操作
VPC→ルートテーブル→ルートテーブルの作成
```

表3-1-4　ルートテーブルの設定例

設定項目	値
名前タグ	WP-PublicRouteTable
VPC	vpc-WordPress

図3-1-8　ルートテーブルの作成

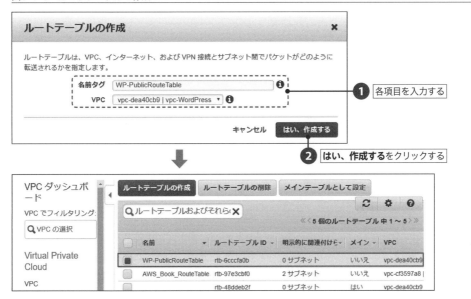

189

作成したルートテーブルにインターネットゲートウェイへのルーティングを設定します。作成したルートテーブル（WP-PublicRouteTable）を選択し、ルートタブから編集をクリックし、以下を追加します。ターゲットは、入力項目をリストから選択できます（選択するとIDで表示されます）。

表3-1-5　ルーティングの設定例

設定項目	値
送信先	0.0.0.0/0
ターゲット	WP-InternetGateway

図3-1-9　ルーティングの設定

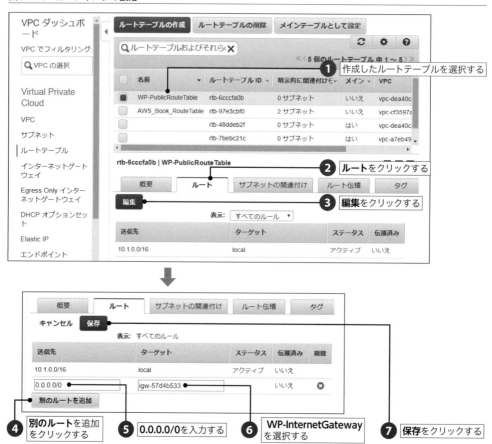

WP-PublicRouteTableを「WP-PublicSubnet-A」と「WP-PublicSubnet-C」のルートテーブルとして設定します。VPCのダッシュボードのサイドメニューでサブネットを選択してサブネット画面に移動し、WP-PublicSubnet-Aを選択した状態でルートテーブルタ

ブの編集をクリックします。変更先にあるドロップボックスからWP-PublicRouteTable
を選択し、保存をクリックします。

WP-PublicSubnet-Cも同様に設定を行ってください。

図3-1-10　パブリックサブネットにルートテーブルを設定

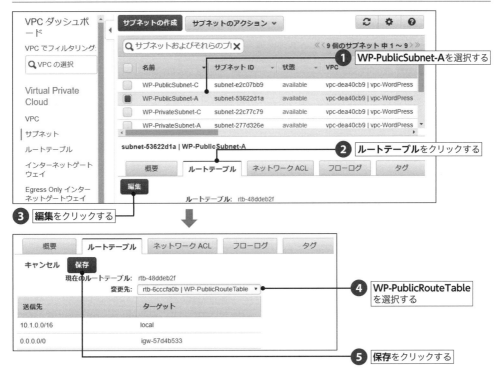

■ セキュリティグループの作成

セキュリティグループも作成しておきましょう。Chapter2ではセキュリティグループ
をEC2から作成しましたが（p.138）、VPCのダッシュボードのサイドメニューにもセキュ
リティグループの項目があり、こちらからも作成できます。

> □AWSマネジメントコンソールの操作
> VPC→セキュリティグループ→セキュリティグループの作成

作成するセキュリティグループは以下の通りです。WordPress用とDB用をそれぞれ作
成します。

Chapter 3

表3-1-6 セキュリティグループの設定例（WordPress用）

設定項目	値
名前タグ	WP-Web-DMZ
グループ名	WP-Web-DMZ
説明	WordPress Web APP Security Group
VPC	vpc-WordPress

表3-1-7 セキュリティグループの設定例（DB用）

設定項目	値
名前タグ	WP-DB
グループ名	WP-DB
説明	WordPress MySQL Security Group
VPC	vpc-WordPress

図3-1-11 セキュリティグループの作成

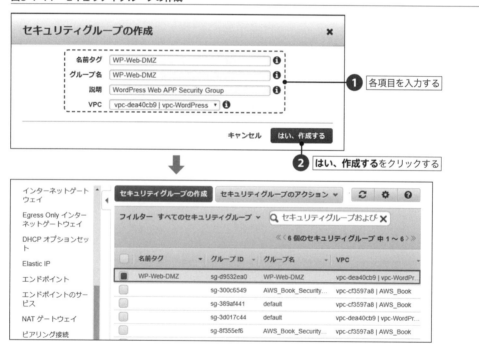

WP-Web-DMZが作成されました。同様に、**WP-DB**も作成してください。

続けてセキュリティグループの**インバウンド**（内部通信）を、それぞれ以下のように作成します。

3-1 EC2を利用した動的サイトの構築

表3-1-8　インバウンドの設定例

セキュリティグループ	タイプ	プロトコル	ポート範囲	ソース
WP-Web-DMZ	SSH	TCP	22	（自分のグローバルIP）/32
	HTTP	TCP	8080	0.0.0.0/0
WP-DB	MySQL/Aurora	TCP	3306	WP-Web-DMZのグループID

　WP-Web-DMZには、SSHとHTTP用のルールをそれぞれ設定します。WP-Web-DMZに設定する自分のグローバルIPがわからない場合は、Chapter2-5（p.138）で行ったように、EC2から設定を行ってみてください（マイIPを指定します）。

図3-1-12　インバウンドの設定（WP-Web-DMZ）

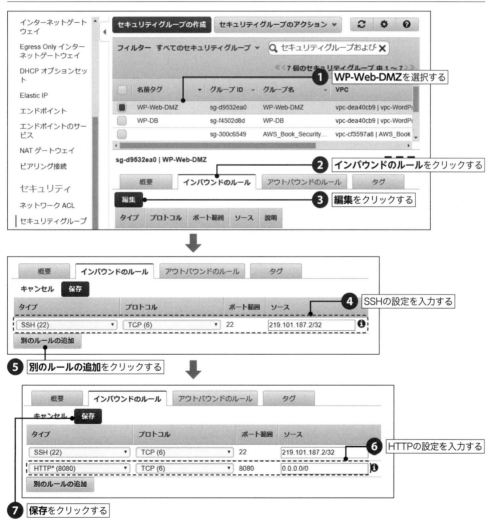

Chapter3

「WP-DB」も同様にインバウンドを設定します。ソースに指定するIDは、リストから選択可能です。

図3-1-13　インバウンドの設定（WP-DB）

■ DBサブネットグループの作成

VPC上にRDSインスタンスを起動する場合、**DBサブネットグループ**を作成する必要があります。DBサブネットグループの作成は、AWSマネジメントコンソールでRelational Database Serviceを選択し、RDSのダッシュボードに移動して行います。

> □AWSマネジメントコンソールの操作
> Relational Database Service→サブネットグループ→DBサブネットグループの作成

表示された画面で、各項目を以下のように入力します。

表3-1-9　DBサブネットグループの設定例①

設定項目	値
名前	wp-dbsubnet
説明	WordPress DB Subnet
VPC	vpc-WordPress

3-1 EC2を利用した動的サイトの構築

図3-1-14 DBサブネットグループの設定①

続けて、画面下部のプルダウンで以下のように各項目の値を選択します。アベイラビリティーゾーンで追加するAZ（ap-northeast-1a）を指定しています。サブネットIDはプライベートサブネットのIDを選択します。設定後は、サブネットを追加しますをクリックしてください。

表3-1-10 DBサブネットグループの設定例②

設定項目	値
アベイラビリティーゾーン	ap-northeast-1a
サブネットID	WP-PrivateSubnet-AのサブネットID

195

図3-1-15　DBサブネットグループの設定②

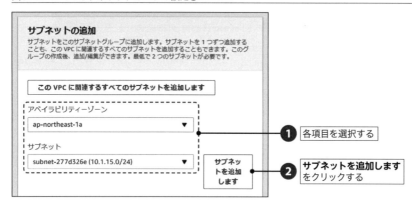

同じように「ap-northeast-1c」にも追加しましょう。次のように設定し直してから、再度サブネットを追加しますをクリックします。

表3-1-11　DBサブネットグループの設定例③

設定項目	値
アベイラビリティーゾーン	ap-northeast-1c
サブネットID	WP-PrivateSubnet-CのSubnet ID

図3-1-16　DBサブネットグループの設定③

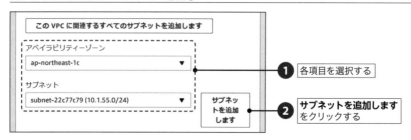

下図のような状態になります。なお、サブネットIDは作成した環境によって異なります。最後に作成をクリックしてください。

図3-1-17 DBサブネットグループの設定④

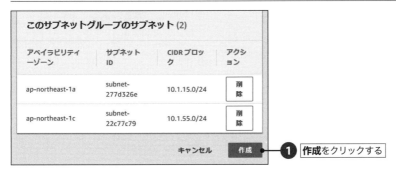

■ RDSインスタンスの作成

RDSインスタンスを作成します。RDSインスタンスの作成は、RDSのダッシュボードからリンクをたどって行います。

> □AWSマネジメントコンソールの操作
> Relational Database Service→インスタンス→DBインスタンスの起動

◆エンジンの選択

最初にデータベースエンジンの選択を行います。ここでは「MySQL」を選択して次へをクリックします。

図3-1-18 データベースエンジンの選択

Chapter 3

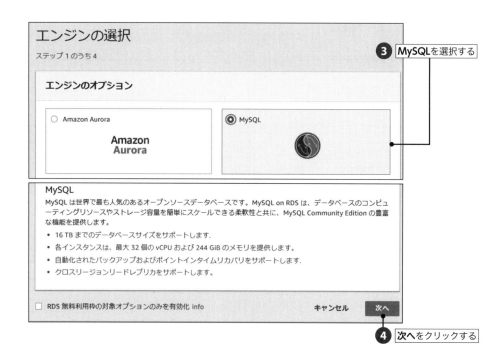

◆ユースケース

利用する環境を選択します。ここでは「本番稼働用」を選択して次に進みます。

図3-1-19　ユースケースの選択

3-1 EC2を利用した動的サイトの構築

◆DB詳細の指定

詳細設定をします。設定内容と項目の説明は以下の通りです。画面上の項目名の横にアスタリスク（*）が付いているものは必須項目です。

表3-1-12 詳細設定（インスタンス仕様）

設定項目	値	説明
ライセンスモデル	General Public License	ライセンスモデルの選択。MySQLはオープンソースなので関係ないが、Oracle等の場合はBYOLかライセンス料込みにするか選択する
DBエンジンのバージョン	5.6.37	DBエンジンのバージョンを選択
DBインスタンスのクラス	db.t2.micro	インスタンスタイプを選択
マルチAZ配置	別ゾーンにレプリカを作成します	マルチAZ機能を有効にするかどうかを選択。本番環境では必ず有効にする
ストレージタイプ	汎用(SSD)	ストレージタイプを選択
ストレージ割り当て	20GB	作成するインスタンスのストレージ容量を指定

表3-1-13 詳細設定（設定）

設定項目	値	説明
DBインスタンス識別子	wp-mysql	RDSインスタンスの名前を指定。自分のアカウントの同じリージョン内でユニークである必要がある
マスターユーザの名前	root	MySQLのルートユーザー名を指定
マスターパスワード	*****	ルートユーザーのパスワードを指定
パスワードの確認	*****	パスワードの確認。パスワードをもう一度入力する

パスワードは、自由に設定してください。入力できたら次へをクリックします。

図3-1-20 詳細設定

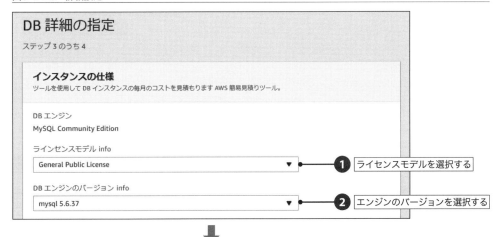

Chapter 3

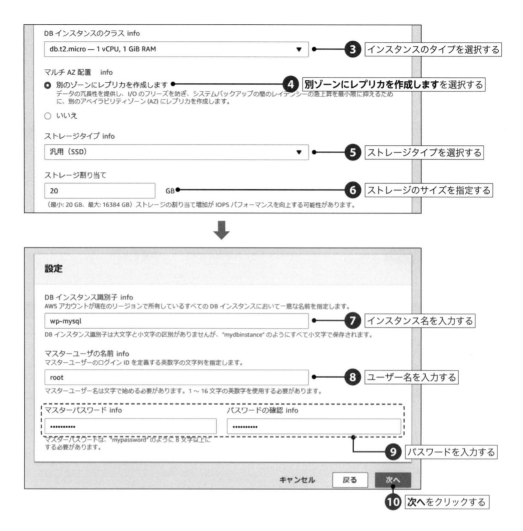

◆ [詳細設定]の設定

ネットワーク、オプション、バックアップ、メンテナンスの設定を行います。それぞれ、次の値を設定します。

表3-1-14 ネットワーク&セキュリティ

設定項目	値	説明
VPC	vpc-WordPress	VPCを選択
サブネットグループ	wp-dbsubnet	データベース用のサブネット（DBサブネットグループ）を選択
パブリックアクセスアクセシビリティ	いいえ	インターネットからのアクセスの許可・不許可を選択
アベイラビリティーゾーン	指定なし	アベイラビリティーゾーンを選択。ここでは「指定なし」を選択
VPCセキュリティグループ	WP-DB	RDSインスタンスに付与するセキュリティグループを選択

3-1　EC2を利用した動的サイトの構築

表3-1-15　データベースの設定

設定項目	値	説明
データベースの名前	(空白)	ここで何か指定すると、指定した名前のDBがインスタンス起動時に作成される(何も指定しなくても問題はないので、ここでは指定しない)
データベースのポート	3306	MySQLに接続する際のポート番号を指定(p.193参照)
DBパラメータグループ	default.mysql5.6	パラメータグループを指定
オプショングループ	default.mysql5.6	オプショングループを指定
タグをスナップショットへコピー	指定なし	RDSに設定したタグをスナップショットにコピーする場合に指定
IAM DB認証	無効化	IAM認証を使ってRDSに接続する場合に指定

表3-1-16　暗号化

設定項目	値	説明
暗号化	無効	インスタンスとスナップショットを保存時に暗号化するかどうか

表3-1-17　バックアップ

設定項目	値	説明
バックアップの保存期間	1日	バックアップを保存する期間を選択
バックアップウィンドウ	指定なし	バックアップを取得する時間を指定。「指定なし」の場合は任意の時間になる

表3-1-18　モニタリング

設定項目	値	説明
拡張モニタリング	有効	拡張モニタリングを利用する場合に指定
モニタリングロール	デフォルト	拡張モニタリングで使用するIAMロール
詳細度	60秒	モニタリング間隔

表3-1-19　ログのエクスポート

設定項目	値	説明
監査ログ	有効	監査用のログを出力する
エラーログ	有効	エラー時のログを出力する
全般ログ	有効	クエリログを出力する
スロークエリログ	有効	スロークエリログを出力する
IAMロール	RDS Service Linked Role	ログ出力時のIAMロール

表3-1-20　メンテナンス

設定項目	値	説明
マイナーバージョン自動アップグレード	有効	自動でDBエンジンのマイナーアップデートを適用するか選択
メンテナンスウィンドウ	指定なし	RDSインスタンスにメンテナンスが発生した場合に、適用される時間を指定。「指定なし」の場合は任意の時間になる

Chapter 3

図3-1-21　ネットワークとオプションの設定

各項目を入力したら、画面下部の DBインスタンスの作成 をクリックします。

起動したインスタンスは、RDSのダッシュボードのサイドメニューから インスタンス を選択することで確認できます。

図3-1-22　RDSインスタンスが作成される

■ EC2インスタンスの起動

EC2インスタンスを作成して起動します。AMIは **Amazon Linux AMI** を使用しましょう。以下、起動時に設定する項目を示します。他はデフォルトで構いません。設定方法については、Chapter2-5(p.144)を参照してください。

3-1 EC2を利用した動的サイトの構築

□AWSマネジメントコンソールの操作
EC2→インスタンス→インスタンスの作成

表3-1-21　EC2インスタンスの設定例

設定項目	値
AMI	Amazon Linux AMI
インスタンスタイプ	t2.micro
ネットワーク	vpc-WordPress
サブネット	WP-PublicSubnet-A
自動割り当てパブリックIP	有効
Nameタグ	WP-WebAPP
セキュリティグループ	WP-Web-DMZ

　設定が完了したら、確認と作成をクリックします。内容を確認したら、作成で起動しましょう。

図3-1-23　EC2インスタンスを起動する

203

Chapter 3

◆キーペアの設定

EC2の起動の際に、**公開鍵（キーペア）**の設定を求めるポップアップが表示されます。Chapter2-5（p.134）で作成したキーペア（pemファイル）を指定するか、新たにキーペアを作って設定してください。

図3-1-24　キーペアを設定する

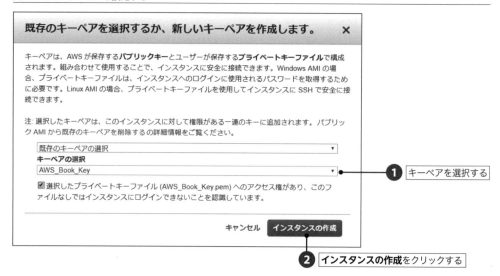

■ミドルウェアのインストールとセットアップ

EC2インスタンスが起動したら、**パブリックDNS**を確認し、SSHでログインします。

ログイン後、ミドルウェアのインストールと設定を行います。パブリックDNSは、AWSマネジメントコンソールから EC2→インスタンス で表示される一覧で、作成したEC2インスタンス（WP-WebAPP）を選択すると確認できます。

図3-1-25　パブリックDNSを確認する

AMIに指定したAmazon Linux AMIではデフォルトで「ec2-user」というユーザーが存在するので、ここではそれに対してログインを行います。ログイン方法は、Chapter2-5（p.153）を参照してください。キーペアは各自のものを指定してください。

```
$ chmod 0600 myKeyPair.pem
$ ssh -i myKeyPair.pem ec2-user@ec*-**-***-***-**.ap-northeast-1.compute.amazonaws.com
```

◆PHP、MySQL、WordPressのインストール

EC2インスタンスにPHP、MySQLクライアント、WordPressのインストールを行います。PHPとMySQLクライアントは**yum**コマンドでインストールします。WordPressは**wget**コマンドで、tarファイルをダウンロードするのみです。WordPressのバージョンは最新のものをお使いください。

```
$ sudo yum install php php-mysql php-gd php-mbstring -y
$ sudo yum install mysql -y
$ wget -O /tmp/wordpress-4.9.4-ja.tar.gz https://ja.wordpress.org/wordpress-4.9.4-ja.tar.gz
$ sudo tar zxf /tmp/wordpress-4.9.4-ja.tar.gz -C /opt
$ sudo ln -s /opt/wordpress /var/www/html/
$ sudo chown -R apache:apache /opt/wordpress
$ sudo chkconfig httpd on
$ sudo service httpd start
```

◆MySQLのセットアップ

EC2インスタンスからRDSインスタンスにログインし、データベースの設定を行います。AWSマネジメントコンソールからRelational Database Service→インスタンスを選択し、表示される一覧から作成したRDSインスタンス（wp-mysql）のエンドポイントを確認してください。表示されているエンドポイントがRDSインスタンスのDNSホスト名になります。

図3-1-26　エンドポイントを確認する

RDSインスタンスにログインします。"wp-mysql.****.ap-northeast-1.rds.amazonaws.com"の部分はご自分のエンドポイントに置き換えてください。

```
$ mysql -u root -p -h wp-mysql.****.ap-northeast-1.rds.amazonaws.com
```

ログインの際にはパスワードの入力を求められます。199ページで設定したRDSインスタンスのマスターパスワードを入力してください。

MySQLにログインしたら、ユーザーとデータベースの作成をします。ユーザー名やデータベース名等は、各自の環境に合わせて変更してください。

```
mysql> CREATE USER 'wordpress-user'@'%' IDENTIFIED BY 'wordpress';
Query OK, 0 rows affected (0.01 sec)

mysql> CREATE DATABASE wordpress;
Query OK, 1 row affected (0.01 sec)

mysql> GRANT ALL PRIVILEGES ON wordpress.* TO "wordpress-user"@"%";
Query OK, 0 rows affected (0.01 sec)

mysql> FLUSH PRIVILEGES;
Query OK, 0 rows affected (0.01 sec)
```

◆WordPressのセットアップ

最後にWordPressのセットアップを行います。以下のURLにアクセスしてください。EC2インスタンスのパブリックDNS (p.204) は各自の環境に合わせてください。

WordPressのセットアップ
http://(EC2インスタンスのパブリックDNS)/wordpress/wp-admin/install.php

以下の画面が表示されるので、さあ、始めましょう！をクリックします。

図3-1-27 WordPressの設定①

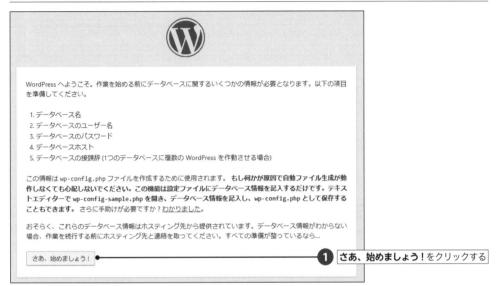

データベースの設定画面が表示されるので、先ほどMySQLのセットアップ（p.205）で作成したデータベースとユーザー情報を入力します。ホスト名にはRDSインスタンスのエンドポイントを指定します。

図3-1-28 WordPressの設定②

送信をクリックし、次の画面でインストール実行をクリックします。

Chapter3

図3-1-29　WordPressの設定③

❶ インストール実行をクリックする

　WordPressの設定の設定を行います。あとは、画面の指示に従ってインストールを行ってください。

ロードバランシングとHTTPSサイトの構築

　次に、前項で作成したWordPressサーバを冗長化し、HTTPSでアクセスできるように変更します。冗長化後の構成は、次のようになります。

図3-1-30　冗長化構成

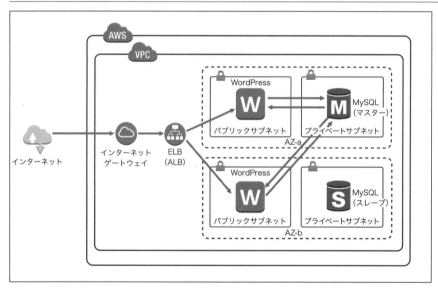

■ ロードバランシング

　WordPressサーバを冗長化し、**ELB**（Elastic Load Balancing）によりロードバランシング（アクセスの分散）を行います。

3-1 EC2を利用した動的サイトの構築

◆AMIの作成

まずは、先ほどWordPressをインストール・起動したEC2インスタンスのAMIを作成します。AWSマネジメントコンソールのEC2→インスタンスからインスタンスの一覧を表示し、WordPressが起動しているEC2インスタンス（WP-WebAPP）を右クリックして、イメージの作成を選択します。

```
□AWSマネジメントコンソールの操作
EC2→インスタンス→インスタンスを右クリック→イメージの作成
```

図3-1-31　AMIの作成①

表示されるポップアップで、以下の項目を設定します。それ以外はデフォルトのままで構いません。

表3-1-22　AMIの設定例

設定項目	値
イメージ名	WordPress
イメージの説明	My WordPress Image
再起動しない	チェックなし

図3-1-32　AMIの作成②

◆別のアベイラビリティーゾーンにEC2を起動

　AMIが作成されたら、そのAMIから別のAZにEC2インスタンスを起動します。AWSマネジメントコンソールのEC2→AMIから作成されたAMI（WordPress）を選択し、作成をクリックします。

> □AWSマネジメントコンソールの操作
> EC2→AMI→AMIの選択→作成

図3-1-33　AMIからEC2インスタンスを起動する

　起動するEC2インスタンスの設定を行います。設定内容は、サブネットに185ページで作成した「WP-PublicSubnet-C」を指定するところ以外は、202ページで起動したEC2イン

スタンスと同様です。

表3-1-23　EC2インスタンスの設定例

設定項目	値
AMI	Amazon Linux AMI
インスタンスタイプ	t2.micro
ネットワーク	vpc-WordPress
サブネット	WP-PublicSubnet-C
自動割り当てパブリックIP	有効
Nameタグ	WP-WebAPP
セキュリティグループ	WP-Web-DMZ

図3-1-34　サブネットの設定

① WP-PublicSubnet-Cを選択する

◆ELBの作成

ELBを作成します。AWSマネジメントコンソールのEC2→ロードバランサーから、ロードバランサーの作成をクリックします。

```
□AWSマネジメントコンソールの操作
EC2→ロードバランサー→ロードバランサーの作成
```

ロードバランサーの種類を選択する画面が表示されます。ELBには、**Application Load Balancer**、**Network Load Balancer**、**Classic Load Balancer**の3種類があります。一般的な用途ではApplication Load Balancer（**ALB**）を利用します。

ELB（ALB）を作成するために必要な情報を入力する画面が表示されるので、以下の表の設定値に従って入力していってください。各設定項目については、175ページ等を参照してください。

Chapter 3

図3-1-35　ALBを選択する

❶ 作成をクリックする

表3-1-24　ロードバランサーの設定（基本的な設定）

設定項目	値
名前	wp-elb
スキーマ	インターネット向け
IPアドレスタイプ	ipv4

表3-1-25　ロードバランサーの設定（リスナー）

設定項目	値
ロードバランサーのプロトコル	ロードバランサーのポート
HTTP	80

表3-1-26　ロードバランサーの設定（アベイラビリティーゾーン）

設定項目	値
VPC	vpc-WordPress
サブネット	WP-PublicSubnet-A、WP-PublicSubnet-C

表3-1-27　ロードバランサーの設定（タグ）

設定項目	値
キー	Name
値	WP-ELB

3-1 EC2を利用した動的サイトの構築

　サブネットは、**WP-PublicSubnet-A**と**WP-PublicSubnet-C**を選択します。入力できたら、次の手順：セキュリティ設定の構成をクリックして次に進みます。

図3-1-36　ロードバランサーの設定

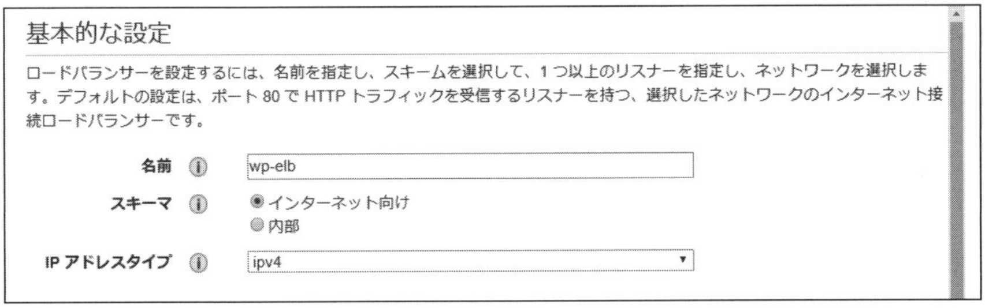

　セキュリティグループは新しいセキュリティグループを作成するをチェックし、ELB用のセキュリティグループを新たに作成します。

表3-1-28　セキュリティグループの設定

設定項目	値
セキュリティグループ名	WP-ELB
説明	WordPress ELB Security Group
タイプ	HTTP
プロトコル	TCP
ポート範囲	80
ソース	任意の場所 0.0.0.0/0

図3-1-37　セキュリティグループの設定

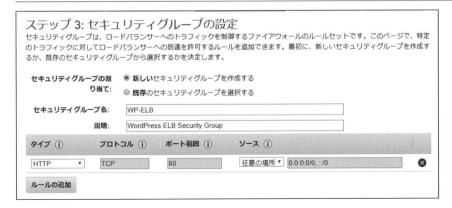

Chapter 3

　ターゲットグループとヘルスチェックの設定は、名前を「WpTarget」とし、それ以外の項目は全てデフォルトのまま次に進みます。

図3-1-38　ルーティングの設定

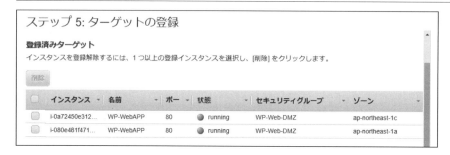

　ターゲットとして、WordPress用のEC2インスタンス（WP-WebApp）を登録します。最初に作ったものと、AMIから複製したものの両方とも登録してください。

図3-1-39　ターゲットの登録

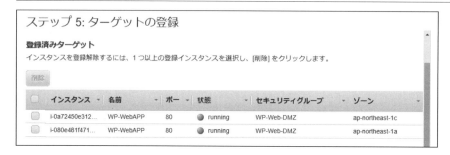

　最後に設定を確認して、作成をクリックすればELBは完成です。

◆ WordPressの設定変更

　WordPressは自身のアドレスを保存しています。デフォルトでは、EC2インスタンスのパブリックDNSが設定されているので、これをELBのDNSに変更します。
　WordPressの管理画面にログインし、左サイドバーの設定を開きます。WordPressアドレス（URL）とサイトアドレス（URL）をELBのDNSに合わせて変更し、画面下の変更を

保存をクリックします。

なお、ELBのDNSは、AWSマネジメントコンソールのEC2→ロードバランサーで表示される一覧で確認することができます。

図3-1-40　ELBのDNSを確認する

図3-1-41　WordPressの設定を変更する

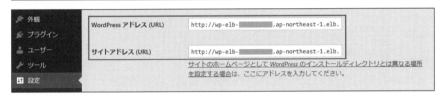

◆スティッキーセッションの設定

PHPはデフォルトではローカルファイルにセッション情報を保持しているため、そのままでは冗長化したサーバ間でセッション情報を共有できません。この状態でロードバランシングを行うと、最初にアクセスしたサーバと別のサーバにアクセスした場合、セッション情報が失われてしまいます。

こういった場合に、セッション情報を維持する方法は2つあります。

・スティッキーセッションを張り、同一セッションのアクセスは同じサーバにアクセスされるようにする
・外部のMemcachedやRedis等にセッション情報を保存する

今回は手軽にできる**スティッキーセッション**を使った方法で行います。ただし、この方法はアクセスしているWebサーバが壊れた場合、そのサーバに保存されているセッション情報は失われます。費用が少し上がることに問題がなければ、外部のMemcachedやRedis等を利用する方法を取るべきです。この方法を取った場合もAWSのElastiCacheサービスを利用すれば簡単に実現できます。セッション周りについてはChapter3-4（p.269）で説明しますので、そちらを参照してください。

Chapter 3

　それでは、スティッキーセッションの設定をします。AWSマネジメントコンソールの
EC2→ターゲットグループから、ELBの作成時に設定したターゲットグループ
(WpTarget)を選択します。説明タブの属性の編集ボタンをクリックしてください。ポッ
プアップと選択肢が表示されます。選択肢の説明は以下の表の通りです。

図3-1-42　スティッキーセッションの設定

3-1 EC2を利用した動的サイトの構築

表3-1-29 スティッキーセッションの設定例

設定項目	値
登録解除の遅延	300秒
維持設定	有効
維持設定の期間	30分

維持設定の期間は、アプリケーションのセッション保持時間と同じかそれより長く設定しておけば問題ないでしょう。ここでは「30分」を指定しました。設定したら、保存をクリックします。

◆セキュリティグループの変更

現在、WordPressのEC2インスタンスが属しているセキュリティグループ（WP-Web-DMZ）のインバウンドは、以下のようにHTTPが「任意の場所（0.0.0.0/0）」で開いています。

図3-1-43 セキュリティグループの設定

しかし、ELB経由でアクセスされるように変更したため、WordPressのEC2インスタンスは任意の場所で開ける必要がありません。ELBからのアクセスのみ許可すればよいのです。したがって、ELBからのHTTPのみを受け付けるよう変更します。

AWSマネジメントコンソールのEC2→セキュリティグループに移動します。WP-Web-DMZを選択し、インバウンドタブの編集をクリックします。タイプが「HTTP」の行のソースをELBのセキュリティグループ（WP-ELB）に変更してください。変更は「カスタム」を選択して、グループIDを入力します。

217

図3-1-44 セキュリティグループのソースを変更する

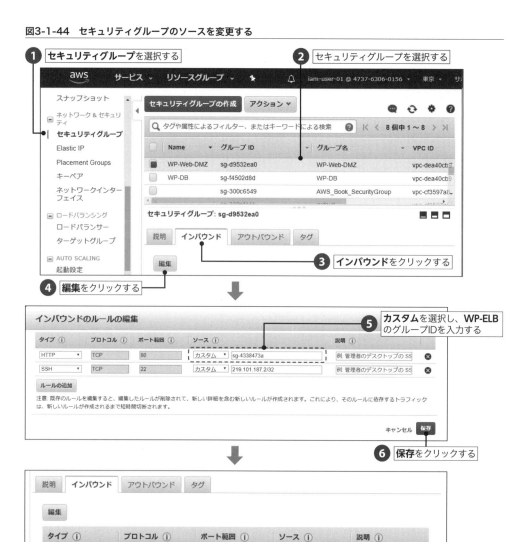

◆ロードバランシングされたサイトへアクセス

これで冗長化は完了です。では、実際に冗長化されたWordPressにアクセスしてみましょう。ELBのDNSにブラウザからアクセスしてください。Apacheのアクセスログを確認するとアクセスが振り分けられているのがわかると思います。

■ HTTPSでのアクセス

　ELBを利用している場合、証明書さえ用意すれば簡単にHTTPSで接続させることができます。今回は例として、**自己証明書**を使ってWordPressの管理画面へHTTPS接続が行えるように設定します。

◆ 自己証明書の作成

　Open SSLを利用して自己証明書を作成します。もしシステムに入っていなければインストールしてください。任意のディレクトリに移動して**openssl**コマンドを実行します。

　最初に秘密鍵を作成します。ELBではパスフレーズが設定されている秘密鍵は利用できないので、パスフレーズなしで作成します。

```
$ openssl genrsa -out ./server.key 2048
Generating RSA private key, 2048 bit long modulus
...............................................+++
.....................................................................
.....................+++
e is 65537 (0x10001)
```

　CSRを作成します。"Common Name"にはELBのDNSを入力します。

```
$ openssl req -new -key ./server.key -out ./server.csr
~
Country Name (2 letter code) [AU]:JP
State or Province Name (full name) [Some-State]:Tokyo-to
Locality Name (eg, city) []:Minato-ku
Organization Name (eg, company) [Internet Widgits Pty Ltd]:SB Creative
Organizational Unit Name (eg, section) []:
Common Name (e.g. server FQDN or YOUR name) []:wp-elb-**********.ap-northeast-1.elb.amazonaws.com
Email Address []:

Please enter the following 'extra' attributes
to be sent with your certificate request
A challenge password []:
An optional company name []:
```

　自己証明書に署名をしてCRTを生成します。

Chapter 3

```
$ openssl x509 -in server.csr -days 365 -req -signkey server.key -out server.crt
Signature ok
subject=/C=JP/ST=Osaka-fu/L=Osaka-shi/O=NRI Netcom/CN=wp-elb-*********.ap-northe
ast-1.elb.amazonaws.com
Getting Private key
```

コマンドを実行したディレクトリに、以下の3つのファイルができあがります。

・server.crt

・server.csr

・server.key

◆ELBの設定

作成した証明書を利用してHTTPSの設定を行います。AWSマネジメントコンソールの EC2→ロードバランサー からwp-elbを選択し、リスナータブの リスナーの追加 をクリックします。

図3-1-45 リスナーを追加する

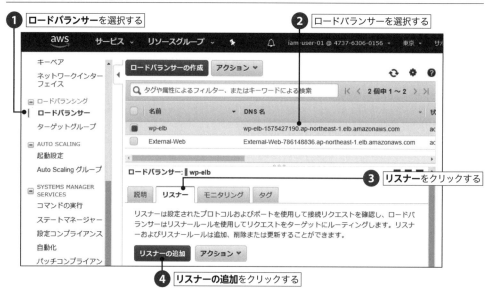

表示されたポップアップで プロトコル に「HTTPS」を選択します。

図3-1-46 プロトコルの選択

続けて証明書の設定を行います。証明書をACMにアップロードするを選択して、プライベートキー、パブリック証明書に先ほど作成しておいた自己証明書の内容を入力します。入力したら作成をクリックします。

図3-1-47 証明書の設定

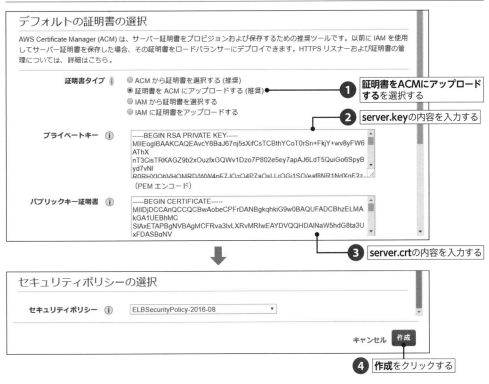

Chapter 3

表3-1-30 証明書の設定

設定項目	値	説明
プライベートキー	server.keyの内容	秘密鍵
パブリック証明書	server.crtの内容	サーバ証明書
証明書チェーン	(入力なし)	中間証明書。ある場合は入力する

◆セキュリティグループの変更

　ELBのセキュリティグループ (WP-ELB) にHTTPSの許可を追加してください。許可の追加は、AWSマネジメントコンソールのEC2→セキュリティグループからWP-ELBを選択し、インバウンドタブの編集をクリックして行います。

図3-1-48 許可の追加

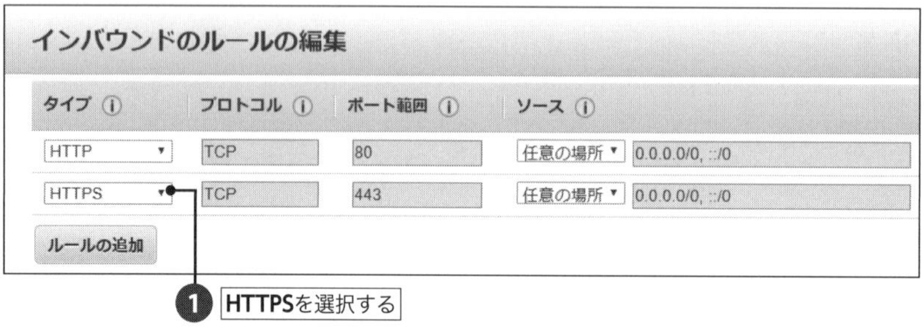

❶ HTTPSを選択する

◆WordPressの設定

　AWS側の設定は完了しました。WordPress側でSSL通信を行えるように設定しまし。設定はプラグインを利用することで簡単に行うことができます。
　WordPressにログインし、サイドメニューからプラグイン→新規追加を選択し、検索欄に「SSL」と入力してプラグインを検索します。ここでは、検索されたなかからSSL Insecure Content Fixerをインストールしてみます。今すぐインストールをクリックしてください。
　インストールが完了するとプラグインが有効化され、SSL通信が可能になります。HTTPSでWordPressの管理画面にアクセスしてみましょう。自己証明書のため、証明書の警告が出ますが、そのままアクセスできれば成功です。
　AWSにはSCMという証明書発行サービスがあります。CloudFrontとALBでは無料で利用できます。ぜひ活用しましょう。

図3-1-49　プラグインのインストール

Marketplaceから、構築済みのインスタンスを利用する

　AWSのMarketplace（マーケットプレイス）では、AWSのパートナーとして認可を受けた組織が作成したAMIを販売しています。Big-IPや、Sophos、Redmine、GitLab等有名なプロダクトのAMIが提供されており、ユーザーは構築作業を行うことなく、数クリックでこれらのプロダクトを使用することができます。

　料金は従量課金となっており、EC2の利用料金に加えて、ソフトウェアのライセンス料が上乗せされる形になります。例えば、東京リージョンのBig-IPの利用料は1時間あたり以下のようになります。

表3-1-31　Big-IPの利用料（東京リージョン）

EC2利用料（m3.xlarge）	ソフトウェアライセンス料	合計
$0.405/時間	$2.50/時間	$2.905/時間

Chapter 3

この料金体系により、数十万円〜数百万円を一括で払わなければ利用できなかったプロダクトを、数ドルで気軽に利用できるのもMarketplaceの魅力です。

■ AMIMOTO

AMIMOTOは、株式会社デジタルキューブから提供されているWordPressのAMIです。単純にWordPressを構築することは、インフラに対する多少の知識があれば難しいことではありません。しかし、サイトを高速化させるためにHTTPサーバのチューニングを行うとなると、それなりの知識を要求されます。AMIMOTOでは、そういったパフォーマンスチューニングが既に行われており、高速化されたWordPressを何の知識もなく利用することができます。

また、あくまで提供されているAMIを利用しているだけで、EC2のインスタンス自体は普通のインスタンスと変わりありません。設定したキーペアを利用してSSHでログインすることができるので、もし構成変更や導入したいツールがあればOSにログインして作業することができます。

■ AMIMOTOの起動

それでは、実際にAMIMOTOを起動してみましょう。

```
□AWSマネジメントコンソールの操作
EC2→インスタンス→インスタンスの作成
```

AMIの選択画面でAWS Marketplaceを選択し、検索欄に「AMIMOTO」を入力後、Enterキーをクリックしてください。

図3-1-50　AMIMOTOの検索

AMIMOTOのAMIが2つ表示されます。あとはAMIを選択して、通常通りEC2インスタンスを起動してください（起動方法は210ページ等を参照してください）。EC2インスタンスが起動したら、パブリックDNSにアクセスしてみましょう。WordPressの画面が表示されます。

このように、Marketplaceを利用すれば、構築レスでWordPressを起動することができます。

> **Tips** Community AMIとの違い
>
> Marketplaceのように構築済みのAMIを利用する方法として、Community AMIがあります。この2つの大きな違いは、Community AMIは誰でも公開することができることです。誰でも公開できるため多種多様なAMIが公開されており、数も2万を超えています。
>
> しかし、Community AMIはAmazonが監査し、品質を保証しているわけではありません。ほとんどは問題のない、ありがたいAMIですが、なかには悪意のあるソフトウェアが含まるAMIが存在する可能性があります。そういったAMIを利用し、損害が発生しても自己責任になるので注意してください。信頼できる提供元かどうか十分に確認しましょう。
>
> リスクは存在しますが、Community AMIは魅力的なものです。Marketplaceにはまだ出せない、Beta版のAMIをCommunity AMIで公開している場合もあります。用途によってMarketplaceとCommunity AMIを使い分けましょう。

Chapter 3

3-2 Elastic Beanstalkによる構築レスな動的サイト

　前節ではEC2とRDSのみを利用してWordPress環境を構築しました。ここでは、前節で作った構成と同じものを**Elastic Beanstalk**を使って構築します。Elastic Beanstalkのサービス内容についてはChapter1-4（p.45）を参照してください。

Elastic Beanstalkを利用した再構築

　Elastic Beanstalkは、AWSマネジメントコンソール、CLI、またはebコマンドから操作できます。ここでは、AWSマネジメントコンソールからElastic Beanstalkを操作して、Chapter3-1（p.182）で作成した構成と同等の環境を、Elastic Beanstalkで構築します。

WordPressのダウンロード

　Elastic Beanstalkでは、zip形式でアプリケーションをまとめてAWS上にアップロードすることができます。まずは、WordPressのアプリケーションを公式サイトからzip形式でダウンロードしましょう。

WordPress公式サイト
https://ja.wordpress.org/

図3-2-1　WordPressをダウンロードする

3-2 Elastic Beanstalkによる構築レスな動的サイト

■ アプリケーションの作成

AWSマネジメントコンソールにサインインし、サービスの一覧からElastic Beanstalkを選択し、表示される画面右上の新しいアプリケーションの作成をクリックしましょう。画面中央に「今すぐ起動」ボタンをクリックすると設定が省略されてすぐにアプリケーションが起動します。今回は説明のため、新しく作成していきます。

```
□AWSマネジメントコンソールの操作
Elastic Beanstalk→新しいアプリケーションの作成
```

図3-2-2 アプリケーションを作成する

❶ 新しいアプリケーションの作成をクリックする

◆ アプリケーション情報

アプリケーション名と説明を入力する画面に変わるので、次の表のように入力して次へをクリックします。

表3-2-1 アプリケーション情報の設定例

設定項目	値
アプリケーション名	EB-WordPress
説明	Elastic Beanstalk WordPress

227

図3-2-3　アプリケーション情報の設定

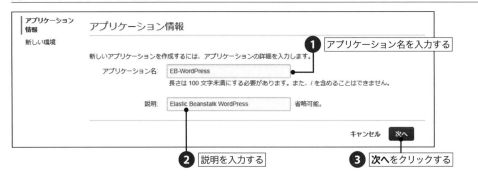

◆新しい環境

　環境タイプを設定していきます。最初に、**ウェブサーバー環境**か**ワーカー環境**かを選択します。両者の違いについてはChapter1-4（p.48）で説明しています。今回はWordPressですので、**ウェブサーバーの作成**をクリックします。

図3-2-4　新しい環境の設定

◆環境タイプ

　プラットフォームと**環境タイプ**を設定します。**事前定義の設定**でプラットフォームを選択し、**環境タイプ**で環境タイプを設定します。今回はWordPressなので、プラットフォームは「PHP」を選択します。環境タイプは**単一インスタンス**を選択します。「単一インスタンス」では、EC2インスタンスが1台のみ起動し、冗長化はされません。

表3-2-2 環境タイプの設定例

設定項目	値
事前定義の設定	PHP
環境タイプ	単一インスタンス

図3-2-5 環境タイプの設定

◆アプリケーションバージョン

起動するアプリケーションを選択します。独自のアップロードから、先ほどダウンロードしたWordPressのzipファイルを選択し、次へをクリックします。

図3-2-6 アプリケーションバージョンの設定

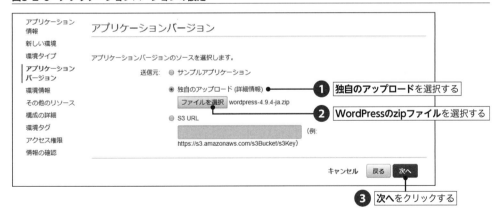

◆環境情報

環境名に作成するアプリケーションの名前、環境URLにアプリケーションにアクセスする際のURL、説明を入力します。

特に初期値で問題なければ、そのまま次へをクリックします。URLが既に存在する場合はエラーになるので、変更してください。

図3-2-7　環境情報の設定

◆その他のリソース

この環境でRDS DBインスタンスを作成するのチェックボックスをオンにすることで、RDSインスタンスを一緒に作成することができます。また、VPC内にこの環境を作成するのチェックボックスをオンにすることで、VPC上に起動することができます。どちらのチェックボックスもオンにしてください。

図3-2-8　その他のリソースの設定

◆構成の詳細

EC2インスタンスの詳細な設定を行います。各項目については、次の表を参照してください。

3-2 Elastic Beanstalkによる構築レスな動的サイト

表3-2-3　構成の詳細の設定例

設定項目	値	説明
インスタンスタイプ	t2.micro	インスタンスタイプを指定する
EC2キーペア	任意のキーペア	EC2インスタンスにログインする際に使用する鍵を選択。選択しないことも可能だが、その場合はEC2インスタンスにはログインできない
Eメールアドレス	自分のメールアドレス	アプリケーションに変更があった場合に入力したメールアドレスに通知される
ルートボリュームタイプ	汎用(SSD)	EC2インスタンスに設定するEBSのタイプ

　キーペアは新たに作ったものを使用するか、134ページで作成したものを利用します。ヘルスレポートはデフォルトのままにします。
　ルートボリュームはEBSの設定になります。ルートボリュームタイプに「汎用(SSD)」を選択し、ルートボリュームサイズは特に入力しなくて構いません。入力ができたら、次へをクリックします。

図3-2-9　構成の詳細の設定

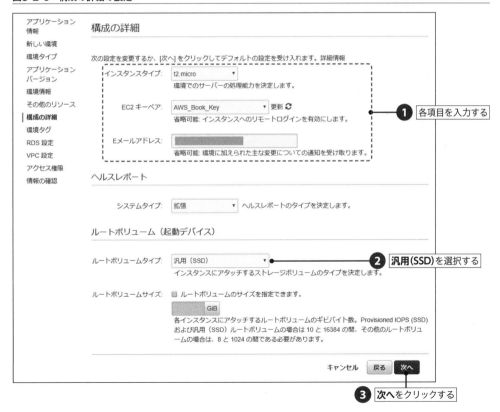

Chapter 3

◆環境タグ

タグを設定することができます。特に設定する必要がなければ、次へ進んでください。

図3-2-10　環境タグの設定

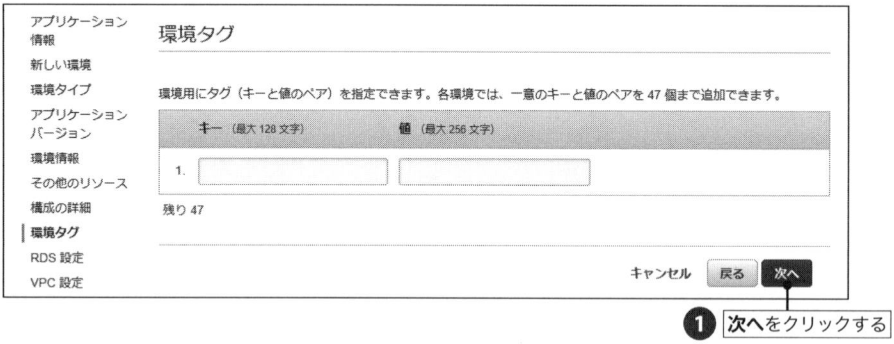

◆RDS設定

「その他のリソース」でRDSインスタンスも作成するように選択したため (p.230)、RDSの設定を行います。以下のように入力してください。

表3-2-4　RDSの設定例

設定項目	値	説明
スナップショット	なし	スナップショットを使用するかの選択
DBエンジン	mysql	DBエンジンの選択
DBエンジンバージョン	5.6.37	DBエンジンのバージョンを選択する(任意)
インスタンスクラス	db.t2.micro	インスタンスタイプの選択
ストレージ割り当て	5GB	ストレージ容量の選択
ユーザー名	root	データベースに接続するユーザ名
パスワード	****	上記のユーザーのパスワード
保持設定	スナップショットの作成	作成を選択すると、アプリケーション環境を削除した際にRDSのスナップショットを作成する。削除を選択するとスナップショットを作成しない
可用性	マルチアベイラビリティーゾーン	RDSをマルチAZで起動するかの選択

3-2 Elastic Beanstalkによる構築レスな動的サイト

図3-2-11　RDSの設定

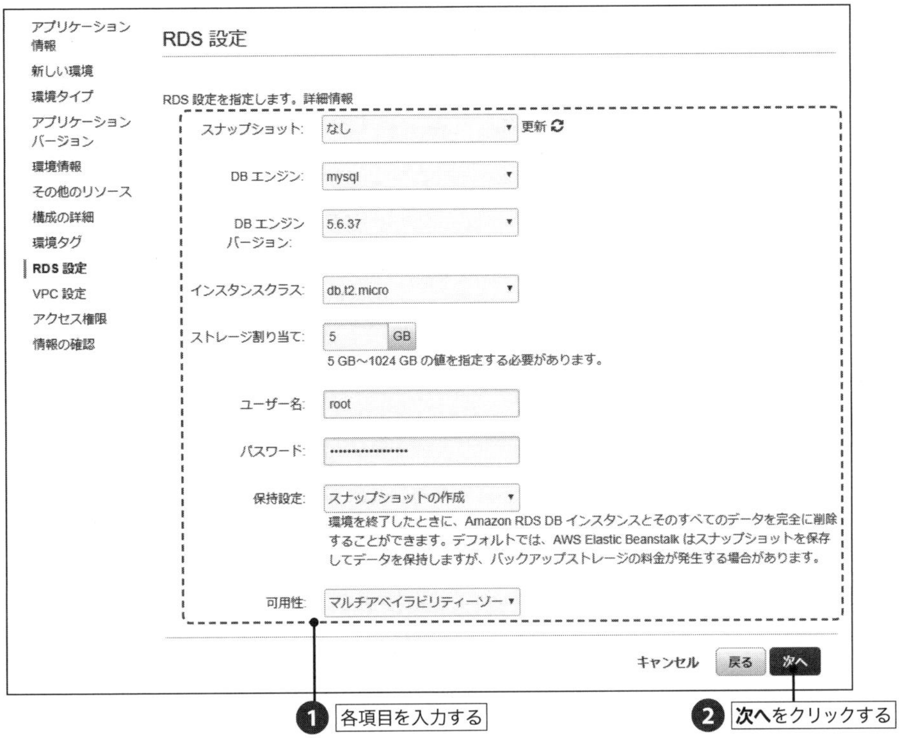

◆VPC設定

アプリケーション環境を起動するVPCを選択します。VPCにChapter3-1（p.183）で作成した「vpc-WordPress」を選択しましょう（IDで指定します）。サブネットは、EC2はPublic Subnet、RDSはPrivate Subnetのものを選択します。VPCセキュリティグループは「WP-Web-DMZ」を選択します。Elastic Beanstalkとして必要なアクセス許可は別途自動で付与されます。

◆アクセス権限

IAMロールはEC2インスタンス等にAWSのリソースへアクセスする権限を付与するものです。詳しくはChapter4-2（p.373）で説明しますので、そちらを参照してください。今回はインスタンスプロファイルとサービスロールに「新しいロールの作成」を指定して次に進みます。これで「awselasticbeanstalk-ec2-role」というIAMロールが自動で作成されます。後でAWSマネジメントコンソールからIAM→ロールで確認してみてください。

233

図3-2-12　VPCの作成

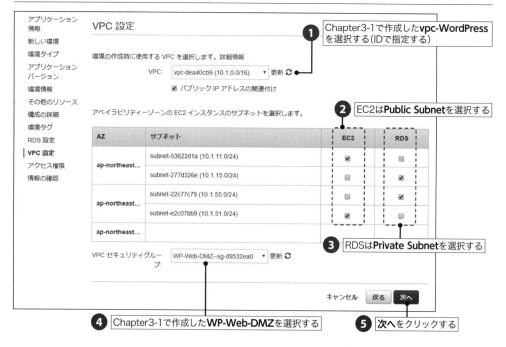

図3-2-13　アクセス権限の設定

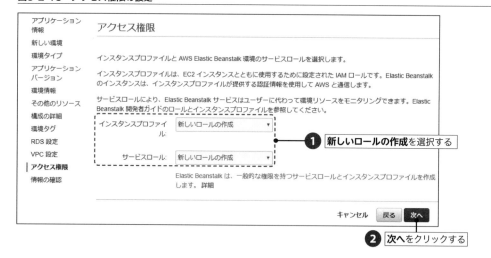

◆完成

これで設定は完了です。設定内容を確認し、起動をクリックしましょう。登録したメールアドレス宛に確認のメールが送付されてきます。

ヘルスが「OK」になれば、アプリケーションの作成は完了です。

図3-2-14　アプリケーションの完成

■ アプリケーションへのアクセス

ヘルスが「OK」になったらアプリケーションにアクセスしてみましょう。環境情報で設定した**環境URL**が画面上部に表示されています。このURLの末尾に「/wordpress」を付けてアクセスしましょう。この例では、以下のURLになります。

アクセスURL
http://ebwordpress-env.ap-northeast-1.elasticbeanstalk.com/wordpress

WordPressのインストールページが表示されれば成功です。

■ Elastic Beanstalkによって作成されたインスタンス

AWSマネジメントコンソールから、EC2やRDSのダッシュボードを見てみてください。Elastic Beanstalkによって作成されたインスタンスが確認できます。

図3-2-15　Elastic Beanstalkのインスタンスの確認

EC2等の画面に表示されていることからわかるように、Elastic Beanstalkによって作成されたインスタンスは、EC2のダッシュボード等から作成したインスタンスと大きくは変わりません。設定したキーペアを利用してSSHでログインすることもできます。簡単にアプリケーションを作成できながらも、この自由度の高さは他のPaaSとの違いであり、魅力でもあります。

> **Tips** WordPressインストール時に設定するデータベース名
>
> WordPressのインストール時にデータベースの設定を行いますが、この際に指定するデータベース名は「ebdb」を指定してください。Elastic Beanstalkによって作成されたRDSではデフォルトで「ebdb」というデータベースが作成されます。ただし、このデータベース名は今後変更される可能性もあります。それについての対応は次項で説明します。

Elastic Beanstalkを利用したロードバランシングとHTTPSサイトの構築

前項ではシングル構成のアプリケーションを作成しました。しかし、実際にアプリケーションを運用するうえでは冗長化された可用性の高いシステムを構築する必要があります。Elastic Beanstalkを利用すると、**ELB**と**Auto Scaling**を利用した可用性の高いシステムも簡単に構築できます。

また、先ほどはAWSマネジメントコンソールからアプリケーションをデプロイしましたが、Elastic Beanstalkでは**eb**コマンドでデプロイすることもできます。アプリケーション開発者としては、Heroku等といった他のPaaSと同じようにコマンドラインから簡単にデプロイしたいところです。ebコマンドを利用すればコマンドラインから簡単にデプロイできます。快適なデプロイ環境を整えるためにも、本項で説明するデプロイ方法も覚えておきましょう。

ebコマンド（awsebcli）のインストール

ebコマンドはAWSから提供されているElastic Beanstalk用のCLIです。AWS CLIとは別もので、Elastic Beanstalk専用のものになります。ebコマンドはWindows、macOS、Linuxで利用可能で、Python 2.7以降が必要となります。

ebコマンドは、Pythonのパッケージ管理ツールである**pip**を利用してインストールすることができます。Python、pipのインストールに関しては、macOSまたはLinuxの場合は

Chapter2-2(p.92)で説明していますので、そちらを参照してください。

　Windowsの場合について説明します。Pythonの公式ページにWindows用のPythonインストーラーが用意されています。Python 2.7とPython 3のインストーラーがそれぞれ用意されていますが、Python 3のインストーラーにはpipも含まれているので、特にこだわりがなければPython 3をインストールしましょう。

python.org
https://www.python.org/downloads/

　インストーラーの実行が終わったら、以下のようにPATHを追加します。なお、コマンドはPython 3.6.4の場合です。

```
C:\> set PATH=%PATH%;C:\Python36-32
C:\> set PATH=%PATH%;C:\Python36-32\Scripts
```

　Pythonのバージョンとpipコマンドが有効であることが確認できれば完了です。

```
C:\> python -V
Python 3.6.4
C:\> pip
Usage:
  pip <command> [options]
  ...
```

　準備ができたら、pipコマンドで**awsebcli**をインストールします。

```
C:\> pip install awsebcli
```

　バージョンが確認できれば完了です。

```
C:\> eb --version
EB CLI 3.12.3 (Python 3.6.4)
```

■ ebコマンドによるアプリケーションの作成

ebコマンドでElastic Beanstalkアプリケーションを作成します。前項でダウンロードしたWordPressファイルを展開し、展開したディレクトリに移動します。

ディレクトリ内で以下のコマンドを入力し、画面のメッセージに従って設定を行っていきます（設定内容は、AWSマネジメントコンソールの設定を参考にしてください）。

```
$ eb init
You have not yet set up your credentials or your credentials are incorrect
You must provide your credentials.
(aws-access-id): ********
(aws-secret-key): ********
```

AWSの認証情報が設定されていない場合、アクセスキー・シークレットアクセスキーの入力を求められるので入力してください。既に設定されている場合は、特に何も表示されません。デフォルトでは、AWS CLIと同じ認証情報を参照するので、AWS CLIがセットアップされていれば認証情報は設定されています。

■ RDS付きのアプリケーション環境の作成

次に、RDS付きのアプリケーション環境を作成します。以下のコマンドを入力してください。"wordpress-env"はアプリケーション環境名です。ここは任意の値を入力してください。"--database"オプションを付けることで、RDSが作成されます。RDSのルートユーザとパスワードを聞かれるので、入力してください。RDSの作成に時間がかかるので、タイムアウト時間を30分に指定しておきます。

```
$ eb create wordpress-env --database --timeout 30
Enter an RDS DB username (default is "ebroot"): ebroot
Enter an RDS DB master password: **********
Retype password to confirm: **********
```

最後に「INFO: Successfully～」と表示されれば完了です。

■ WordPressの修正

WordPressをELBによるHTTPSに対応させます。Chapter3-1 (p.222) と同じように、WordPressにプラグインを導入してSSL通信を可能にします。

3-2 Elastic Beanstalkによる構築レスな動的サイト

■ ELB、RDS、Auto Scalingの設定変更

　ELB、RDS、Auto Scalingの設定変更を行います。ELBはHTTPS、スティッキーセッションの設定、RDSはマルチAZの設定を行います。Auto Scalingは、常時2台以上のインスタンスが稼働しているように設定します。設定変更はAWSマネジメントコンソールからもできますが、せっかくなのでebコマンドを利用して変更しましょう。

　"eb init"を実行したWordPressのディレクトリには、「.elasticbeanstalk」というディレクトリが作成されています。このなかにアプリケーション環境の内容が記述されたファイル（config.yml）が存在します。このアプリケーション環境に設定を追加・変更する場合には、同じディレクトリに「.ebextensions」という名前のディレクトリを作成し、拡張子が「.config」のファイルを追加します。なお、このファイルは複数配置することができ、複数配置した場合は名前の順に適用されます。そのため、ファイル名の先頭には数字を使うのが一般的です。それでは、「01_option-setting.config」というファイルを作成しましょう。

図3-2-16　WordPress配下のディレクトリ構成

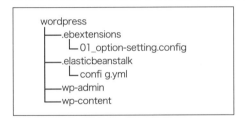

　この後、「01_option-setting.config」に設定を追加していきますが、その前に確認することがあります。

　SSL証明書は前節（p.220）でアップロードした証明書を利用します。利用するためには、この証明書を指定するための識別子が必要になるので、これを取得します。証明書をアップロードしたのはELBの画面ですが、AWS側ではIAMのなかに保存されています。以下のコマンドで、IAMに保存された証明書の**ARN**を取得します。ARNは「Amazon Resource Name」の略でAWS内にあるリソースの識別子になります。

```
$ aws iam list-server-certificates

{
  "ServerCertificateMetadataList": [
  {
    "ServerCertificateId": "********",
    "ServerCertificateName": "WP-Self-Certificate-201802",
    "Expiration": "2019-02-12T12:59:44Z",
```

```
    "Path": "/",
    "Arn": "arn:aws:iam::********:server-certificate/WP-Self-Certificate-201802",
    "UploadDate": "2018-02-12T13:14:06Z"
  }
 ]
}
```

ARNが確認できたら、「.ebextensions」ディレクトリの「01_option-setting.config」に追加・変更したい設定を記述します。以下のようなフォーマットで「option_settings」を記述します。なお、文字コードはUTF-8で保存してください。

- namespace: 対象のリソース名
  option_name: 設定名
  value: 設定値

「#」で始まっている行はコメントです。コメントに設定の内容を書いています。

リスト3-2-1 「01_option-setting.config」に記述を追加

```
option_settings:
  # ELBのHTTPS設定
  - namespace: aws:elb:loadbalancer
    option_name: LoadBalancerHTTPSPort
    value: 443
  - namespace: aws:elb:loadbalancer
    option_name: LoadBalancerSSLPortProtocol
    value: HTTPS
  - namespace: aws:elb:loadbalancer
    option_name: SSLCertificateId
    value: arn:aws:iam::********:server-certificate/WP-Self-Certificate-201802
  # ELB Policies (Sticky Sessionの設定)
  - namespace: aws:elb:policies
    option_name: Stickiness Cookie Expiration
    value: 1800
  - namespace: aws:elb:policies
    option_name: Stickiness Policy
    value: true
  # Auto Scalingの設定
  ## EC2インスタンスが起動されるAZ(Any 2は任意の2つのAZ)
  - namespace: aws:autoscaling:asg
    option_name: Availability Zones
    value: Any 2
  ## EC2インスタンスの最大数
  - namespace: aws:autoscaling:asg
    option_name: MaxSize
```

```
    value: 4
## EC2インスタンスの最小数
- namespace: aws:autoscaling:asg
  option_name: MinSize
  value: 2
# RDSのMulti-AZ有効化
- namespace: aws:rds:dbinstance
  option_name: MultiAZDatabase
  value: true
```

そして、以下のコマンドを入力すると環境のアップデートが行われます。この場合もタイムアウトは30分にしておきましょう。

```
$ eb deploy --timeout 30
```

なお、"option settings"に設定できる値は公式のElastic Beanstalkのドキュメントから確認してください。

設定オプション
http://docs.aws.amazon.com/ja_jp/elasticbeanstalk/latest/dg/command-options.html

■ アクセス確認

それではアプリケーションにアクセスしてみましょう。eb openでデフォルトのブラウザからアプリケーションにアクセスします。

```
$ eb open
```

もし、うまくいかない場合はeb statusを実行して、URLを確認してください。「CNAME」に表示されている部分です。

```
$ eb status
code - interpreting them as being unequal
  elif res.tzname and res.tzname in time.tzname:
Environment details for: wordpress-env
  Application name: wordpress
  ~
  CNAME: wordpress-env-********.elasticbeanstalk.com
  ~
```

URLにアクセスします。今回は末尾に「/wordpress」を付ける必要はありません。URLは各自の環境に合わせて変更してください。

https://wordpress-env-******.elasticbeanstalk.com

WordPressのインストール画面が表示されれば成功です。また、AWSマネジメントコンソールのEC2の画面を見てみましょう。EC2インスタンスが2つ立ち上がり、ELBに紐付いているのが確認できるはずです。

このようにElasticBeastalkには、ミドルウェアのセットアップ、アプリのデプロイ、AutoScaleの仕組み等の、運用のライフサイクルに関わる仕組みが備わっています。うまく活用することにより、構築・運用の手間を大幅に省くことができます。一方で、デプロイに時間がかかるといった課題もあります。さらなる改善を目指す場合は、コンテナベースに切り替える等の方法があります。AWSには**Amazon ECS**（Amazon EC2 Container Service）というコンテナ管理のサービスがあります。

3-3 S3による静的サイトのサーバレス構築

静的サイトをAWSで構築する場合、EC2は必要ありません。**S3**(Amazon Simple Storage Service)は単なるストレージ機能だけでなく、Webホスティング機能も含んでいます。これを利用することで、サーバレスで静的サイトを構築することができます。

本節では、S3のWebホスティング機能を用いた静的サイトの構築、**Route 53**を利用したDNSの設定方法、そしてAWSのCDNサービスである**CloudFront**との連携について説明します。

S3による静的サイトの構築

S3のWebホスティング機能を使って、静的サイトを構築していきます。まずは、**バケット**を作成します。バケットが静的サイトのホストになります。

AWSマネジメントコンソールのトップ画面から S3 を選択し、バケットを作成する をクリックします。表示されるポップアップ画面で設定を行っていきます。

```
□AWSマネジメントコンソールの操作
S3 → バケットを作成する
```

図3-3-1　バケットの作成

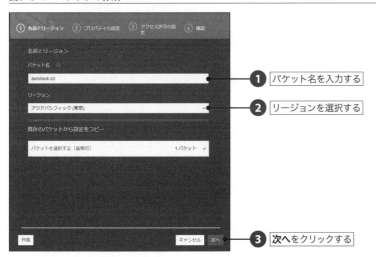

Chapter3

バケット名に任意の名前を入力します。リージョンはサイトを構築するリージョンを指定してください。ここでは「東京」を選択しています。なお、バケット名は作成するS3全体のなかで一意である必要があり、同じ名前はつけられません。プロパティの設定、アクセス権限の設定と続きますが、ここではデフォルトのまま進めてバケットを作成してください。

■ 静的ウェブサイトホスティングの設定

バケットが作成できたら、そのバケットを静的サイトのホストとして使用するための設定を行います。作成したバケット名が表示された一覧をクリックして表示されるポップアップから、プロパティをクリックしてください。

図3-3-2　プロパティの表示

プロパティの設定画面が表示されます。Static website hostingをクリックし、このバケットを使用してウェブサイトをホストするを選択します。

Webサイトホスティングに関する設定項目が表示されます。また、エンドポイントが表示されているのがわかるかと思います。エンドポイントが、このバケットのコンテンツにアクセスするためのホスト名になります。

インデックスドキュメントにサイトを訪れたユーザーに最初にアクセスさせたいページを入力します。また、エラードキュメントを指定することで、404エラー等の際に指定したエラーページを表示させることができます。ここでは、以下のように指定しました。

「リダイレクトルール」については、後で説明します。今は設定する必要はありません。

3-3 S3による静的サイトのサーバレス構築

表3-3-1 静的ウェブサイトホスティングの設定例

設定項目	値
インデックスドキュメント	index.html
エラードキュメント	error.html

図3-3-3 静的ウェブサイトホスティングの設定

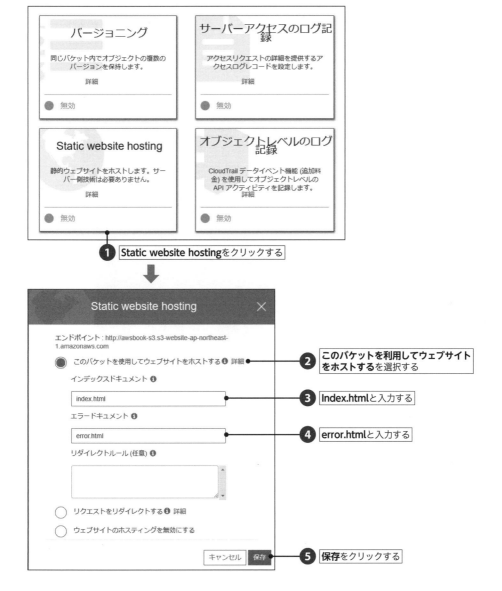

Chapter3

　ホスティングの設定はこれで完了です。しかし、インターネットにコンテンツを公開するには、許可を追加する必要があります。そのため、**バケットポリシー**を変更します。

■ バケットポリシーの変更

　コンテンツをインターネットに公開するには、全てのユーザーにS3の**GetObject**操作を許可する必要があります。GetObjectはS3からオブジェクトを取得する操作になります。バケット名の一覧をクリックして表示されるポップアップから、アクセス権限をクリックしてください。

図3-3-4　アクセス権限の表示

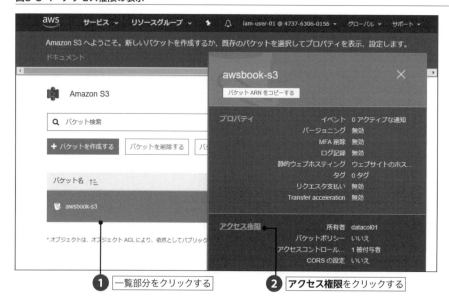

　バケットポリシーをクリックして、**バケットポリシーエディター**に以下の内容を記述します。

リスト3-3-1　バケットポリシー

```
{
  "Version":"2012-10-17",
  "Statement":[{
    "Sid":"PublicReadForGetBucketObjects",
    "Effect":"Allow",
    "Principal": "*",
    "Action":["s3:GetObject"],
    "Resource":["arn:aws:s3:::（バケット名）/*"]
```

```
    }
  ]
}
```

　"Principal"は、リソースへのアクセスを許可または拒否するユーザー、アカウント、サービス、または他のエンティティを指定します。今回は「*」（アスタリスク）を指定しているので、全てのユーザーということになります。"Resource"に今回許可を与えるバケットを指定します。

　例えば、バケット名が「mystaticsite-aws」だった場合、以下のようになります。

"Resource":["arn:aws:s3:::mystaticsite-aws/*"]

　"Action"に許可を与える操作を指定します。今回は「s3:GetObject」を指定して、S3からのGetObject操作を許可しています。

　これで、保存をクリックすれば、バケットがパブリックに設定されます。

図3-3-5　バケットポリシーの設定

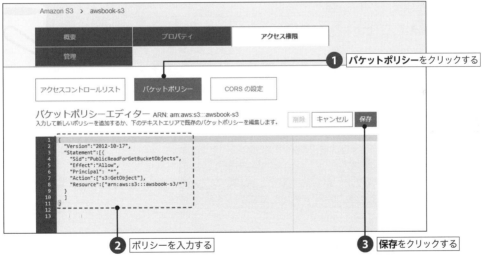

■コンテンツのアップロード

　バケットの準備ができたら、Webサイトに表示するコンテンツをアップロードし、アクセスしてみましょう。まずは、「index.html」と「error.html」をバケットにアップロードします。それぞれのファイルを作成して、任意のディレクトリに保存しておいてください。

　バケットの一覧で、バケット名部分をクリックします。表示されるアップロードをクリ

ックします。

図3-3-6　コンテンツのアップロード①

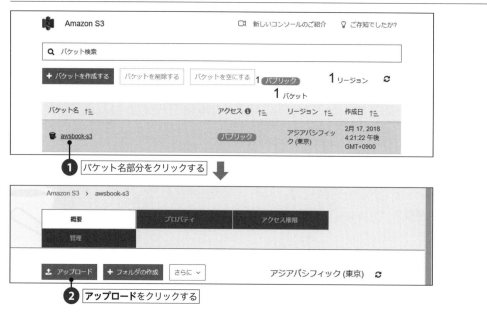

アップロード画面が表示されます。画面内にアップロードするファイル（index.html、error.html）をドラッグ＆ドロップし、アップロードをクリックします。

図3-3-7　コンテンツのアップロード②

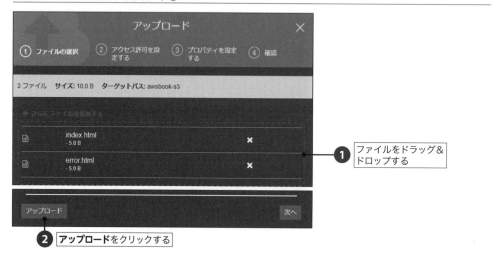

図3-3-8 アップロード完了

■ Webサイトへのアクセス

ブラウザからエンドポイントにHTTPでアクセスしてみましょう。バケットのエンドポイントは、プロパティの**Static website hosting**から確認することができます。

図3-3-9 index.htmlにアクセスする

コンテンツ(index.html)が表示されました。次に、存在しないコンテンツにアクセスして404エラーを発生させます。

図3-3-10 error.htmlにアクセスする

今度はエラーページ(error.html)が表示されました。
このように、S3を使ってサーバレスで静的サイトを構築することができます。しかし、S3のホスティング機能には、さらに便利な機能があります。次に、**リダイレクトルール**について説明します。

Chapter 3

■リダイレクトルールの編集

リダイレクトルールは、特定のパスやHTTPエラーコード等、条件に応じてルーティングを指定できる機能です。実際にやってみましょう。「foo/」にアクセスされたら、「bar/」にリダイレクトされるように設定してみます。

バケットのプロパティから、Static website hostingを再度表示してください。リダイレクトルール欄に以下のルールを入力します。入力後は保存をクリックします。

図3-3-11　リダイレクトルールの設定

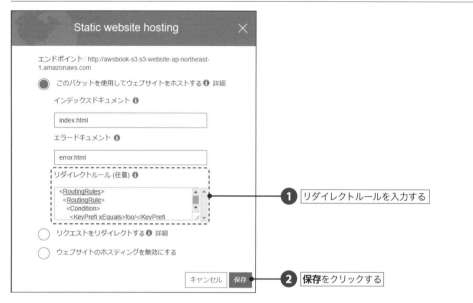

リスト3-3-2　リダイレクトルール

```
<RoutingRules>
  <RoutingRule>
    <Condition>
      <KeyPrefixEquals>foo/</KeyPrefixEquals>
    </Condition>
    <Redirect>
      <ReplaceKeyPrefixWith>bar/</ReplaceKeyPrefixWith>
    </Redirect>
  </RoutingRule>
</RoutingRules>
```

RoutingRulesタグのなかにRoutingRuleタグを追加しています。RoutingRuleタグは複数を並べて書くことができます。また、RoutingRuleタグのなかにあるConditionタグにリダイレクトする条件を記述します。"KeyPrefixEquals"は指定された内容とリクエストが一致した場合にリダイレクトを行います。Redirectタグにはリダイレクトの内容を記述します。"ReplaceKeyPrefixWith"はConditionタグの"KeyPrefixEquals"で指定された内容を書き換えます。この場合、「foo/」は「bar/」に書き換えられることになります。実際にcurlコマンドで確認してみましょう（エンドポイントは各自の環境に合わせてください）。

```
$ curl -I http://awsbook-s3.s3-website-ap-northeast-1.amazonaws.com/foo/
HTTP/1.1 301 Moved Permanently
x-amz-id-2: mTNfOZObr9IPoFrnEam6/IWgMA6PB8rzynTklIbTeOmpCg1x+iiCxzowUmr3pLrsnU9719SB48o=
x-amz-request-id: FE6B8B2897203383
Date: Sat, 17 Feb 2018 10:00:51 GMT
Location: http://awsbook-s3.s3-website-ap-northeast-1.amazonaws.com/bar/
Content-Length: 0
Server: AmazonS3
```

Locationヘッダを見ると、「foo」が「bar」に書き換わっているのがわかります。

今度は、404エラーが発生した際に、404専用のエラーページへリダイレクトするよう設定してみましょう。現状では、404エラーが発生した場合は、エラードキュメントで指定したエラーページが表示されます。

```
$ curl -L http://awsbook-s3.s3-website-ap-northeast-1.amazonaws.com/hoge.html
<html>
<p>エラーページです</p>
</html>
```

リダイレクトルールに条件を追加します。RoutingRulesタグのなかに以下を追加します。また、バケットには「404.html」というファイルを追加しておきます。

リスト3-3-3　リダイレクトルールの追加

```
<RoutingRules>
  <RoutingRule>
    〜
  </RoutingRule>
  <RoutingRule>
    <Condition>
      <HttpErrorCodeReturnedEquals>404</HttpErrorCodeReturnedEquals >
```

```
      </Condition>
      <Redirect>
        <ReplaceKeyWith>404.html</ReplaceKeyWith>
      </Redirect>
    </RoutingRule>
</RoutingRules>
```

再度アクセスすると、404エラーページへリダイレクトされます。

```
$ curl -L http://awsbook-s3.s3-website-ap-northeast-1.amazonaws.com/hoge.html
```

Conditionタグ内の"HttpErrorCodeReturnedEquals"は、指定したHTTPエラーコードに一致した場合にリダイレクトさせます。"HttpErrorCodeReturnedEquals"は"KeyPrefixEquals"と一緒に使うことができ、その場合はAND条件となります。Redirectタグ内の"ReplaceKeyWith"は、レスポンスのLocationヘッダを指定することができます。こちらは先ほどの"ReplaceKeyPrefixWith"と同時に使うことはできません。

このようにリダイレクトルールを使うことで、柔軟なルーティングを行うことができます。静的コンテンツのみであれば、EC2インスタンスを立てる前にS3を検討してください。費用的にも圧倒的に安くなりますし、なによりインフラ部分の運用を考える必要がありません。S3を最大限利用しましょう。なお、上記のような「リダイレクトルール」ではなく、S3バケットのエンドポイントへの全てのリクエストを別のホストにリダイレクトするには、図3-3-11の画面で「リクエストをリダイレクトする」を選択します。

■ S3上のファイルの操作

S3にコンテンツを配置するにあたって、AWSマネジメントコンソールやCLIだけでは操作性が十分とは言えません。特に静的サイトとして利用する場合、デザイナーさんに直接コンテンツをアップロードしてもらいたいところです。そこで、macOSとWindowsにおける代表的なS3クライアントソフトを紹介します。

◆ Cyberduck

Cyberduckは主にFTPクライアントソフトですが、S3にも対応しています。macOS、Windowsともに利用することができ、CLIも用意されています。操作もシンプルであり、日本語にも対応しているので、非常に使いやすくなっています。AWS以外にも、Google、Windows Azure、Open Stack等のクラウドサービスに対応しています。

Cyberduck
https://cyberduck.io/

◆ CloudBerry Explorer

　CloudBerry ExplorerはCloudBerry Lab社が開発しているクラウドストレージ用のファイル管理ソフトです。こちらはWindows専用になります。有償版と無償版がありますが、基本的に無償版で十分です。Cyberduckと同様に、Google、Windows Azure、Open Stackに対応しています。さらに、CloudBerry Explorerの場合、S3だけでなくGlacierにも対応しています。

　また、CloudBerry Lab社はCloudBerry Explorer以外にも幾つかの製品を出しています。特にCloudBerry Backupは、定期的にS3にバックアップを送る場合、スケジュール機能や差分バックアップ機能等さまざまな機能があり非常に便利です。SQL Server用のCloudBerry Backupもあります。Windowsサーバを利用している場合には、検討してみてください。

CloudBerry Explorer
https://www.cloudberrylab.com/

Route 53を利用してDNSを設定する

　次にRoute 53を使って、独自ドメインからS3で構築した静的サイトにアクセスできるよう設定していきます。なお、ここでは独自ドメインを取得済みとして進めます。

　また、Route 53では別のドメインレジストラからドメインの移管、ドメインの購入が可能です。移管方法については、ここで合わせて紹介します。

■ Route 53の設定

　Route 53を利用してDNSの設定を行っていきます。S3で構築した静的サイトの**CNAMEレコード**を設定します。

◆ Route 53用のS3バケットの作成

　S3を利用して独自ドメインでWebサイトをホスティングする場合には、バケット名とホスト名を一致させる必要があります。例えば、「www.○○○.com」というホスト名でアクセスする場合は、「www.○○○.com」という名前でS3 バケットを作成する必要があります。バケットの作成手順は前項（p.243）で実施したのと同様ですので、利用する独自ドメイン名と同じS3 バケットを作成してください。

Chapter 3

◆ホストゾーンの作成

最初に**ホストゾーン**（Hosted Zone）を作成します。ホストゾーンはそのドメインのリソースレコードセットの集合です。Route 53では、ホストゾーンにリソースレコードセットを設定していく形になります。

AWSマネジメントコンソールのトップ画面からRoute 53を開き、ダッシュボードのサイドメニューでHosted Zonesを選択して、Create Hosted Zoneをクリックします。

> □AWSマネジメントコンソールの操作
> Route 53→Hosted Zones→Create Hosted Zone

Domain Nameに作成するホストゾーンのドメイン名を入力します（取得した独自ドメイン名を入力してください）。Commentの入力は任意です。Typeに関しては次のようになっています。

「Private Hosted Zone for Amazon VPC」を選択した場合、VPCを選択するドロップボックスが表示されるので、対象のVPCを選択してください。今回は「Public Hosted Zone」を選択します。設定が完了したら、Createをクリックします。

図3-3-12　ホストゾーンの作成

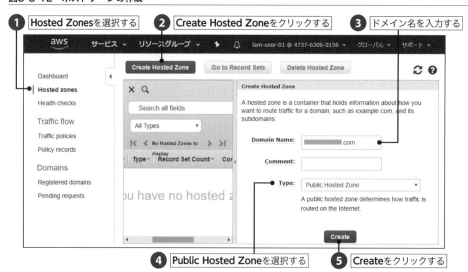

表3-3-2　Typeの選択肢

種類	説明
Public Hosted Zone	インターネットから参照可能な通常のDNSを作成
Private Hosted Zone for Amazon VPC	VPC内で利用できるDNSを作成

◆レコードセットの作成

　ホストゾーンのなかにレコードセットを作成していきます。作成したホストゾーンを選択し、Go to Record Setsをクリックします。ホストゾーンを作成した段階で、NSレコードとSOAレコードが自動で作成されています。

図3-3-13　レコードセットの作成①

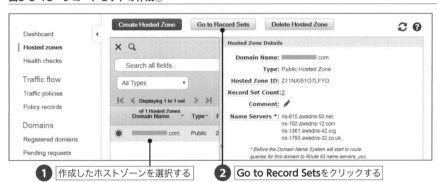

　今回はS3のエンドポイントを設定したCNAMEレコードを作成します。Create Record Setをクリックします。右側に入力欄が表示されるので、Nameにサブドメイン名を入力します。例えば「www.○○○○.com」と設定したい場合は「www」を入力します。Typeで「CNAME」を選択します。そしてValueにホスト名と同じ名前のS3バケットのエンドポイントを入力し、Createをクリックします（その他の設定項目はデフォルトのままで大丈夫です）。バケットのエンドポイントは、S3のバケットのプロパティから確認することができます（p.244）。

図3-3-14　レコードセットの作成②

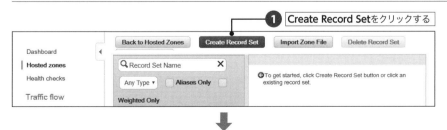

Chapter 3

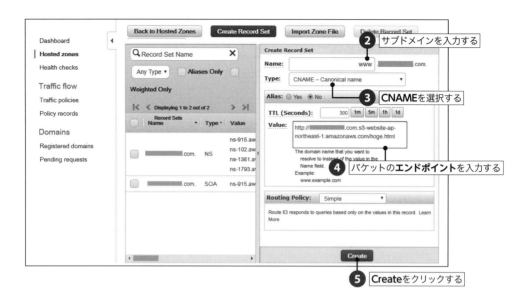

　これで、レコードセットの作成が完了です。設定したドメインにアクセスすると、先ほどの静的サイトにアクセスすることができます。AレコードやMXレコード等、他のレコードに関しても同じような手順で作成できます。

◆Aliasレコード

　レコードセットを作成する際に「Alias」という項目があります。CNAMEレコードを作成する際は「No」を選択しましたが（デフォルト）、「Yes」を選択するとAliasレコードを作成できます。

　AliasレコードはAWS独自のレコードであり、AWS内部の一部のリソースに対してのみ使用することができます。Alias Targetに、ELBやS3、CloudFront等のエンドポイントを入力することで、そのリソースへのルーティングを設定できます。一見、CNAMEと同じように見えますが、CNAMEの場合は「ドメイン名→CANEMレコードのドメイン名→IPアドレス」という流れでDNSを解決します。しかし、Aliasレコードの場合は「ドメイン名→IPアドレス」と直接IPアドレスにたどりつくことができます。

　そのため、CNAMEに比べてパフォーマンスがよいです。今回はCNAMEの設定方法を紹介しましたが、Route 53でELBやS3等のAWSリソースのエンドポイントを指定する場合はAliasレコードを利用しましょう。

Tips　DNSフェイルオーバー

今回は使用しませんが、Route 53にはDNSフェイルオーバー機能があります。簡単にフェイルオーバーを設定でき、Route 53のSLAは100％なの信頼性も抜群です。PrimaryレコードをELBに向けておき、SecondaryレコードにS3のエンドポイントを指定すると、障害発生時にS3のSorryページを表示させることができます。非常に便利な機能ですので、ぜひ覚えておきましょう。

Route 53へのドメイン移管

ドメイン登録後の設定方法等を紹介しましたが、Route 53にドメインを登録しなければ始まりません。ここでは、ドメインの移管方法について紹介します。

■ 移管する際の前提条件

Route 53へドメインを移管する場合、幾つか前提条件があります。

- 移行するドメインを現在のレジストラに登録してから60日が経過していること
- 期限切れドメインを登録する場合、期限切れから60日が経過していること
- 移行するドメインを現在のレジストラに移管してから60日が経過していること
- ドメインのステータスが「pendingDelete」「pendingTransfer」「redemptionPeriod」「clientTransferProhibited」でないこと

また、移行手順のなかで現在のレジストラが発行した**Authorization Code**が必要になるので取得しておいてください。取得手順は、通常レジストラのホームページ等に記載されています。なお、ドメインの種類によっては、不要のものもあります。

■ ドメインの移管

ドメインを移管するには、AWSマネジメントコンソールのRoute 53→Registered domainsからTransfer Domainをクリックします。

□AWSマネジメントコンソールの操作
Route 53→Registered domains→Transfer Domain

表示される画面で移管するドメイン名を入力し、Checkをクリックすると、そのドメイ

Chapter 3

ンが移管可能か判定してくれます。「xxx.com can be transferred」と表示されたら、Add to Cartをクリックします。右側のShopping Cartに追加されたことを確認し、Continueをクリックします。

図3-3-15 ドメインをカートに追加する

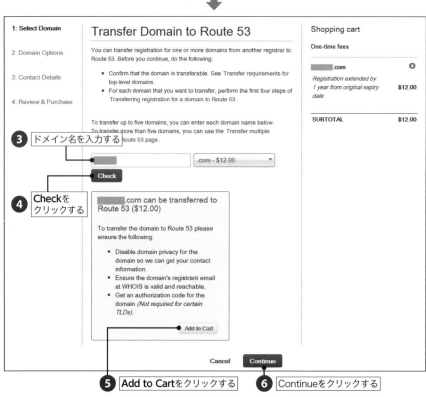

3-3 S3による静的サイトのサーバレス構築

◆Authorization Codeの入力とName Serverの設定

次に、現在のレジストラから発行されたAuthorization Codeの入力とName Serverの設定を行います。

図3-3-16 Authorization CodeとName Serverを入力する

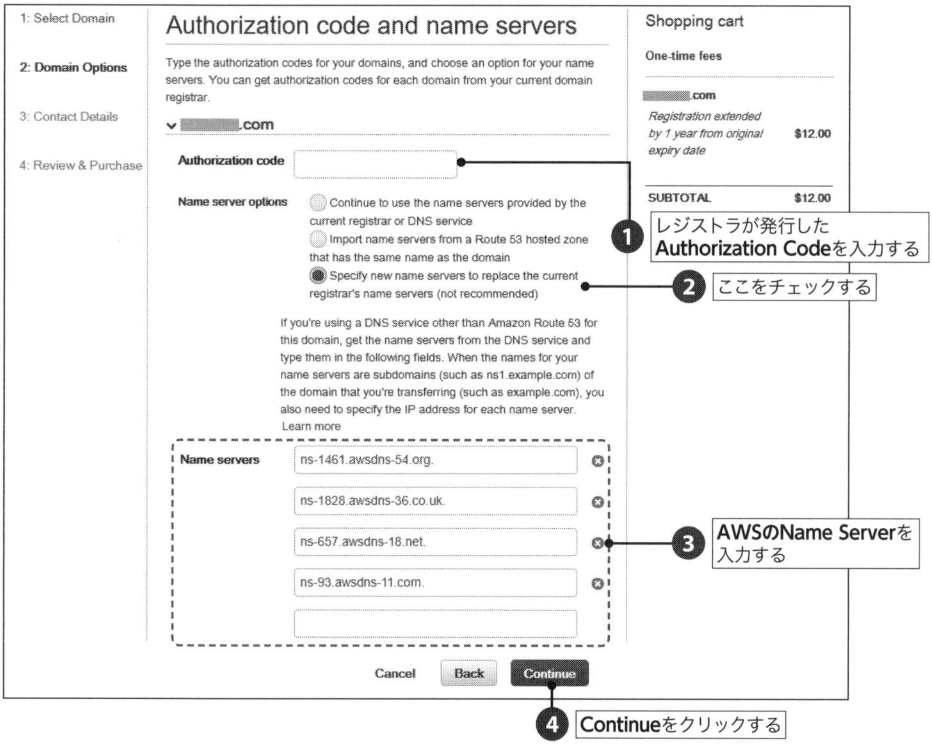

Name Serverは、現在のレジストラで利用しているName Serverをそのまま使うこともできます。しかし、通常はRoute 53へのドメインの移管後は現在のName Serverからドメインは削除されるので、AWSのName Serverを利用するようにしましょう。Specify new name servers to~を選択するとName Serverを入力する項目が表示されるので、先ほど作成したホストゾーンに設定されているName Serverを入力します。AWSのName Serverは、ホストゾーンのNSレコードの値を参照してください。

入力したらContinueをクリックします。

◆登録者の連絡先の入力

名前や組織、メールアドレス等を入力します。なお、Privacy Protectionの項目で「Hide contact information」を選択することで、Whoisで検索された際に、登録者の情報を保護

することができます。

◆内容の確認と完了

最後に入力した内容を確認し、問題なければ移管を開始します。

登録したメールアドレスに検証メールが届きます。本文に記載されたURLをクリックし、表示されたページの内容を確認すれば作業は完了です。この後、AWS側で移行処理が行われ、完了するとメールが送信されます。メールが届いたら移行は完了です。

CloudFrontとの連携

CloudFrontはAWSの**CDN (Contents Delivery Network)** サービスです。ここでは、CloudFrontを利用して、S3の静的コンテンツを配信する方法を紹介します。

CDN (Contents Delivery Network)

CDNとは、コンテンツを配信するために最適化されたネットワークのことです。分散して配置されたサーバをコンテンツの配布ポイントとして利用し、効率的にコンテンツを配信する仕組みです。例えば、東京のサーバにコンテンツが配置されている場合、アメリカからアクセスするには海を渡り1万キロ超の距離を越えなければなりません。そこで、アメリカにサーバを配置し、そのサーバからコンテンツを配信することで低レイテンシで効率的に配信することができます。こういった仕組みがCDNになります。

◆CloudFrontとは

CloudFrontは、AWSが世界中に配置した**エッジサーバ**を利用して効率的にコンテンツを配信します。エッジサーバは、CloudFrontにおけるコンテンツの配布ポイントです。ユーザーのアクセスを、最も近くにあるエッジサーバに誘導します。「xxx.cloudfront.net」というドメインにアクセスすると、最も近いエッジサーバのIPアドレスが返される形になります。

また、CloudFrontは負荷分散としても大きな意味を持ちます。CloudFrontでは、コンテンツの配信元となるサーバを**オリジンサーバ**と呼びます。CloudFrontを利用していなければ、全てのアクセスはオリジンサーバにいきますが、CloudFrontを利用することでオリジンサーバに到達する前に、エッジサーバがコンテンツを返します。そのため、オリジンサーバへの負荷を下げることができます。さらに、急激にアクセスが増加した場合でもエッジサーバは大量にあるので、オリジンサーバのキャパシティを上回っても対応することができます。

CloudFrontは基本的にはCDNサービスですが、機能が非常に豊富なため、CDNにとど

まらない利点があります。EC2やS3等コンテンツを配信するサーバの前には、なるべくCloudFrontを配置するべきでしょう。

◆エッジロケーション

エッジロケーションはエッジサーバが存在する地域のことです。2018年2月現在、世界100拠点以上のエッジロケーションが存在します。日本では、東京と大阪に存在します。その他、近くの地域では、香港、ソウル、台湾、シンガポール等にエッジロケーションが存在します。

■ CloudFrontの設定

それでは、実際にS3の静的サイトにCloudFrontを設定していきます。

まずはDistributionの作成を行います。AWSマネジメントコンソールからCloudFrontを選択し、表示される画面でCreate Distributionをクリックします。

□AWSマネジメントコンソールの操作
CloudFront→Create Distribution

◆コンテンツの配信方法の選択

「Select a delivery method for your content」という画面が表示されるので、今回は「Web」を選択します。HTTPやHTTPSで表示する通常のWebコンテンツの配信にはこちらを選択します。「RTMP」は、主に動画のストリーミング配信をCloudFrontを利用して行う場合に選択します。RTMPという名前は、Adobe社が開発しているストリーミング用プロトコルの名前です。

WebのGet Startedをクリックします。

図3-3-17　Distributionの作成

Chapter 3

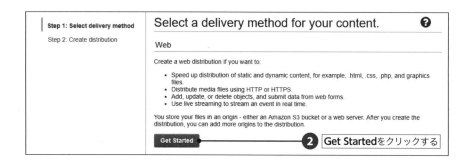

② Get Startedをクリックする

◆Distributionの設定

Create Distributionで、Distributionの詳細な設定を行います。まずは**Origin Settings**でオリジンサーバの設定を行います。なお、Origin Settingsの表示項目は**Origin Domain Name**に入力した値によって変わります。今回は、S3バケットのエイリアスを入力します。「Origin Domain Name」の入力欄をクリックした際に利用可能なAWSリソースのエイリアス名が表示されるので、Webサイトホスティングの設定が行われているS3バケットを選択してください。エイリアス名を入力した場合の設定項目と値の例は以下の通りです。

図3-3-18 Origin Settings

表3-3-3 Distributionの設定 (Origin Settings)

設定項目	値	説明
Origin Domain Name	S3バケットのエンドポイント	オリジンサーバのドメインを入力 (エイリアスを選択)
Origin Path	値なし	CloudFrontへのリクエストをオリジンサーバの特定のパスにルーティングしたい場合に設定。「/foo/index.html」に誘導したい場合は「/foo/index.html」と入力する
Origin ID	任意の名前	このDistributionを区別するための名前を設定
Restrict Bucket Access	No	オリジンがS3の場合のみ有効。S3バケットのコンテンツへのアクセスをCloudFrontからのみに制限する場合は「Yes」を選択。S3のエンドポイントへ直接アクセスした場合もコンテンツを表示できるようにしておく場合は「No」を選択する
Origin Custom Headers	値なし	リクエストをオリジンサーバに転送する際のヘッダーを指定

3-3 S3による静的サイトのサーバレス構築

次にDefault Cache Behavior Settingsでキャッシュの動作の設定を行います。主に、どういったリクエストに対してキャッシュを有効にするかという設定です。設定項目は以下の通りですが、今回は特に変更せずデフォルトのままで構いません。

図3-3-19 Default Cache Behavior Settings

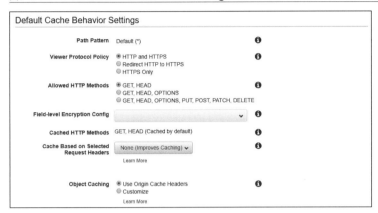

表3-3-4 Distributionの設定 (Default Cache Behavior Settings)

設定項目	値	説明
Path Pattern	Default(*)	キャッシュを有効にするパスのパターンを指定。例えば、全ての「.jpg」ファイルの場合「/*.jpg」と指定
Viewer Protocol Policy	HTTP and HTTPS	コンテンツにアクセスする際にどのプロトコルを使用するか選択。今回はHTTPとHTTPSどちらも許可する
Allowed HTTP Methods	GET, HEAD	エンドユーザーに許可するHTTPメソッドを選択
Field-level Encryption Config	値なし	特定のデータフィールドにフィードレベル暗号化を適用する場合に指定
Cached HTTP Methods	GET, HEAD	CloudFrontでのキャッシュが有効になるHTTPメソッドを選択
Cache Based on Selected Request Headers	None	CloudFrontがオリジンサーバに転送するリクエストヘッダーの指定と、ヘッダー値に基づいてオブジェクトをキャッシュするかの設定を行う。「Whitelist」を選択すると、ヘッダー値によってキャッシュする内容をコントロールすることが可能になる
Object Caching	Use Origin Cache Headers	CloudFrontがキャッシュを保持する時間の設定。オリジンサーバで追加したCache-Controlの時間に応じてキャッシュを保持する場合は、今回の値を設定する。ヘッダーに依存せずに時間を決める場合は「Customize」を選択してMinimum TTLを設定する
Minimum TTL	0	キャッシュの最小保持期間
Maximum TTL	31536000	キャッシュの最大保持期間
Default TTL	86400	キャッシュのデフォルトの保持期間
Forward Cookies	None	CloudFrontからオリジンサーバに転送するCookieを指定。動的に作成されたコンテンツでも、Cookieの値が一致していればCloudFrontでキャッシュすることができる。効果的に使えばアクセスが速くなり、オリジンサーバの負荷も下がる。なお、S3はCookieを処理できないため、オリジンサーバがS3の場合はこの機能は無効となる

Query String Forwarding and Caching	None	クエリ文字列に基づいてキャッシュを行う
Smooth Streaming	No	Microsoftスムーズストリーミング形式のメディアファイルを配信する場合は「Yes」を選択する。それ以外は「No」を選択
Restrict Viewer Access	No	署名付きURLを利用するかの選択。例えば、認証されたユーザーのみにコンテンツを配信する場合等に「Yes」を選択する
Compress Objects Automatically	No	ファイルを自動的に圧縮する
Lambda Function Associations	値なし	トリガーを追加するLambda関数のARNを指定

最後に**Distribution Settings**でDistributionの詳細を設定します。設定項目は以下です。

図3-3-20 Distribution Settings

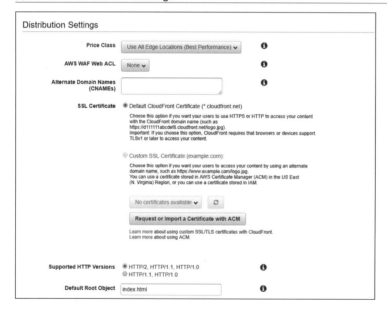

表3-3-5 Distributionの設定 (Distribution Settings)

設定項目	値	説明
Price Class	Use All Edge Locations	価格クラスを選択。エッジロケーションは地域によって値段が異なるので、価格の安い地域のみを使用したり、価格の高い地域を除外してある価格クラスが用意されている
AWS WAF Web ACL	None	AWS WAFを使用する場合にウェブACLを選択する
Alternate Domain Names	値なし	独自ドメインを利用する場合に設定
SSL Certificate	Default CloudFront Certificate	DefaultではCloudFrontにデフォルトで用意されている証明書を利用する。独自ドメインを利用する場合は「Custom SSL Certificate」を選択し、独自ドメインの証明書を指定する

Supported HTTP Versions	HTTP/2, HTTP/1.1, HTTP/1.0	cloudFrontとの通信に使用するHTTPバージョンを指定
Default Root Object	index.html	デフォルトのルートオブジェクトを設定
Logging	Off	ログを取得するか選択。本番環境では取得するように設定
Bucket for Logs	値なし	ログを配置するS3のバケットを選択
Log Prefix	値なし	ログファイル名の先頭に付ける文字列を指定
Cookie Logging	off	ログにCookieも記録するか選択
Enable IPv6	有効	IPv6を有効にするか
Comment	値なし	入力は任意。このDistributionに対するコメントを入力する
Distribution State	Enabled	Distributionの使用準備が整った後、自動的にこのDistributionを有効にするか選択。「Enabled」を選択すると自動的に有効になる

　以上で設定は完了です。Create DistributionをクリックするとDistributionの作成が開始されます。Distributionsの画面に戻るので、作成したDistributionのStatusが「Deployed」になるまで待ちます。この処理には15分程度かかります。

図3-3-21　作成されたDistribution

　Deployedになったら、Domain Nameに表示されている「****.cloudfront.net」にアクセスしてみましょう。S3のコンテンツが表示されます。

■ Route 53との連携

　Route 53にCloudFrontのエンドポイントを設定することで、独自ドメインでCloudFrontを利用することができます。
　まずはCloudFrontのDistributionの設定を変更します。作成したDistributionを選択し、Distribution Settingsをクリックします。続けてGeneralタブのEditをクリックします。編集画面になるので、Alternate Domain Namesに設定したい独自ドメインを入力します。ワイルドカードを使用することもできます。「*.example.com」を入力した場合、example.comのサブドメイン全てにこのDistributionが適用されます。入力したらYes, Editをクリックします。

図3-3-22 Distributionの設定を変更

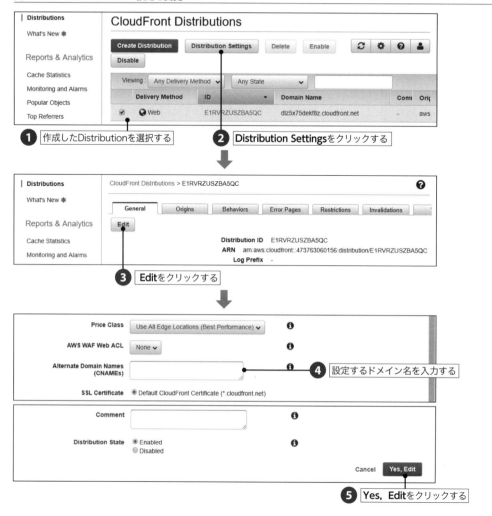

次にAWSマネジメントコンソールのRoute 53→Hosted Zonesから使用する独自ドメインのホストゾーンを選択し、Aliasレコードを追加します。レコードの追加方法は255ページを参照してください。

図3-3-23　ホストゾーンの設定

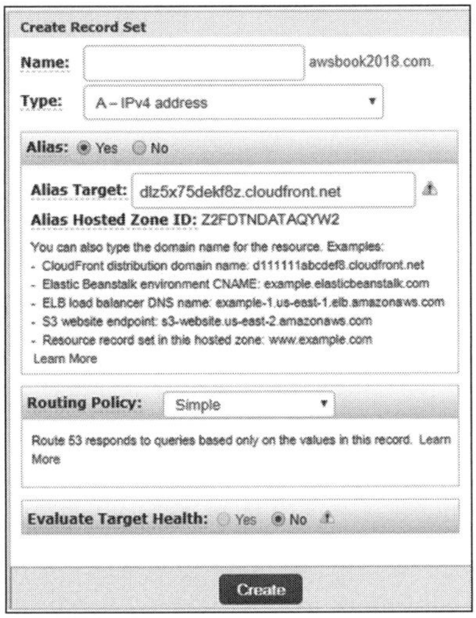

証明書の発行

割り当てた独自ドメインに対して証明証を発行することができます。**AWS Certificate Manager**を利用すると、無料で証明書を発行可能です。また、幾つか条件があるものの、無停止で自動で期限更新が可能です。非常にメリットが多く便利なので、ぜひ利用を検討してみましょう。

証明書の発行は、Certificate Managerから「証明書の発行」で行います。ドメインの追加で、ドメイン名に発行する証明書のドメインを入力します。ワイルドカード（*.example.com）と「www.example.com」のようなFQDNの2パターンの指定ができます。

□AWSマネジメントコンソールの操作
Certificate Manager→今すぐ始める

次にそのドメインの所有者であることを、メールアドレスもしくはDNSを使って証明します。Route 53等でドメインを管理しているのであれば、DNSの方が簡単に設定できるでしょう。

AWS側からドメインの検証が完了すると、証明書が利用可能になります。発行した証明書は、CloudFrontもしくはELB（ALB）から利用できます。

図3-3-24 証明書の発行

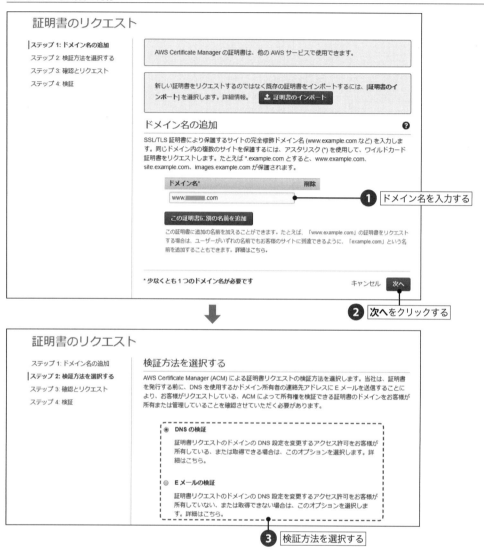

　以上がCloudFrontの基本的な使い方になります。しかし、先述したようにCloudFrontは機能が豊富です。細かい設定も多く、アプリケーションと組み合わせればさまざまなことが実現できます。以下のURLにもさまざまな活用法が紹介されているので、ぜひ一度確認してみてください。

AWS クラウドサービス活用資料集
https://aws.amazon.com/jp/aws-jp-introduction/

3-4
Auto Scalingによる自動スケーリングシステムの構築

リクエストによるリソース使用の増減が大きいシステムをEC2を用いて構築する場合、**Auto Scaling**を設定することで、リソースの使用状況に応じてサーバを増減し、リクエストの量に適したサーバリソースを自動的に用意することができます。

ここではAuto Scalingの基本的な設定方法と、Auto Scalingを用いてシステムを構築する場合の注意点と具体例を説明します。

Auto Scalingの設定

Auto Scalingの設定は大きく分けて、起動するEC2インスタンスのパラメータを設定した**起動設定**、Auto Scalingの振る舞いのパラメータを設定した**Auto Scalingグループ**、スケーリングする条件パラメータとCloudWatchを設定した**スケーリングポリシー**があります。

ここではAuto Scalingに関するパラメータの説明と設定の具体例について記載します。

図3-4-1　Auto Scalingの構成

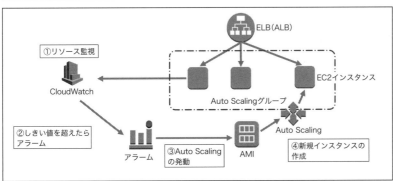

■ 起動設定の主な項目

起動設定の作成は、EC2のダッシュボードのサイドメニューから<mark>起動設定</mark>を選択し、<mark>起動設定の作成</mark>をクリックして行います。

Chapter 3

> □ AWSマネジメントコンソールの操作
> EC2→起動設定→起動設定の作成

　起動設定の作成画面の項目は、通常のEC2インスタンスを作成する場合(p.202)と同様です。作成後に起動設定の画面で確認できるパラメータは、以下のようになっています。

表3-4-1　主な起動設定のパラメータ

項目名	説明
名前	起動設定の名称
AMI ID	Auto Scalingで起動するインスタンスの元となるAMIのID
IAMインスタンスプロファイル	Auto ScalingでインスタンスするインスタンスのIAMインスタンスプロファイル
キー名	Auto ScalingでインスタンスするインスタンスのSSHログインに使用するキーペア
EBS最適化	Auto ScalingでインスタンスするインスタンスのEBS最適化の有効・無効
スポット価格	Auto Scalingで起動するインスタンスをスポットインスタンスにする場合のスポット価格
RAMディスクID	Auto ScalingでインスタンスするインスタンスのRAMディスクID
ユーザーデータ	Auto Scalingで起動するインスタンスユーザーデータ
インスタンスタイプ	Auto Scalingで起動するインスタンスのタイプ
カーネルID	Auto Scalingで起動するインスタンスのカーネルID
モニタリング	起動設定に対するモニタリングの有効・無効
セキュリティグループ	Auto Scalingで起動するインスタンスのセキュリティグループID
ブロックデバイス	Auto Scalingで起動するインスタンスのEBSブロックデバイスマッピング
IPアドレスタイプ	Auto Scalingで起動するインスタンスへの自動的なパブリックIPの付与の有効・無効

　起動設定の設定例を下記に示します。

表3-4-2　起動設定の設定例

設定項目	値
名前	launch-config-sample
AMI ID	ami-********
IAMインスタンスプロファイル	なし
キー名	my-key(自分のキー)
EBS最適化	無効
スポット価格	なし
RAMディスクID	なし
ユーザーデータ	なし
インスタンスタイプ	t2.small
カーネルID	なし
モニタリング	有効
セキュリティグループ	sg-********

ブロックデバイス	なし
IPアドレスタイプ	自動的なパブリックIPの付与を有効

AMI ID、キー名、セキュリティグループは、各自の環境に合わせて設定を行ってください。

上記のような値をCLIによって設定するには、次のようにコマンドを実行します。なお、CLIの実行にあたっては、Chapter2-2(p.94)の内容に従って環境設定を行ってください。

```
$ aws autoscaling create-launch-configuration ¥
--launch-configuration-name launch-config-sample ¥
--image-id ami-******** ¥
--key-name my-key ¥
--no-ebs-optimized ¥
--instance-type t2.small ¥
--instance-monitoring Enabled=true ¥
--security-groups sg-******** ¥
--associate-public-ip-address
```

■ Auto Scalingグループの設定

起動設定が作成できたら、次はAuto Scalingグループの設定を行います。EC2のダッシュボードのサイドメニューからAuto Scalingを選択し、Auto Scalingグループの作成をクリックして作成します。

```
□AWSマネジメントコンソールの操作
EC2→Auto Scaling→Auto Scalingグループの作成
```

作成後に確認できるパラメータには、下記のものがあります。

表3-4-3　Auto Scalingグループの主な設定項目

項目名	説明
名前	Auto Scalingグループの名称
起動設定	Auto Scalingグループで使用する起動設定
ロードバランサー	Auto Scalingグループで使用するELB
希望	Auto Scaling条件に当てはまらない通常時のインスタンス数
最小	Auto Scalingグループで使用する最小インスタンス数
最大	Auto Scalingグループで使用する最大インスタンス数
ヘルスチェックのタイプ	Auto Scalingグループのヘルスチェックの判断タイプ(EC2、ELBの選択肢が存在)
ヘルスチェックの猶予期間	Auto Scalingグループのヘルスチェックが開始されるまでの時間(秒単位)

終了ポリシー	Auto Scalingグループに属するインスタンスの終了の方針（OldestInstance、NewestInstance、OldestLaunchConfiguration、ClosestToNextInstanceHour、Defaultの選択肢が存在）
アベイラビリティーゾーン	Auto Scalingグループに属するインスタンスが使用するアベイラビリティーゾーン
サブネット	Auto Scalingグループに属するインスタンスが使用するサブネット
デフォルトのクールダウン	スケーリング処理後に新しいスケーリング処理を受け付けるまでの時間（秒単位）
プレイスメントグループ	低レイテンシ環境とノンブロッキング通信の利用が可能なプレイスメントグループを選択
停止したプロセス	処理を一時的に停止させているプロセス一覧（CLIのsuspend-processesコマンドにて設定）
有効なメトリクス	CloudWatchで有効になっているメトリクス一覧（CLIのenable-metricscollectionコマンドにて設定）

Auto Scalingグループの設定例を下記に示します。

表3-4-4　Auto Scalingグループの設定例

設定項目	値
名前	auto-scaling-group-sample
起動設定	launch-config-sample
希望	2
最小	2
最大	8
ヘルスチェックのタイプ	EC2
ヘルスチェックの猶予期間	300
終了ポリシー	Default
アベイラビリティーゾーン	ap-northeast-1a、ap-northeast-1c
サブネット	subnet-********、subnet-********
デフォルトのクールダウン	300
プレイスメントグループ	なし

起動設定は先ほど作成したものを指定しています。サブネットは、各自の環境に合わせて設定を行ってください。

上記のような値をCLIによって設定するには、次のようにコマンドを実行します。

```
$ aws autoscaling create-auto-scaling-group ¥
--auto-scaling-group-name auto-scaling-group-sample ¥
--launch-configuration-name launch-config-sample ¥
--desired-capacity 2 ¥
--min-size 2 ¥
--max-size 8 ¥
--health-check-type EC2 ¥
--health-check-grace-period 300 ¥
--termination-policies "Default" ¥
```

3-4 Auto Scalingによる自動スケーリングシステムの構築

```
--availability-zones ap-northeast-1a ap-northeast-1c ¥
--vpc-zone-identifier "subnet-********,subnet-********" ¥
--default-cooldown 300
```

■ スケーリングポリシーの設定

　スケーリングポリシーを設定することで、特定の条件（アラーム）に一致した場合にインスタンスを増減させることが可能になります。スケーリングポリシーの設定は、Auto Scalingグループ画面のスケーリングポリシータブからポリシーの追加をクリックして行います。

　以下の図では、CPUの使用率に応じてAuto Scalingを実行するように設定しています。また、画面下部にある「シンプルスケーリングポリシーを作成」や「ステップを含むスケーリングポリシーの作成」をクリックすることで、より細かく条件を設定することが可能です。

図3-4-2　スケーリングポリシーの設定

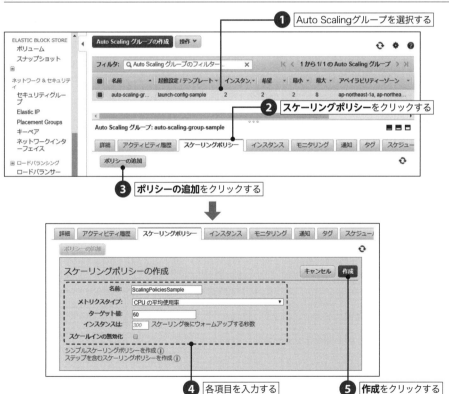

Chapter 3

■ 定期的にAuto Scalingを実行する

予定アクションを作成することで、毎日決まった時刻にAuto Scalingを実行することが可能です。予定アクションの作成は、Auto Scalingグループ画面の スケジュールされたアクション タブから、予定アクションの作成 をクリックして行います。

図3-4-3　予定アクションの作成

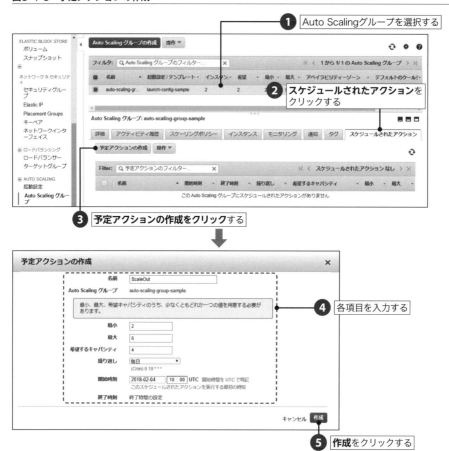

3-4 Auto Scalingによる自動スケーリングシステムの構築

> **Tips** 急激な負荷への対処
>
> 　Auto Scalingではインスタンスの負荷に応じてインスタンス数を増減することで対応しますが、CloudWatchで負荷を検知してインスタンスが実際に起動して処理を行えるまでには5分程度かそれ以上の時間がかかります。そのため、瞬時のアクセス増加等の急激な負荷の増加への対策は別途立てておく必要があります。
>
> 　具体的な対策としては、急激に負荷が増加する時間帯が予想できる場合はその時間帯だけAuto Scalingグループの設定で希望と最小のインスタンス数をあらかじめ増加させておく、起動設定のインスタンスタイプをあらかじめスケールアップさせておくことが挙げられます。また、「予定アクション」によって、負荷の増大が予測される時間帯に定期的にAuto Scalingを実行することも有効な対策となります。
>
> 　急激に負荷が増加する時間帯が予想できない場合は、スケーリングポリシーに設定するCloudWatchの検知時間間隔を短くしておく、最大負荷の見積りを算出してあらかじめAuto Scalingの通常時のインスタンス数、インスタンスタイプに盛り込んでおくことが必要です。

Auto Scalingを利用するためのアプリケーション構成

　Auto Scalingはインスタンスの負荷に応じて自動的にスケールイン・スケールアウトを行ってくれるため大変便利な機能ではありますが、インスタンスにデプロイするアプリケーションもAuto Scalingを意識した構成にする必要があります。

　Auto Scalingを行うインスタンスにデプロイするアプリケーション構成で注意する点は下記になります。

・アプリケーションのデプロイ
・アプリケーションのセッション情報の保持
・インスタンス、アプリケーションのログの保存先

　ここでは、Auto Scalingを利用するうえで考慮すべきアプリケーションの構成について説明します。

■ Auto Scalingを考慮したアプリケーションのデプロイ

　Auto Scaling設定を行うと、EC2インスタンスは指定した台数が起動しつつ、負荷に応

じて台数を変化させます。そのため、EC2インスタンスに対してアプリケーションをデプロイするタイミングとフローに注意する必要があります。

例えば、Auto Scaling設定で起動したEC2インスタンスAに対して新しいアプリケーションをデプロイしたとしても、負荷に応じてスケールアウトした場合はスケールアウトしたEC2インスタンスBにもデプロイが必要です。このようなアプリケーションのデプロイのタイミングとフローの解決策としては、下記の2つの方法が挙げられます。

- Auto Scaling設定で起動するEC2インスタンスの元となるAMI（起動設定で設定するAMI）に、あらかじめアプリケーションをデプロイしてイメージに含めておく
- Auto Scaling設定で起動したEC2インスタンスごとにアプリケーションをデプロイする

◆AMIにあらかじめデプロイしておく

1つ目の方法は、AMIにアプリケーションをあらかじめデプロイした状態で作成するため、Auto ScalingでEC2インスタンスが増減する際にデプロイに関して特段考慮する必要はありません。しかし、新しいバージョンのアプリケーションをデプロイする際には、新しいバージョンのアプリケーションがデプロイされたEC2インスタンスをAMIにして起動設定を再作成し、Auto Scalingグループに設定し直す必要があります。

図3-4-4　AMI再作成パターン

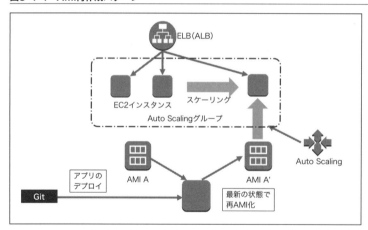

また、Auto Scalingグループに所属して既に起動しているEC2インスタンスは古いバージョンのアプリケーションがデプロイされているため、それらのEC2インスタンスに対して新しいアプリケーションをデプロイするか、EC2インスタンスを1台ずつ終了して、Auto Scalingの機能で新しいアプリケーションがデプロイされたAMIからEC2インスタンスを自動的に起動させる必要があります。

3-4 Auto Scalingによる自動スケーリングシステムの構築

◆起動したインスタンスごとにデプロイする

2つ目の方法は、AMIにアプリケーションをデプロイしない状態、または直近のアプリケーションをデプロイした状態で作成します。新しいバージョンのアプリケーションのデプロイはAuto Scalingの機能でEC2インスタンスが起動した際に自動的に行われるように設定します。

具体的には、起動したEC2インスタンスが起動時にGitやSubversion等のリポジトリや、S3といったストレージに保存されている新しいアプリケーションを取得するように、あらかじめ元となるAMIにスクリプトを作成して保存しておきます。これにより、1つ目の方法のようにAMIを新しいバージョンのアプリケーションのデプロイのために作成し直す必要がなくなります。ただし、アプリケーションが正しくデプロイされて正常な動作を行うかどうかを確認する仕組みも必要です。例えば負荷分散装置（ELB）のバックグラウンドで動作するWebサーバの場合は、ELBのEC2インスタンスのヘルスチェックでアプリケーションが正常動作するかどうかも含めて判断できるようにヘルスチェックファイルを考慮すべきでしょう。

図3-4-5　BootStrapパターン

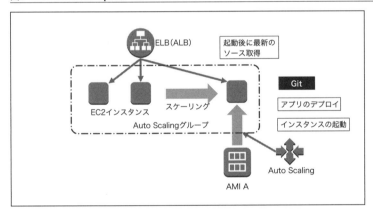

■Auto Scalingを考慮したアプリケーションのセッション保持

負荷分散装置（ELB）のバックグラウンドに、Auto Scaling設定を行ったWebサーバ（EC2インスタンス）が複数台ある場合を例に挙げてみます。

この場合、エンドユーザーはELB経由でバックグラウンドの特定のEC2インスタンスAにアクセスしてWebサイトを閲覧したとすると、アクセスした際のセッション情報は特に工夫をしていなければ閲覧したEC2インスタンスAに保持されます。

ただし、再度アクセスした際に同じEC2インスタンスAを閲覧するとはかぎらないため、再度アクセスした際にELB経由でEC2インスタンスBにアクセスが振られた場合にセッシ

ョン情報がない状態になってしまう現象が起こります。また、セッションを保持していたEC2インスタンスAがAuto Scalingで負荷に応じてスケールインした場合にもEC2インスタンスAが終了されるため、他のEC2インスタンスBにアクセスした際にはセッション情報は失われています。

このような複数台のEC2インスタンスのセッション情報を始めとする**メモリキャッシュ**の管理を行うには、メモリキャッシュ管理用のデータベースを用意する方法が挙げられます。AWSではメモリキャッシュを管理するサービスとして**ElastiCache**が提供されています。ElastiCacheではメモリキャッシュ管理として広く利用されている**Memcached**と**Redis**の2つのデータベースが利用できます。

Auto Scalingで増減する複数のEC2インスタンスにデプロイされたアプリケーションのキャッシュ情報をElastiCacheに統合的に格納することにより、EC2インスタンスの増減に影響されずセッション情報を取得することが可能になります。

図3-4-6　セッション情報の保持

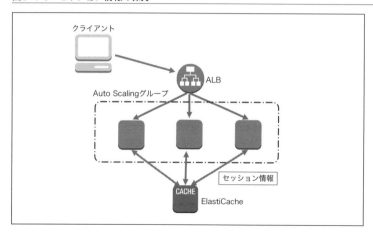

■ Auto Scalingを考慮したインスタンス、アプリケーションのログの保存

増大した負荷が落ち着いてスケールインする場合、任意のEC2インスタンスが終了されるため、起動していた間のインスタンスのシステムログやアプリケーションログはEC2インスタンスとともに削除されることになります。

この問題に対する解決策としては、EC2インスタンスのログを定期的にS3等のストレージに保存する方法が挙げられます。具体的には、Fluentd等のログ収集ツールでインスタンスのシステムログやアプリケーションログをどのEC2インスタンスのログか判別できるようにしたうえでS3に定期的に保存するように設定して、Auto Scalingの元となるAMIを作成します。

これにより、Auto Scalingの機能で起動したEC2インスタンスは定期的にS3へインスタンスのシステムログ、アプリケーションログを保存するため、EC2インスタンスが終了されても対象インスタンスのログを確認することが可能になります。この部分については、「5-5 AWSにおけるログ管理」(p.443)で、運用を見据えたログ保存について説明します。

Auto Scaling使用時のEC2インスタンスの初期化処理

Auto Scalingを使用するうえで注意すべき点として、「Auto Scalingを考慮したアプリケーションのデプロイ」で「Auto Scaling設定で起動したEC2インスタンスごとにアプリケーションをデプロイする」を実現する方法として、EC2インスタンスの元となるAMIにスクリプトを記述しておくことを解説しました(p.275)。

また、Auto Scalingのデプロイ以外にもEC2インスタンス起動時に初期化処理を実行することは、AMIに変更を加えることなく目的や環境に応じたデータの導入や設定に応用することができます。ここではそのようなEC2インスタンスの起動時の初期化について説明します。

EC2インスタンス起動時のユーザーデータ

AMIからEC2インスタンスを起動する際のパラメータとして、**ユーザーデータ**を指定することができます。ユーザーデータには大きく分けて、**シェルスクリプト**と**cloud-initディレクティブ**を記述することができます。EC2インスタンスはユーザーデータに記述した内容を起動時に実行します。

ユーザーデータの簡単な例として、Amazon LinuxをOSとするWebサーバがGitHubから公開コンテンツを取得してデプロイする処理を、シェルスクリプト、cloudinitディレクティブを使用する方法についてそれぞれ説明します。

cloud-initの記述方法については、下記URLのドキュメントを参照してください。

cloud-initの記述方法
http://cloudinit.readthedocs.org/en/latest/index.html

なお、ユーザーデータは、AWSマネジメントコンソールの`EC2`→`起動設定`→`起動設定の作成`で表示される起動設定の設定画面で設定することもできます。

図3-4-7　ユーザーデータの設定

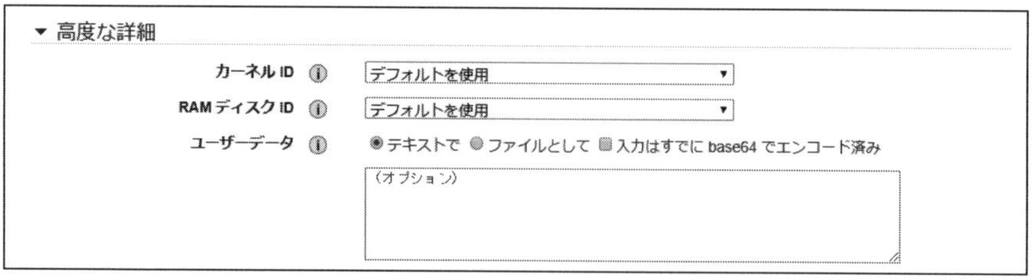

◆シェルスクリプトを使用したユーザーデータの指定

シェルスクリプトによるユーザーデータの指定は、以下のように行います。

リスト3-4-1　ユーザーデータを指定するシェルスクリプト

```
#!/bin/bash
yum install -y httpd git
service httpd start
chkconfig httpd on
chmod 755 /var/www/html
cd /var/www/html/
git clone https://github.com/mag4j/sample.git
```

◆cloud-initディレクティブを使用したユーザーデータの指定

cloud-initディレクティブを使用したユーザーデータの指定は、以下のように行います。

リスト3-4-2　cloud-initディレクティブを使用したユーザーデータの指定

```
#cloud-config
packages:
 - httpd
 - git
runcmd:
 - service httpd start
 - chkconfig httpd on
 - chmod 755 /var/www/html
 - cd /var/www/html/
 - [ bash, -c, 'git clone https://github.com/mag4j/sample.git' ]
```

■ ユーザーデータを使用するうえでの注意点

ユーザーデータはEC2インスタンスに対して初期化処理を記述する便利な機能ですが、使用するうえで注意点もあります。

・ユーザーデータの実行はルートユーザーで行われる

ユーザーデータの実行はルートユーザーで行われるため、ディレクトリやファイルを扱う際には一般ユーザーを意識した権限設定もユーザーデータの内容に盛り込む必要があります。また、ホームディレクトリのパスについても気をつける必要があります。

・ユーザーデータの動作確認はログファイル/var/log/cloud-init.logに出力される

ユーザーデータの実行結果や動作の内容は、「/var/log/cloud-init.log」に出力されることを認識しておく必要があります。

・ユーザーデータのスクリプトの動作はOSに依存する

ユーザーデータに記載するスクリプトはLinuxのOSに依存するものであるため、各OSに適したシェルスクリプトの記法で記述する必要があります。特にAWSが提供するAmazon Linux AMI以外のOSを使用する際には、動作検証もしておく必要があるでしょう。

■ EC2インスタンスのメタデータの取得

ユーザーデータを使用する際等に、スクリプトでEC2インスタンス自身の情報（インスタンスID、プライベートIPアドレス、パブリックIPアドレス、公開鍵の内容、ユーザーデータの内容等）が必要な場合は、EC2インスタンスの**メタデータ**を参照することで情報を取得できます。

メタデータの上位項目の一覧を取得するには、下記のようにコマンドを実行します。

```
$ curl http://169.254.169.254/latest/meta-data/
ami-id
ami-launch-index
ami-manifest-path
block-device-mapping/
hostname
instance-action
instance-id
instance-type
local-hostname
local-ipv4
mac
```

```
metrics/
network/
placement/
profile
public-hostname
public-ipv4
public-keys/
reservation-id
security-groups
services/
```

この結果で表示される項目をURLに追加することで、さらに下位の項目一覧または項目の値を取得することができます。

- インスタンスIDの取得

```
$ curl http://169.254.169.254/latest/meta-data/instance-id
```

- プライベートIPアドレスの取得

```
$ curl http://169.254.169.254/latest/meta-data/local-ipv4
```

- パブリックIPアドレスの取得

```
$ curl http://169.254.169.254/latest/meta-data/public-ipv4
```

- キーペアに対応する公開鍵の取得

```
$ curl http://169.254.169.254/latest/meta-data/public-keys/0/openssh-key
```

- ユーザーデータの取得

```
$ curl http://169.254.169.254/latest/user-data
```

詳細なメタデータの情報については下記を参照してください。

インスタンスメタデータとユーザーデータ
https://docs.aws.amazon.com/ja_jp/AWSEC2/latest/UserGuide/ec2-instance-metadata.html

イミュータブルインフラストラクチャ

　オンプレミス環境におけるサーバは、継続している運用のなかでアプリケーションをデプロイするたびに、アプリケーションに合わせて手動でサーバの設定やソフトウェア構成を修正することがしばしばありました。しかし、このような運用は設定ミス等によるシステム不具合や、アプリケーションのパフォーマンスに影響を与えて安定稼働ができなくなるリスクを常にはらんでいました。AWS等のクラウドサービスが登場し、サーバ環境を用意に作成、削除できるようになった現在において、注目を浴びているキーワードとして**イミュータブルインフラストラクチャ（Immutable Infrastructure）**というものがあります。

　イミュータブルインフラストラクチャは、基本的に一度構築したサーバのソフトウェア構成を変更せず、アプリケーションデプロイのたびに新しいサーバを新たに構築し、既存のサーバは削除するという運用を行います。このイミュータブルインフラストラクチャを実現することで、従来のアプリケーションデプロイで問題となっていたサーバ設定やソフトウェア構成の度重なる修正によるリスクをなくすことができ、安定稼働を実現することができます。イミュータブルインフラストラクチャの概念を実現するためには、実際に動作するサーバ構成をステートレスする必要があります。

ステートレスとステートフル

　イミュータブルインフラストラクチャの実現に欠かせない要素である**ステートレス（Stateless）**と、その反対語である**ステートフル（Stateful）**とは何かについて説明します。

　ステートレスとはサーバが現在の状態を表すデータ等を内部に保持せず、他のシステムから取得することで、サーバへのリクエストのみでレスポンスが決定される方式を表します（データが**疎結合**）。ステートフルとは、サーバが現在の状態を表すデータ等を内部に保持し、サーバへのリクエストに対して保持しているデータ内容を反映させレスポンスが決定される方式を表します（データが**密結合**）。

イミュータブルインフラストラクチャを実現する構成

　ステートレスの具体例として、前述の「Auto Scalingを利用するためのアプリケーション構成」で説明した、「Auto Scalingを考慮したアプリケーションのセッション保持（p.277）」のような構成を指します。また、ステートレスな構成である前提でイミュータブルインフラストラクチャを実現する具体例としては、同じく前述の「Auto Scalingを利用するためのアプリケーション構成（p.275）」で説明した「Auto Scalingを考慮したアプリケーションのデプロイ」のデプロイ方針となります。

　つまり、Atuo Scalingが問題なく可能なシステム構成を目指すことが、イミュータブルインフラストラクチャの概念の実現につながっていくことになります。

3-5 Elastic BeanstalkとLambdaによるバッチサーバの構築

　ここまではAWSを利用したWebシステムの構築をメインに解説してきました。AWSでは、Webシステム以外にもさまざまな用途で利用されています。その1つに**バッチサーバ**があります。AWS上にインスタンスを用意して、バッチ処理に必要なミドルウェアを設定すれば、オンプレミスと同じようなバッチサーバを作ることは可能です。しかし、その場合はオンプレミスと同じような問題を引き継ぐことになります。可用性や高負荷時の性能問題です。AWSでは、バッチサーバに対しても幾つかの解決策を提示しています。本節で順を追って解説します。なお、ここにおけるバッチ処理は**バックグラウンド処理**とし、次のように定義します。

- インプット（ジョブ）を投入する
- 決められた手順に従い、何らかの処理をする
- アウトプットを出力する。出力先は、ファイルやデータベース等任意

　また、バッチサーバは、その処理を実行するサーバとします。

■ Elastic Beanstalkによるバッチサーバの冗長化構成

　Elastic Beanstalkは、各種アプリケーションを実行するためのPaaSです。Chapter3-2に掲載した「Elastic Beanstalkを利用したロードバランシングとHTTPSサイトの構築」の実例のように（p.236）、HTTP/HTTPSのリクエスト処理をするWebサーバとして利用されることが多いです。しかし、それ以外にもバックグラウンドの処理をする**ワーカー**という利用方法があります。ワーカーの概要については、Chapter1-4の「AWS Elastic Beanstalk」を確認してください（p.48）。

　Elastic Beanstalkのワーカーを使うメリットは3つあります。1つ目は、ワーカーにかぎった話ではないものの、テンプレート構成であればサーバ構築不要という点です。構築のコスト削減および開発期間の短縮に貢献します。2つ目は、冗長性の確保です。一般的には、バッチサーバは**正副構成**を取ったりして、障害時に切り替えるという対応を必要とすることが多いのですが、切り替えには人手を含め多数の手順が必要で、ダウンタイムおよび運用コストの問題があります。Elastic Beanstalkのワーカーの方式に当てはめれば、この問題を解決できます。3つ目は、性能問題の解決です。2つ目と同じ理由により解決で

きるので、ワーカーの動作構造と合わせて解説します。

■ Elastic Beanstalkのワーカーの動作構造

Elastic Beanstalkのワーカーは、**SQS**（Simple Queue Service）と協調して動作します。ワーカーに対するジョブはSQSを通じで投入され、ワーカー側には**aws-sqsd**というプロセスが常に動いていて、SQSのキューをポーリングし続けます。キューにメッセージがあった場合は、それを受け取り処理をします。処理が成功の場合、aws-sqsdの方でメッセージの削除処理をします。ワーカーを使うことにより、このSQSの処理部分を自前で実装することなく簡単に利用できます。

図3-5-1　Elastic Beanstalkのワーカーの動作構造

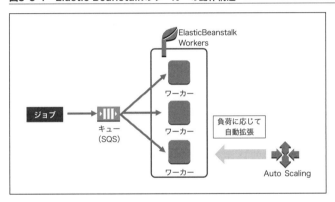

ワーカーは、単体でも複数台でも動作します。Auto Scalingの設定もできるので、負荷に応じて自動で性能を拡張することが可能です。SQSを利用しているので、バックエンドのワーカーが仮に障害中でもキューで受け続けることができます。また、Auto Scalingの構成でワーカーが最低台数まで自動で復旧します。この2点により可用性の高い構成と言えます。

■ ワーカーの作成

ワーカーの作成は、Webサーバと同様にElastic Beanstalkのダッシュボードから行います。新しいアプリケーションの作成をクリックして、ワーカー用のアプリケーションを作成します。

```
□AWSマネジメントコンソールの操作
Elastic Beanstalk→新しいアプリケーションの作成
```

Chapter3

アプリケーション名に作成するワーカーの名前を入力し、説明を入力します。

図3-5-2　ワーカーの作成

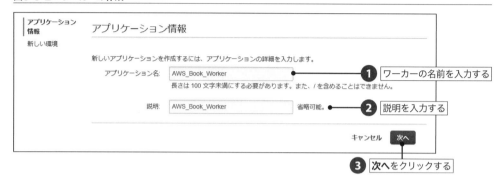

◆環境の選択

Elastic Beanstalkでは、起動するアプリケーションの種類を「ウェブサーバー」と「ワーカー」から選ぶことができます。ここでは、ワーカーの作成をクリックします。

図3-5-3　新しい環境の選択

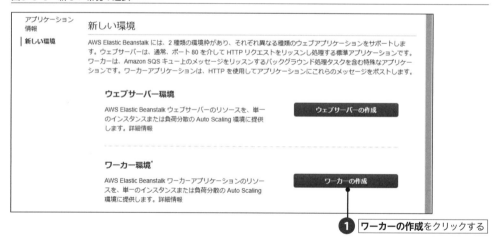

◆環境タイプ

事前定義の設定は、あらかじめ設定されたプログラム環境です。用途に応じて選択しましょう。今回は「Ruby」を利用します。

環境タイプは、常に1台のみの構成か、ELBとAuto Scalingを使って複数台に拡張するかの選択になります。今回は「負荷分散、Auto Scaling」を使います。

図3-5-4　環境タイプの設定

◆アプリケーションバージョン

次にアプリケーションの配置を行います。これは幾つかの方法でアップロードできます。アプリケーションは後で更新できるので、ここでは適当なものを選びます。初めての場合は、「サンプルアプリケーション」を選んでおけばよいでしょう。また、ここでは過去にアップロードしたアプリケーションも選択できます。

前の画面で環境タイプに「負荷分散、Auto Scaling」を選択した場合、デプロイ時のサービスの可用性の選択ができます。パーセンテージで指定するか、何台動いているか保証する方法から選べます。今回は「30％」を設定して次に進みます。

図3-5-5　アプリケーションバージョンの設定

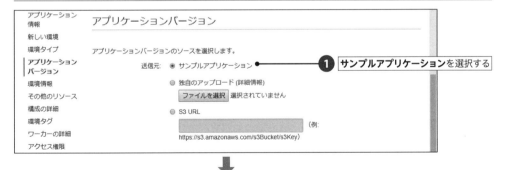

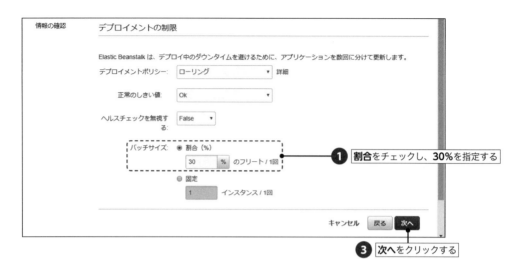

◆ワーカーキューの設定

あとは、画面に従って作成作業を進めていきます。「ワーカーの詳細」画面以外は、Chapter3-2「Elastic Beanstalkを利用した再構築」と同じですので、そちらを参照してください (p.226)。

ワーカーの詳細では、ワーカーが使用するキューを指定します。既存のものを使用するのでも新規作成するのでも、どちらでも可能です。今回は新規に作成します。

図3-5-6 ワーカーキューの設定

■ ワーカーの動作

次に簡単なアプリケーションを用意して、ワーカーの動作を確認してみましょう。与えられたURLのHTMLを取得し、S3に保存するプログラムです。また、「/tmp/sample-app.log」にログを書き出します。

S3バケットを作成し、作成したバケット名をプログラムの"bucket: "に設定してください。作成時のリージョン選択で「東京」リージョンを選んでください。バケットの作成方法は、243ページを参照してください。また、Elastic Beanstalkが利用しているIAMロールにS3とSQSに対する権限が必要になります。

3-5 Elastic BeanstalkとLambdaによるバッチサーバの構築

リスト3-5-1　Workerプログラム (worker_sample.rb)

```ruby
require 'sinatra/base'
require 'open-uri'
require 'aws-sdk'

class WorkerSample < Sinatra::Base
  set :logging, true
  set :public_folder, 'public'

  get "/" do
    redirect '/index.html'
  end

  post '/' do
    msg_id = request.env["HTTP_X_AWS_SQSD_MSGID"]
    data = request.body.read
    File.open("/tmp/sample-app.log", 'a') do |file|
      file.puts "#{data}"
    end
    html = open(data)
    File.open("/tmp/sample-app.log", 'a') do |file|
      file.puts "#{html}"
    end
    Aws.config[:region] = 'ap-northeast-1'
    s3 = Aws::S3::Client.new
    s3.put_object(
      bucket: "********",
      body: html,
      key: 'test'
    )
  end
end
```

　アプリケーションの全体構成は、下記の通りです。追加するgemライブラリがあれば、Gemfileディレクトリに追加していきます。デプロイ時に、自動的にワーカーのインスタンスにGemでインストールされます。

図3-5-7　アプリケーションの全体構成

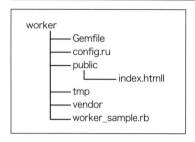

このアプリケーションをworkerディレクトリごとzipで圧縮し、Elastic Beanstalkのダッシュボードの<mark>アップロードとデプロイ</mark>からワーカーにデプロイします。

図3-5-8　アプリケーションのデプロイ

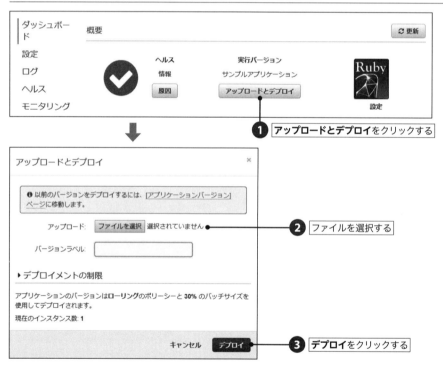

デプロイ後にアプリケーションの動作テストをしてみましょう。SQSのダッシュボードからワーカーのキューにURLを入れることによって、アプリケーションは動作します。Elastic Beanstalkの環境名の横に<mark>キューの表示</mark>というリンクがあるので、そこからいくとあらかじめ利用しているキューが選択している状態になります。

図3-5-9 キューの投入

以下の2点で、アプリケーションが稼働していることを確認できます。

・投入したキューがなくなっていること
・S3上にファイルが作成されていること

　従来のバッチの作り方とは大きく異なる部分もありますが、SQSとAuto Scalingを使うことにより可用性と負荷に応じた動的なサーバ増減ができます。さらにElastic Beanstalkのワーカーを利用することにより、その部分の構築が不要になります。

　ただし注意点が幾つかあります。1つひとつのジョブの実行時間については、SQSやElastic Beanstalkの各種タイムアウト内に終わらせる必要があります。調整可能な項目なので、設計の段階で考慮しましょう。

Lambdaによるサーバレスな処理システムの構築

　Lambdaを利用することにより、コンピュータ処理をサーバ不要で実行できます。バッチ処理のように処理をまとめて実行するのではなく、不定期に発生するイベントを逐次実行するには最適なサービスです。まずは、サービスの概要と利用例を見てみましょう。

Chapter 3

■ Lambdaの特徴

Lambdaは、プログラムを実行する**コンピュートエンジン**です。プログラムの実行基盤としてAWSが管理しているため、サーバの保守運用は不要になります。必要なプログラムをアップロードするだけで利用できます。プログラムの実行はAPIを通じてのキックの他に、各種イベント通知からの呼び出しができます。対応するイベントは、S3のPut通知、Kinesisのストリームや DynamoDB のテーブル更新通知の他、SNSやSES、Cognito等があります。また利用可能なプログラム言語はNode.JS、Java、Python、C#、Goです。これらについては、順次増えてくると予想されます。

図3-5-10　Lambdaの実行イメージ

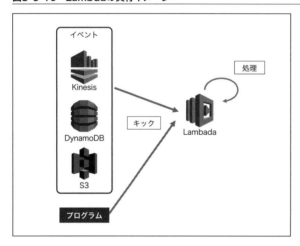

■ Lambdaの処理の作成

ワーカーのサンプルと同様に、HTMLを取得してS3に保存する処理を行います。"bucket"に保存するS3バケット名を入力してください。使用する言語はNode.jsを選択しています。また、簡略化のために、URLは引数ではなくコードのなかに埋め込んでいます。実際の使用の際には、引数として引き取るようにしてください。

リスト3-5-2　Lambdaプログラム (http-get.js)

```
var aws = require('aws-sdk');
var s3 = new aws.S3({apiVersion: '2006-03-01'});
var http = require ('http');

exports.handler = (event, context, callback) => {
  // TODO implement
  var url = 'http://stocks.finance.yahoo.co.jp/stocks/history/?code=9984.T';
```

```javascript
  var bucket = 'your-bucket-name';
  var key = 'test';
  var body;
  http.get(url, function(res) {
    console.log("Got response: " + res.statusCode);
    res.on("data", function(chunk) {
      console.log('chunk: ');
      body += chunk;
    });

    res.on('end', function(res) {
      console.log('end')
      putObject(context, bucket, key ,body);
    });
  }).on('error', function(e) {
    context.done('error', e);
  });
  callback(null, 'Success');

  function putObject(context, bucket, key ,body) {
    var params = {Bucket: bucket, Key: key, Body: body};
    console.log('s3 putObject' + params);

    s3.putObject(params, function(err, data) {
      if (err) {
        console.log('put error' + err);
        context.done(null, err);
      } else {
        console.log("Successfully uploaded data to yourBucket/yourKey");
        context.done(null, "done");
      }
    });
  }
};
```

◆Lambda関数の作成

　プログラムが用意できたら、Lambda関数として登録します。AWSマネジメントコンソールからLambdaを選択し、Lambdaのダッシュボードで関数の作成をクリックします。雛型のプログラムを選択することもできますが、今回は一から作成をクリックします。

> □AWSマネジメントコンソールの操作
> Lambda→関数の作成→一から作成

図3-5-11　Lambda関数の作成①

名前に任意の名前を入力し、ランタイムを選択します。IAMロールの設定を行います。テンプレートから作成することもできますが、ここでは新たに作成しましょう。ロールで「カスタムロールの作成」を選択すると、IAMロールの作成画面が開きます。

図3-5-12　Lambda関数の作成②

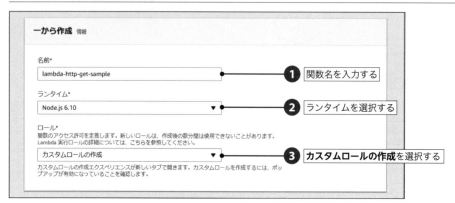

3-5 Elastic BeanstalkとLambdaによるバッチサーバの構築

◆IAMロールの作成

ロール名にIAMロールの名前を入力します。続けて、編集をクリックしてからIAMロールを入力します。入力できたら許可をクリックします。

IAMロールには、Lambdaからの利用の許可権限を与えています。また、Lambda関数の実行時に利用するAWSリソースを追加します。ここでは、S3への書き込みを全て許可しています。

図3-5-13　IAMロールの作成

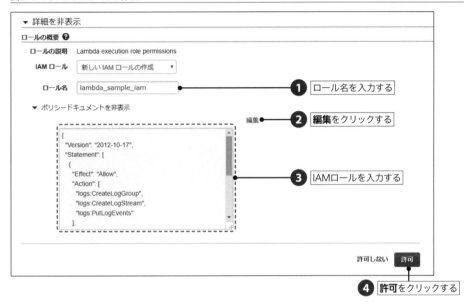

リスト3-5-3　IAMロール

```
{
  "Version": "2012-10-17",
  "Statement": [
    {
      "Effect": "Allow",
      "Action": [
        "logs:CreateLogGroup",
        "logs:CreateLogStream",
        "logs:PutLogEvents"
      ],
      "Resource": "arn:aws:logs:*:*:*"
    },
    {
      "Effect": "Allow",
```

```
      "Action": "s3:*",
      "Resource": "*"
    }
  ]
}
```

関数の作成画面に戻ります。既存のロールで作成したIAMロールを選択し、関数の作成をクリックします。

図3-5-14　関数の作成

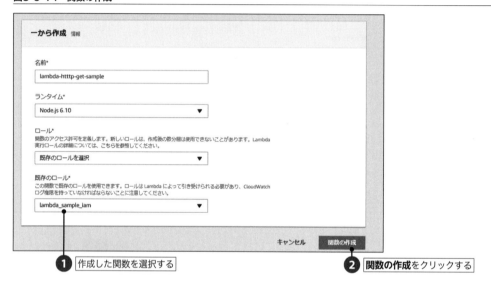

① 作成した関数を選択する　② 関数の作成をクリックする

◆ トリガーの設定

　Lambdaには、起動の契機となるイベント（**トリガー**）を設定できます。例えば、S3上にファイルが置かれたタイミングであったり、SNSからアラートが発生したタイミング等があります。AWSの多くのサービスがこのようなイベント駆動でLambdaと連携するようになっています。今回のコンテンツ取得を定期的に実行させたい場合は、CloudWatch Eventsがトリガーとして最適です。

　CloudWatch Eventsをトリガーとするには、Designerから**CloudWatch Events**を選択し、ダブルクリックで追加します。その後、下にあるトリガーの設定で起動ルールを設定します。主な設定項目として、ルールタイプとスケジュール式があります。スケジュール式はcron書式で記載することができます。例えば、UTCで毎日12時（日本時間の21時）に実行する場合は、次のような書式になります。

cron(0 12 * * ? *)

3-5　Elastic BeanstalkとLambdaによるバッチサーバの構築

図3-5-15　トリガーの追加

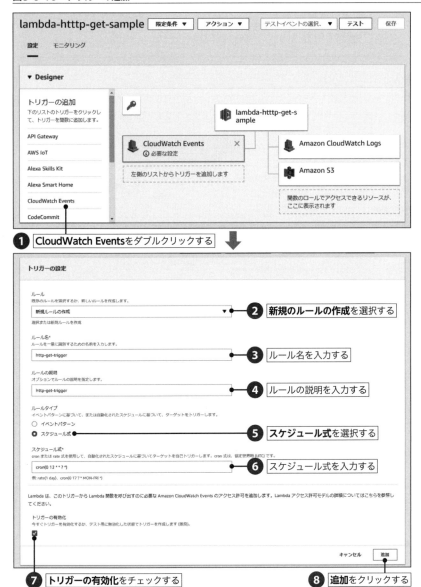

◆プログラムの入力

関数コードに、用意しておいたプログラムのコードを入力します。

追加のライブラリを利用する場合は、プログラムとライブラリの一式をzip形式で圧縮して1ファイルにまとめて、コードエントリタイプから「.ZIPファイルをアップロード」を

Chapter 3

選択してアップロードします。アップロードします。追加するライブラリは「node_modules」ディレクトリ以下に格納します。

コードを入力したら、保存をクリックして関数を保存します。

図3-5-16　コードの入力

◆テスト実行

関数が作成できたら、正しく動作するかテストしてみましょう。テスト実行は、Lambdaのダッシュボードから行えます。作成したLambda関数を選択し、アクションからテストを選択します。テストイベントの設定画面に進むので、イベント名に任意の名前を入力して作成します。テストボタンをクリックすると関数が実行されます。

図3-5-17　テスト実行

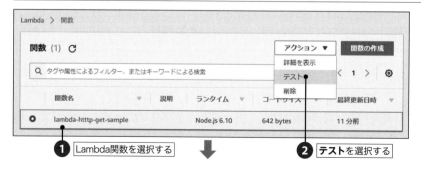

3-5 Elastic BeanstalkとLambdaによるバッチサーバの構築

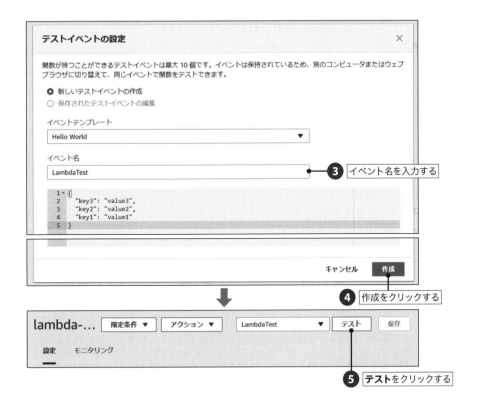

テストが成功すると、画面内にログが表示され、Lambda関数のコード内に指定したS3バケットに取得したHTMLを納めたファイルが作成されます。

> **Tips** バッチの実行基盤としてのLambda
>
> Lambdaは、既存バッチの単純置き換えには向きません。実行時間が最大でも60秒と限定されるうえに、非同期処理のため実行結果が取りづらくエラーハンドリングが難しい部分があります。しかし、沢山の課題があったとしても、コンピュートエンジンとしてのLambdaは、非常に魅力的です。サーバのように運用不要で、Auto Scalingの設定すら不要で、自動的にリソースが拡張されます。
>
> 既存の処理をそのまま持ってくるのではなく、Lambda向きに設計しなおして利用することにより、従来抱えていた問題を解決できる可能性があります。ぜひ一度検討してみてください。

Chapter 3

■ フルマネージドなバッチ処理基盤「AWS Batch」

バッチ向けのサービスとしてAWS Batchがあります。Batchはフルマネージドなバッチ処理基盤で、バッチ処理のためのミドルウェア等の管理が不要です。Auto ScalingやEFS（Elastic File Service）等と連携し、処理に応じてリソースを増減させることが可能です。コスト削減のために、スポットインスタンス等も利用可能です。

◆Batchの利用イメージ

Batchは、バッチを稼働させるインフラを管理するサービスです。機能としては、ジョブの管理とそれを実行するバッチ基盤の管理があります。まずバッチの実行基盤としては、AWSのコンテナサービスであるECS（EC2 Container Service）を利用します。Batchのコンソールから必要なリソースの設定をするだけで、ECSのクラスタを用意してくれます。

次にジョブ管理です。Batchが実行する作業の単位が**ジョブ**になります。そして、このジョブごとにECS上にコンテナインスタンスが起動され処理が実行されます。ジョブにどれくらいのリソースが必要か、またどんな内容を実行するのかが**ジョブ定義**になります。そして登録されたジョブはまずキューとして待ち状態になり、実行可能な状態になればコンテナ上で実行されます。このようにBatchのジョブ管理機能としては、ジョブ・ジョブキューとジョブ定義の3つを管理します。

図3-5-18　AWS Batchの利用イメージ

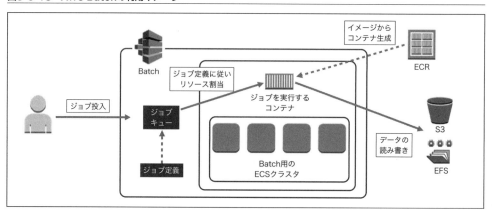

なお、バッチ実行のためのジョブスケジューラーの機能はなく、キューの順番に実行されていきます。定刻に処理を実行させたい場合は、CloudWatch Events等を利用して任意の時間にジョブキューを作成し、実行させるといった方法が考えられます。

Batchを使いこなすには、コンテナに対する理解も必要になってきます。本書では詳細については取り扱いませんが、非常に有用な機能です。機会があれば、ぜひ試してみてください。

3-6 CloudFormationによるテンプレートを利用した自動構築

　AWSの特徴として、GUIで利用できる全ての操作がAPIとして用意されているため、コマンドラインやプログラムから全ての操作が実行可能な点があります。そのため、**Infrastructure as Code**と呼ばれるインフラ構成をソースコードで管理することが可能となり、Git等のソース管理システムで扱えるようになりました。

　その結果として、インフラ構築もコードレビューやPull Request、CIツールによる管理等、アプリケーション開発と同じような開発フローで扱えます。AWSはAPI以外にも、構築の自動化を支えるツールを幾つも提供しています。そのなかの1つが、**CloudFormation**です。

CloudFormationの概要

　CloudFormationは、AWS上の構成をテンプレート化し、再利用しやすくするためのツールです。

　例えば、VPCのネットワークをCloudFormationでテンプレート化することで、同一のVPCネットワークをいつでも再現することができます。また、CloudFormationには更新機能もあるため、元テンプレートをソース管理することにより、変更履歴を保持しつつ構成を変更するということが容易になります。どのタイミングで何のために変更したのかといった、追跡性を高めることが可能です。

CloudFormationのイメージ

　CloudFormationは、JSONあるいはYAML形式で記述した**テンプレート**を元に、VPCネットワークやEC2インスタンス等の各種リソースを生成します。その生成されたものを**スタック**と呼び、それを管理します。

CloudFormationの用途

　CloudFormationの用途としては、主には**新規環境の構築時の利用**と**構築済みの環境をテンプレート化して再利用**があります。特に後者のテンプレート化については、サーバのみならずネットワーク等の環境全体を含めて提供できるために、複雑な構成の提供等に積極的に活用されています。例えばAdobe Systemsは、ライブストリーミング用のAdobe Media Serverの構成をテンプレートとして提供し、セットアップに関わる作業が不要で

Chapter 3

利用できるようにしています。

日本国内でも、高速にカスタマイズされたWordPressを提供するデジタルキューブ社が、CloudFormationのテンプレートを「陣形」という名前で提供しています。

図3-6-1　CloudFormationの利用イメージ

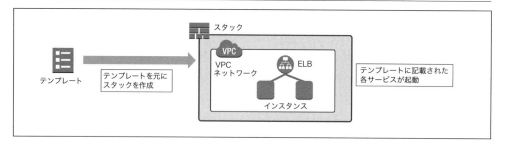

陣形
http://ja.cloudhappy.net/

Amazon CloudFront の概要
https://docs.aws.amazon.com/ja_jp/AmazonCloudFront/latest/
DeveloperGuide/Introduction.html

それでは、CloudFormationを利用して、実際にスタックを作成してみましょう。

CloudFormationによるネットワーク構築

CloudFormationを利用して、ネットワークを構築しましょう。構築を始める前に、CloudFormationのテンプレートの構造を確認します。

■ テンプレートの構造

CloudFormationは、JSONあるいはYAML形式で記述します。ここでは、JSONでの例を紹介します。以下の項目の下に、それぞれにキーと値を設定していきます。

◆ AWSTemplateFormatVersion

テンプレートのバージョンです。2018年五指2月現在でサポートされているバージョンは、2010-09-09のみです。次のように記述します。

```
"AWSTemplateFormatVersion" : "2010-09-09"
```

3-6 CloudFormationによるテンプレートを利用した自動構築

◆Description

テンプレートの説明です。システムではなく利用者たる人間用なので、必要に応じて記入します。

◆Parameters

スタックの作成時に、パラメータとして任意の値を渡せます。パラメータは、テンプレート内でRef関数で参照値として扱えます。パラメータを利用することで、テンプレートの柔軟性を高めることや、後述のOutputsと組み合わせることでテンプレートとテンプレートが入れ子になっている場合に、後続の処理に前段の結果を渡すことができます。

◆Mappings

ハッシュテーブルのように、キーに応じて値を設定できます。例えば、リージョンごとに利用するAMIを切り替えるといった用途に使います。

◆Conditions

条件判断を行い、条件に一致した場合のみ実行されるリソースを指定できます。

◆Resources

作成するリソースを定義します。EC2インスタンスやセキュリティグループ等、作成するリソースのタイプを指定して、それぞれに設定値を与えます。AWS全体のサービスに対して、利用できるリソースタイプは一部です。随時追加されているので、公式のURLで確認してください。

リソースプロパティタイプのリファレンス
http://docs.aws.amazon.com/ja_jp/AWSCloudFormation/latest/UserGuide/aws-product-property-reference.html

◆Outputs

テンプレートで生成したものの結果を出力させます。例えば、VPCやセキュリティグループのIDであったり、EC2インスタンスやELBのIPアドレスやURLを出力させる等に利用します。

※

テンプレート全体は以下のような構造となります。MappingsやConditions等は省略可能です。

リスト3-6-1　テンプレートの構造

```
{
  "AWSTemplateFormatVersion" : "version date",

  "Description" : "JSON string",

  "Parameters" : {
    set of parameters
  },

  "Mappings" : {
    set of mappings
  },

  "Conditions" : {
    set of conditions
  },

  "Resources" : {
    set of resources
  },

  "Outputs" : {
    set of outputs
  }
}
```

テンプレートの文法等の詳細情報は、公式サイトを参照してください。

AWS CloudFormationテンプレートの使用
http://docs.aws.amazon.com/ja_jp/AWSCloudFormation/latest/UserGuide/template-guide.html

ネットワークの構築

　それでは、CloudFormationを使ってネットワークを作成します。構築するネットワークのイメージは、次の通りです。DMZ（パブリック）とTrust（プライベート）の2つの領域をマルチAZで作成し、合計4つのサブネットを作成します。DMZとTrust用にそれぞれ1つのセキュリティグループを作成し、ネットワークACLは全体で1つ用意します。また、インターネットへの出口として、インターネットゲートウェイを作成します。

3-6 CloudFormationによるテンプレートを利用した自動構築

図3-6-2 構築するネットワークのイメージ

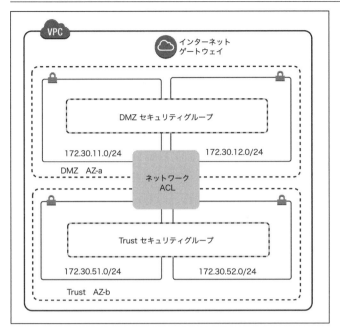

テンプレートのサンプルは、以下のURLから入手できます。

サンプルコード&テンプレート
http://aws.amazon.com/jp/cloudformation/aws-cloudformation-templates/

サンプルを参考にしてテンプレートを作成しましょう。ここでは、cloudformation_vpc.templateという名前で、テンプレートファイルを作成しました。

リスト3-6-2 テンプレート (cloudformation_vpc.template)

```
{
  "AWSTemplateFormatVersion": "2010-09-09",
  "Resources": {
    "VPC": {
      "Type": "AWS::EC2::VPC",
      "Properties": {
        "CidrBlock": "172.30.0.0/16",
        "InstanceTenancy": "default",
        "EnableDnsSupport": "true",
        "EnableDnsHostnames": "true",
        "Tags": [
          {
```

```json
          "Key": "Name",
          "Value": "SampleVPC"
        }
      ]
    }
  },
  "SubnetTrustAZd": {
    "Type": "AWS::EC2::Subnet",
    "Properties": {
      "CidrBlock": "172.30.51.0/24",
      "AvailabilityZone": "ap-northeast-1d",
      "VpcId": {
        "Ref": "VPC"
      },
      "Tags": [
        {
          "Key": "Name",
          "Value": "Trust-AZ-D"
        }
      ]
    }
  },
  "SubnetTrustAZc": {
    "Type": "AWS::EC2::Subnet",
    "Properties": {
      "CidrBlock": "172.30.52.0/24",
      "AvailabilityZone": "ap-northeast-1c",
      "VpcId": {
        "Ref": "VPC"
      },
      "Tags": [
        {
          "Key": "Name",
          "Value": "Trust-AZ-C"
        }
      ]
    }
  },
  "SubnetDMZAZc": {
    "Type": "AWS::EC2::Subnet",
    "Properties": {
      "CidrBlock": "172.30.12.0/24",
      "AvailabilityZone": "ap-northeast-1c",
      "VpcId": {
        "Ref": "VPC"
      },
      "Tags": [
```

```
          {
            "Key": "Name",
            "Value": "DMZ-AZ-C"
          }
        ]
      }
    },
    "SubnetDMZAZd": {
      "Type": "AWS::EC2::Subnet",
      "Properties": {
        "CidrBlock": "172.30.11.0/24",
        "AvailabilityZone": "ap-northeast-1d",
        "VpcId": {
          "Ref": "VPC"
        },
        "Tags": [
          {
            "Key": "Name",
            "Value": "DMZ-AZ-D"
          }
        ]
      }
    },
    "InternetGateway": {
      "Type": "AWS::EC2::InternetGateway",
      "Properties": {
        "Tags": [
          {
            "Key": "Name",
            "Value": "SampleVPC-Gateway"
          }
        ]
      }
    },
    "DHCPOptions": {
      "Type": "AWS::EC2::DHCPOptions",
      "Properties": {
        "DomainName": "ap-northeast-1.compute.internal",
        "DomainNameServers": [
          "AmazonProvidedDNS"
        ]
      }
    },
    "NetworkAcl": {
      "Type": "AWS::EC2::NetworkAcl",
      "Properties": {
        "VpcId": {
```

```json
            "Ref": "VPC"
          }
        }
      },
      "RouteTable": {
        "Type": "AWS::EC2::RouteTable",
        "Properties": {
          "VpcId": {
            "Ref": "VPC"
          }
        }
      },
      "SecurityGroupDefault": {
        "Type": "AWS::EC2::SecurityGroup",
        "Properties": {
          "GroupDescription": "default VPC security group",
          "VpcId": {
            "Ref": "VPC"
          },
          "SecurityGroupEgress": [
            {
              "IpProtocol": "-1",
              "CidrIp": "0.0.0.0/0"
            }
          ]
        }
      },
      "NetworkACLEntry1": {
        "Type": "AWS::EC2::NetworkAclEntry",
        "Properties": {
          "CidrBlock": "0.0.0.0/0",
          "Egress": true,
          "Protocol": "-1",
          "RuleAction": "allow",
          "RuleNumber": "100",
          "NetworkAclId": {
            "Ref": "NetworkAcl"
          }
        }
      },
      "NetworkACLEntry2": {
        "Type": "AWS::EC2::NetworkAclEntry",
        "Properties": {
          "CidrBlock": "0.0.0.0/0",
          "Protocol": "-1",
          "RuleAction": "allow",
          "RuleNumber": "100",
```

```json
      "NetworkAclId": {
        "Ref": "NetworkAcl"
      }
    }
  }
},
"SubnetACL1": {
  "Type": "AWS::EC2::SubnetNetworkAclAssociation",
  "Properties": {
    "NetworkAclId": {
      "Ref": "NetworkAcl"
    },
    "SubnetId": {
      "Ref": "SubnetTrustAZd"
    }
  }
},
"SubnetACL2": {
  "Type": "AWS::EC2::SubnetNetworkAclAssociation",
  "Properties": {
    "NetworkAclId": {
      "Ref": "NetworkAcl"
    },
    "SubnetId": {
      "Ref": "SubnetTrustAZc"
    }
  }
},
"SubnetACL3": {
  "Type": "AWS::EC2::SubnetNetworkAclAssociation",
  "Properties": {
    "NetworkAclId": {
      "Ref": "NetworkAcl"
    },
    "SubnetId": {
      "Ref": "SubnetDMZAZd"
    }
  }
},
"SubnetACL4": {
  "Type": "AWS::EC2::SubnetNetworkAclAssociation",
  "Properties": {
    "NetworkAclId": {
      "Ref": "NetworkAcl"
    },
    "SubnetId": {
      "Ref": "SubnetDMZAZc"
    }
```

```
      }
    },
    "InternetGatewayAttach": {
      "Type": "AWS::EC2::VPCGatewayAttachment",
      "Properties": {
        "VpcId": {
          "Ref": "VPC"
        },
        "InternetGatewayId": {
          "Ref": "InternetGateway"
        }
      }
    },
    "DHCPOptionsAttach": {
      "Type": "AWS::EC2::VPCDHCPOptionsAssociation",
      "Properties": {
        "VpcId": {
          "Ref": "VPC"
        },
        "DhcpOptionsId": {
          "Ref": "DHCPOptions"
        }
      }
    },
    "ingress1": {
      "Type": "AWS::EC2::SecurityGroupIngress",
      "Properties": {
        "GroupId": {
          "Ref": "SecurityGroupDefault"
        },
        "IpProtocol": "-1",
        "SourceSecurityGroupId": {
          "Ref": "SecurityGroupDefault"
        },
        "SourceSecurityGroupOwnerId": "021010746129"
      }
    },
    "egress1": {
      "Type": "AWS::EC2::SecurityGroupEgress",
      "Properties": {
        "GroupId": {
          "Ref": "SecurityGroupDefault"
        },
        "IpProtocol": "-1",
        "CidrIp": "0.0.0.0/0"
      }
    },
```

```json
    "route1": {
      "Type": "AWS::EC2::Route",
      "Properties": {
        "DestinationCidrBlock": "0.0.0.0/0",
          "RouteTableId": {
              "Ref": "RouteTable"
          },
          "GatewayId": {
              "Ref": "InternetGateway"
          }
      },
      "DependsOn": "InternetGatewayAttach"
    },
    "subnetroute1": {
      "Type": "AWS::EC2::SubnetRouteTableAssociation",
        "Properties": {
          "RouteTableId": {
            "Ref": "RouteTable"
          },
        "SubnetId": {
          "Ref": "SubnetDMZAZc"
        }
      }
    },
    "subnetroute2": {
      "Type": "AWS::EC2::SubnetRouteTableAssociation",
      "Properties": {
        "RouteTableId": {
          "Ref": "RouteTable"
        },
        "SubnetId": {
          "Ref": "SubnetDMZAZd"
        }
      }
    }
  },
  "Description": "SampleVPC"
}
```

作成したテンプレートファイルは、任意の場所に保存しておきましょう。また、本書のサポートページからダウンロードすることもできます。

サポートページ
https://isbn.sbcr.jp/92579/

Chapter 3

■ CloudFormationによる構築

CloudFormationの実行は、AWSマネジメントコンソールもしくはCLI等から行います。AWSマネジメントコンソールの場合は、トップページでCloudFormationを選択してCloudFormationを開き、スタックの作成をクリックして、テンプレートからスタックを作成します。

> □AWSマネジメントコンソールの操作
> CloudFormation→スタックの作成

テンプレートは、

・AWS提供のサンプルテンプレート
・ファイルのアップロード
・S3上のファイル

の3つから選択できます。今回は、ファイルのアップロードで行います。

テンプレートをAmazon S3にアップロードを選択して、先ほど作成した「cloudformation_vpc.template」を指定しています。

図3-6-3　テンプレートの選択

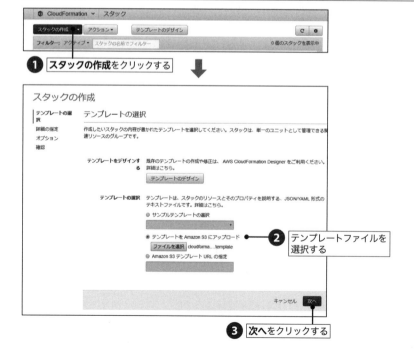

3-6 CloudFormationによるテンプレートを利用した自動構築

スタックの名前を入力します。

図3-6-4 スタック名の設定

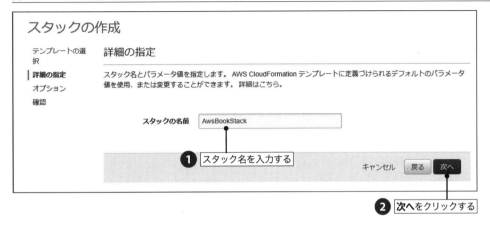

そして、必要に応じてオプション項目等を入力します。ここでは、タグを設定します（その他の項目は未設定のまま進みます）。キーに「Name」、値に「AWSBookStack」と入力して確認画面に進みます。

図3-6-5 タグの設定

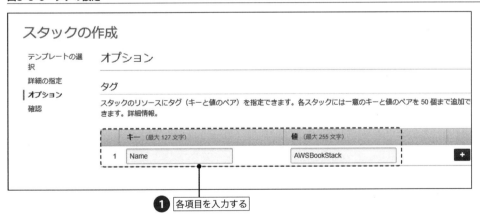

確認画面で作成をクリックするとスタックの構築が始まります。エラーが出なければ1分程度で構築が完了し、**CREATE_COMPLETE**というステータスになります。

なお、アカウントによって利用できる東京リージョンのアベイラビリティーゾーン（AZ）が異なります。「ap-northeast-1a」「ap-northeast-1c」「ap-northeast-1d」のなかから2つ利用できるので、エラーが出た場合は切り替えましょう。例えば、1aと1cが利用可能な場

合は、テンプレートファイルのなかで「ap-northeast-1d」と記述された部分を「ap-northeast-1a」等に書き換えます。

図3-6-6 スタックの構築が完了

スタック作成後に、実際にできたネットワークを確認しましょう。VPCのダッシュボードに移動し、VPCで表示される一覧に「SampleVPC」が確認できるはずです。

図3-6-7 VPCを確認する

■ **UpdateStackによるネットワークの変更**

次に、CloudFormationで構築したネットワークを変更してみましょう。CloudFormationで生成したものについても、AWSマネジメントコンソール等で直接変更することが可能です。さらに、CloudFormationの場合は、元のテンプレートを変更して**差分更新**することが可能です。コードでインフラを管理するという観点では、こちらの方がお勧めです。

今回は、セキュリティグループの変更を行います。HTTP通信で利用するTCPの80ポートをAnywhere（任意の場所）で解放します。

テンプレートファイル（cloudformation_vpc.template）に、"Type"が「AWS::EC2::SecurityGroupIngress」のものを1件追加します。場所は、既存の"ingress1"の直下に入れましょう。

3-6 CloudFormationによるテンプレートを利用した自動構築

リスト3-6-3　セキュリティグループの追加

```
"ingress2": {
  "Type": "AWS::EC2::SecurityGroupIngress",
  "Properties": {
    "GroupId": {
      "Ref": "SecurityGroupDefault"
    },
    "IpProtocol": "TCP",
    "FromPort": "80",
    "ToPort": "80",
    "CidrIp": "0.0.0.0/0"
  }
},
```

修正したテンプレートファイルは、「cloudformation_vpc_update.template」という名前で保存しておきます。また、本書のサポートページ（http://isbn.sbcr.jp/92579/）からダウンロードすることもできます。

スタックの更新は、更新対象のスタックを選択し、アクションからスタックの更新を選択することで実行します。新規作成時と同様にテンプレートファイルをアップロードし、オプション等の選択をします。基本的には、オプションは何も選ばないで問題ありません。確認画面で更新をクリックして更新します。

図3-6-8　スタックの更新

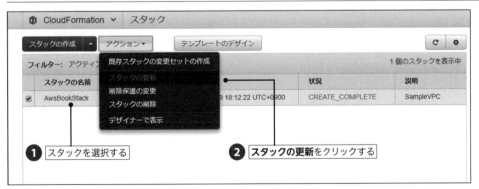

CloudFormationを利用することにより、構成自体もコードで管理できるようになります。どこまでコードで管理するかは組織のポリシー次第になりますが、まずはAWSで実現可能なことを把握して検討してみましょう。

Chapter 3

CloudFormationによるサーバ構築

ネットワーク構築を例にCloudFormationの使い方とメリットを学びました。Cloud Formationは、ネットワーク以外にもさまざまなものを作れます。そのなかにはサーバのように、起動後にある程度カスタマイズしてメンテナンス性を高めたいものもあります。CloudFormationとシェルスクリプトを組み合わせることによって、起動後に自動でカスタマイズすることも可能になります。ここで、その概要と使い方を説明します。

■ CloudFormationによる単純なサーバ構築

まずは、CloudFormationを利用して、単純なサーバを構築してみましょう。ここでは、指定したAMIを使って、所定のネットワーク内でEC2インスタンスを起動します。VPCネットワークは、前項で作成した「SampleVPC」を利用します。未作成の場合は、テンプレートファイル(cloudformation_vpc.template)を使って作成してください。

EC2インスタンスのAMIは、「Amazon Linux AMI」を利用します。EC2インスタンス用のテンプレートファイルを以下のように記述し、適当な名前を付けて保存しておきましょう。ここでは「**cloudformation_instance.template**」としました。

CloudFormationの実行方法については、305ページを参照してください。

リスト3-6-4　テンプレート(cloudformation_instance.template)

```
{
  "AWSTemplateFormatVersion": "2010-09-09",
  "Resources": {
    "Instance": {
      "Type": "AWS::EC2::Instance",
      "Properties": {
        "Monitoring":"true",
        "ImageId":"ami-ceafcba8",
        "KeyName":"myKeyPair",
        "InstanceType":"t2.micro",
        "NetworkInterfaces": [
          {
            "AssociatePublicIpAddress": true,
            "DeleteOnTermination": true,
            "DeviceIndex": "0",
            "SubnetId": "subnet-********",
            "GroupSet": [
              "sg-********"
            ]
          }
        ]
```

```
      }
    }
  },
  "Description": "SampleInstance"
}
```

テンプレートとしては、タイプに「AWS::EC2::Instance」を指定のうえでプロパティを指定していきます。"KeyName"は自身で所有しているキーペアを指定してください。"NetworkInterfaces"でネットワーク系の指定をできますが、パブリックIPを付与する必要がないのであれば、"SubnetId"でインスタンスを起動するサブネット、"Group"でセキュリティグループを直接指定するだけでも利用可能です（これもご自分の環境に合わせて設定してください）。幾つかのパターンのテンプレートを用意しておくので、見比べてください。各テンプレートファイルは、本書のサポートページ（http://isbn.sbcr.jp/92579/）からダウンロードしてください。

■ CloudFormationからサーバにデータを渡す仕組み

単純なサーバ構築の例では、設定済みのAMIをそのまま起動しています。NATインスタンス等、そのまま起動すれば十分な場合もありますが、多くの場合は起動時にある程度のカスタマイズ設定を行う必要があります。CloudFormationならびにEC2には、起動時にカスタマイズする仕組みが幾つか用意されているので、その方法について整理してみます。

サーバ起動時に渡せる引数と実行の仕組みとして、**ユーザーデータ**と**CloudFormation Init (cfn-init)** があります。ユーザーデータはEC2起動時に渡せる引数で、実行するシェルスクリプトや**Cloud-Init**のコンフィグの形式（cloud-config形式）で渡せます。Cloud-Initはオープンソースのパッケージで、サーバのなかでサービスとして稼働し、主にクラウドでの初回起動時のサーバ初期設定に利用されています。cfn-initは、テンプレートからメタデータを読み込みEC2インスタンスに取り込むためのヘルパースクリプトです。cfn-initは、Cloud-Initと連携し動作します。

次の例は、ユーザーデータで起動時にシェルスクリプトを渡してApache httpdをインストールします。

リスト3-6-5　Apache httpdのインストール

```
#!/bin/bash
yum update -y
yum install -y httpd
service httpd start
chkconfig httpd on
```

この情報をCloudFormationから渡すには、「AWS::EC2::Instance」タイプの"Property"のなかで、「UserData」として指定します。エスケープ文字等があるので、CloudFormationの関数の1つであるFn::Base64を利用します。また改行対策のために、Fn::Joinを利用します。

リスト3-6-6　UserDataの指定

```
"UserData" : { "Fn::Base64" :
  { "Fn::Join" : ["", [
    "#!/bin/bash¥n",
    "yum update -y¥n",
    "yum install -y httpd¥n",
    "service httpd start¥n",
    "chkconfig httpd on¥n" ]]
  }
}
```

UserDataの指定を行ったテンプレートファイルは、「**cloudformation_instance_with_userdate.template**」という名前で用意してあります。サポートページ (http://isbn.sbcr.jp/92579/) からダウンロードして確認してください。

■ 入れ子のテンプレートを実行する

CloudFormationは入れ子で続けて実行することができます。これまでのテンプレートはネットワークID等を固定値として埋め込んできましたが、入れ子で実行するには固定値では不都合が生じます。そこで、前段で実行したテンプレートの結果をアウトプットとして出力し、その結果をパラメータとして受け取って後段の処理を続けます。ここでは、ネットワーク作成用のテンプレートを実行し、その結果を受けてインスタンス作成用のテンプレートを実行するようにします。

まず、ネットワーク作成のテンプレートを変更して、サブネットのIDとセキュリティグループのIDを出力するようにします。アウトプットの出力には、"Outputs"でそれぞれのリソース名を指定します。このテンプレートファイルは、「**cloudformation_vpc_with_outputs.template**」という名前で用意してあります。サポートページ (http://isbn.sbcr.jp/92579/) からダウンロードして確認してください。

3-6 CloudFormationによるテンプレートを利用した自動構築

リスト3-6-7　Outputsの指定

```
"Outputs" : {
  "SubnetTrustAZb" : {
    "Value" : { "Ref" : "SubnetTrustAZb" }
  },
  "SubnetTrustAZc" : {
    "Value" : { "Ref" : "SubnetTrustAZb" }
  },
  "SubnetDMZAZb" : {
    "Value" : { "Ref" : "SubnetTrustAZb" }
  },
  "SubnetDMZAZb" : {
    "Value" : { "Ref" : "SubnetTrustAZb" }
  },
  "SecurityGroupDefault" : {
    "Value" : { "Ref" : "SecurityGroupDefault" }
  }
}
```

図3-6-9　スタックの実行結果の例

キー	値	説明	エクスポート名
SubnetTrustAZb	subnet-acaae3e5		
SubnetDMZAZb	subnet-e6abe2af		
SecurityGroupDefault	sg-21186258		
SubnetTrustAZc	subnet-b3981de8		
SubnetDMZAZc	subnet-279f1a7c		

　次に、インスタンス起動用のテンプレートを、引数が受け取れるような形に変更します。CloudFormationで引数の受け取りは、"Parameters"を利用します。

リスト3-6-8　Parametersの設定

```
"Parameters" : {
  "InstanceSubnetId" : {
    "Type" : "String",
    "Default" : "subnet-f5fa15ac",
    "Description" : "SubnetId"
  },
  "SecurityGroupDefault" : {
    "Type" : "String",
    "Default" : "sg-cab416af",
```

```
      "Description" : "SecurityGroupDefault"
    }
}
```

これに対応するのが、「cloudformation_instance_parameters.template」です。

受け取った値をテンプレート内で参照できるようにするためには、**Ref関数**を利用します。これをネットワーク作成のテンプレートに記述します。

リスト3-6-9　Ref関数の利用

```
"SubnetId" : { "Ref" : "InstanceSubnetId" },
"GroupSet" : [{ "Ref" : "SecurityGroupDefault" }]
```

最後に、ネットワーク作成のテンプレートからインスタンス作成のテンプレートを呼び出すように変更し、入れ子構造にしてチェーン実行するようにします。前段のCloudFormation（呼び元）を変更し、"Resources"内に「AWS::CloudFormation::Stack」を記述します。また、ここに読み出すテンプレートを記述しますが、テンプレートの指定をURLで行う必要があります。S3等に配置して、アクセス権限を付与してください。そのうえで、引き渡すパラメータを指定します。

リスト3-6-10　インスタンス作成のテンプレートの指定

```
"InstanceCreate" : {
  "Type" : "AWS::CloudFormation::Stack",
  "Properties" : {
    "TemplateURL" : "https://s3-ap-northeast-1.amazonaws.com/********
                    cloudformation_instance_parameters.template",
    "Parameters" : {
      "InstanceSubnetId" : { "Ref" : "SubnetTrustAZd" },
      "SecurityGroupDefault" : { "Ref" : "SecurityGroupDefault" }
    }
  }
}
```

ここまでの処理を追加したテンプレートが、「cloudformation_vpc_chain.template」です（サポートページからダウンロードして確認してください）。実行すると、ネットワーク作成・更新に引き続き、インスタンス作成が行われます。

3-6 CloudFormationによるテンプレートを利用した自動構築

図3-6-10 スタックのチェーン実行

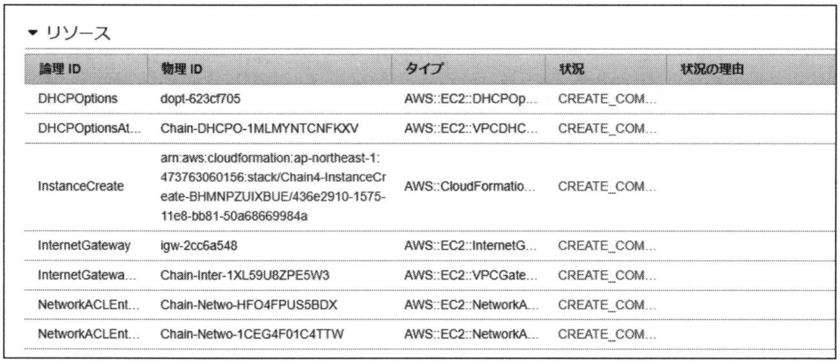

論理 ID	物理 ID	タイプ	状況	状況の理由
DHCPOptions	dopt-623cf705	AWS::EC2::DHCPOp...	CREATE_COM...	
DHCPOptionsAt...	Chain-DHCPO-1MLMYNTCNFKXV	AWS::EC2::VPCDHC...	CREATE_COM...	
InstanceCreate	arn:aws:cloudformation:ap-northeast-1:473763060156:stack/Chain4-InstanceCreate-BHMNPZUIXBUE/436e2910-1575-11e8-bb81-50a68669984a	AWS::CloudFormatio...	CREATE_COM...	
InternetGateway	igw-2cc6a548	AWS::EC2::InternetG...	CREATE_COM...	
InternetGatewa...	Chain-Inter-1XL59U8ZPE5W3	AWS::EC2::VPCGate...	CREATE_COM...	
NetworkACLEnt...	Chain-Netwo-HFO4FPUS5BDX	AWS::EC2::NetworkA...	CREATE_COM...	
NetworkACLEnt...	Chain-Netwo-1CEG4F01C4TTW	AWS::EC2::NetworkA...	CREATE_COM...	

　テンプレートを1つにまとめるか、複数のテンプレートに分けて実行するかは、用途やポリシーによってメリット・デメリットが違ってきます。しかし、できるだけ小さい範囲でテンプレート化することにより、テンプレートの再利用がしやすくなり、保守性が高まると考えられます。CloudFormationは、AWSのなかでも導入障壁が高いサービスの1つです。しかし、うまく使いこなすことにより、構築・運用面の負荷を大きく下げクラウドのメリットを享受できます。ぜひ、挑戦してみてください。

Chapter 3

3-7 SESによるメール送信システムの構築

　Web系のシステムではメールは欠かせません。アカウント作成やパスワード変更といった通知、メールマガジンの送信等、さまざまな場面でメールを利用する機会があります。普段は何気なく使用しているメールですが、メールをきちんと送信先アドレスに届けるためには考慮すべきことがたくさんあります。世界中で送信されているメールの66%はスパムメールだと言われている昨今（シマンテック：インターネットセキュリティ脅威レポート）、メールを受信するサーバの管理者は、スパムメールができるだけ受信者に届かないようにするためのいろいろな対策（スパムフィルタリングやIPブラックリストチェック）を実施しなければなりません。スパムではないメールを送る場合でも、何も対策をしていないメールサーバから送信すると、受信側のメールサーバでスパムと判定される可能性が非常に高くなっています。

　本節では、メールを送信する方式について3つのパターンをご紹介します。それぞれの方式において、メールを正しく送信先アドレスへ届けるためにどのような仕組みがあり、どのように設定するべきかを説明します。

- SES（Simple Email Service）を利用する
- EC2インスタンスにメールサーバを構築する
- サードパーティ製のツールを利用する

SESを使ってメールを送信する

　1つ目はAWSのサービスである**SES**（Simple Email Service）を使ってメールを送信する方法です。SESは発信専用のメール送信サービスです。2018年2月現在、利用可能なリージョンはバージニア、オレゴン、アイルランドの3つです。東京リージョンではまだ利用できないため、SESを利用する場合はこの3つのリージョンから選択してください。

SESの特徴

　SESはAmazonのECサイトでも使用されている可用性・信頼性の高いメール配信サービスです。ここではSESの特徴と利用するうえでの注意点を説明します。

3-7 SESによるメール送信システムの構築

◆SPF（Sender Policy Framework）とDKIM（DomainKeys Identified Mail）

メールがスパムメールと判定されないようにする対策として、SESでは2つの認証機能をサポートしています。どちらも、送信者の偽称を防ぐために、メールの正当性を検証する仕組みです。

SPF（Sender Policy Framework）は、メール送信元のIPアドレスを基準に送信者を認証します。送信側は、メール送信ドメイン（Fromアドレスのドメイン）のDNSにメールを送信する可能性があるIPアドレスを事前に登録しておきます。この情報はDNSのTXT（もしくはSPF）レコードに登録します。受信側は、送信者のFromアドレスのドメインに対してDNSのTXT（もしくはSPF）レコードを参照し、送信元のIPアドレスが登録されているか確認します。登録されているIPアドレスから送信されたメールは信頼性が高く、登録されていないIPから送信されたメールはスパムである可能性があると判断します。TXTもしくはSPFと記載したのは、SPFレコードはDNSの新しい定義方法のため、DNSサーバによっては扱えない場合もあるためです。可能であれば、TXTレコードとSPFレコードの両方に同じ内容を登録しておくことが望ましいです。

DKIM（DomainKeys Identified Mail）は、電子署名を使って送信ドメインを認証します。送信側でメール送信時に電子署名を付加し、受信側でその電子署名とDNSに登録された公開鍵を使って送信者を認証する方式です。DKIMはSPFと違い、電子署名をベースにした認証を行うため、メールゲートウェイ等のメールサーバを中継した場合でも、送信者の認証が可能です。

◆送信統計情報

SESから送信したメールが、どのように処理されたのかを追跡することができます。「送信数」「拒否」「バウンス（不達）」「苦情（受信者から）」の数値が管理され、AWSマネジメントコンソールやAPIを利用して状況を確認できます。

図3-7-1　SESで送信したメールの配信状況

323

「バウンス」や「苦情」のステータスが増えるとSESでメールの送信を制限される可能性があります。この2つのステータスになったアドレスへの送信を継続するのか停止するのかを定期的に判断（送信アドレスリストをクリーニング）することが重要です。

◆ メール送信方式

SESからメールを送信する方法は3種類あります。

・AWSマネジメントコンソールから送信する方法
・SMTPを使って送信する方法
・APIを使って送信する方法

既存アプリケーションのメール送信をSESに変更する場合は、SMTPを使う方法が最適です。

◆ 日本の携帯電話キャリアアドレスへの送信時の注意

SESを使って日本の携帯電話キャリアアドレス（モバイルアドレス）へ送信したメールが、ドメイン拒否等の理由で「バウンス（不達）」になった場合、SESではその宛先メールアドレスが**Suppression List**に登録されます。Suppression Listに登録されたメールアドレスは、登録されてから14日間は再度送信しても自動的にバウンスメールとして扱われます。さらに重要なことは、このSuppression Listがアカウントを越えて共有されることです。また、Suppression Listからの削除は手動で行うしかありません。

例えば、「example1.com」というドメインを受信拒否しているモバイルアドレス宛に、「example1.com」というアドレスからメールを送信した結果、バウンスとなってSuppression Listに登録されたとします。すると、そのアドレスに対しては他のドメイン（例えばドメイン拒否としていないexample2.com）からもSESではメールが送信できなくなってしまうのです。メールを受信できるドメインを制限している携帯電話利用者が多いため、現時点では日本のモバイルアドレスへの送信が多いことが予想されるシステムでのSES利用は控えた方が安全です。

■ SESの設定

それでは、ここからはSESを使ってメールを送信するための設定をしていきましょう。SESを使用するためには、送信元となるメールアドレス、もしくはドメインが正しい（設定者が所有しているものである）ことを確かめる手順を踏む必要があります。ここでは、送信元メールアドレスを認証しましょう。

3-7 SESによるメール送信システムの構築

> □AWSマネジメントコンソールの操作
> Simple Email Service→米国東部(バージニア北部)

　AWSマネジメントコンソールからSimple Email Serviceを選択すると、利用するリージョンを選択する画面が表示されます(SESが東京リージョンで使うことができないためです)。今回は米国東部(バージニア北部)を選択します。バージニア北部のSESのダッシュボードが表示されます。

図3-7-2　リージョンの選択

◆送信者認証

　次に、SESからメールを送信するための送信者認証を行います。ダッシュボードのサイドメニューから、Email Addressesを選択してください。認証されたアドレスの一覧画面が表示されます。この時点では、まだ認証されたメールアドレスが1つもないので、一覧には何も出てきません。上部のVerify a New Email Addressをクリックしてください。

図3-7-3 送信者認証①

メールアドレスを入力する画面が表示されるので、送信元（Fromとして使用する）アドレスを入力してVerify This Email Addressをクリックしてください。すると、登録したアドレス宛に確認のメールが送信されます。確認メールには認証を完了するためにアクセスするリンクが記載されていますので、リンクをクリックして認証を完了させてください。

図3-7-4 送信者認証②

完了画面が表示されたら、AWSマネジメントコンソールに戻ってください。一覧に登録したメールアドレスが表示され、Statusが「verified」になっていることを確認してください。

図3-7-5 送信者認証③

3-7 SESによるメール送信システムの構築

　送信者の認証ができたら、実際にメールの送信テストをしましょう。アドレス一覧に表示されている送信元アドレスを選択してください。選択すると、上部のSend a Test Emailがアクティブになるので、それをクリックしてください。メール送信テスト用の画面が表示されるので、必要な情報を入力してSend Test Emailをクリックしてください。

　この時点では、まだテスト段階のため、送信先（To）には送信元（From）と同じアドレスしか指定できません。サービスとして利用するために必要な申請は、テストが終わった後に行います。送信後、メールが届いていることを確認できたらテストは終了です。

図3-7-6　テストメールの送信

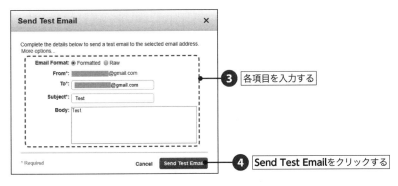

　SESのダッシュボードに戻ると、メールが正しく送信されたことが送信統計情報にも反映されていることが確認できます。

図3-7-7　テスト送信後のメトリックス

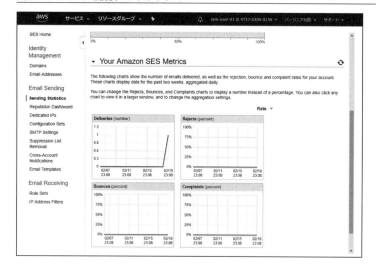

　ここまで問題なく終了したら、サービスとして正式に利用するための申請や設定を進めていきましょう。

◆正式利用に向けた申請

　SESの利用開始時はサンドボックス利用状態となっており、登録したFromアドレス宛にしかメールを送信することができません。任意のアドレスにメールを送信できるようにするため、**プロダクション利用申請**を行います。SESのダッシュボードからSending Statisticsを選択した先にあるRequest a Sending Limit Increaseをクリックしてください。サポートウィンドウが表示されるので、サービス制限の増加をチェックし、必要事項を記入して画面下部にある送信をクリックしてください。

図3-7-8　サポートページからの申請

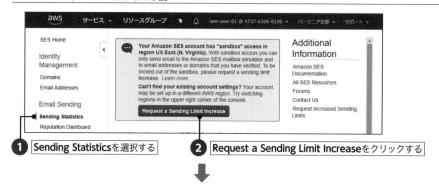

3-7 SESによるメール送信システムの構築

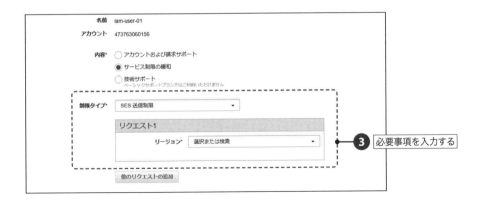

表3-7-1 サービス制限の増加の申請の主な入力項目

入力項目	内容
内容	サポートの種類を選択する。ここでは「サービス制限の緩和」を選択する
制限タイプ	どのサービスについての増加依頼なのかを選択。ここでは「SES送信制限」を選択する
リージョン	どのリージョンに関する増加依頼なのか選択。ここでは「米国東部(バージニア北部)」を選択する
制限	何を増加するかを選択する。ここでは「希望する1日あたりの送信クォータ」を選択する。
新しい制限	値増加後の制限値を指定する。ここでは「400」と入力する
メールの種類	送信するメールの目的を選択する。ここでは「システム通知」を選択するか
ウェブサイトのURL	SESを使用するWebサイト等があれば任意で入力する
チェックリスト	正式利用するにあたりAWSからの依頼事項にチェックを入れる。※この内容(リンク先)を守らないとSESからのメール送信ができなくなる可能性があるので注意してください
申請理由の説明	SESを利用する目的を記入する。どういったメールを送るのか、どれぐらいの頻度で送るのか等を記載すればOK

　申請が受理されるまでに1営業日程度必要です。受理されてSESが正式に利用できるようになったら、AWSアカウント作成時に登録したアドレスに通知メールが送信されます。正式にサービスが利用できるようになったら、任意のメールアドレス(From以外)にメールが送信できるか、先ほどと同じようにテストをしてみましょう。(p.325)

図3-7-9　SESの正式利用案内メール

```
Hello,

Congratulations! You have been granted production access to Amazon SES in AWS Region US
East (N. Virginia). We have increased your sending limits and you no longer need to verify
recipient addresses.

To access your account with production access, please make sure that AWS Region US East (N.
Virginia) is selected in the upper right corner of the AWS Management Console. Amazon SES is
supported in multiple AWS Regions, and account settings are separate for each region.
```

Chapter 3

◆送信クォータ

　プロダクション利用申請が受理された時点で、各SESユーザーは24時間当たり最大10,000通のメールを、1秒間に最大5通の速さで送信できます。継続的に問題のないメールを送信し続けることで各制限は緩和されます。もし、現在の制限数以上のメールを送信したい場合は、上限の緩和申請をすることで可能になります。現在の制限はSending Statistics画面で確認できます。

図3-7-10　上限数を確認する

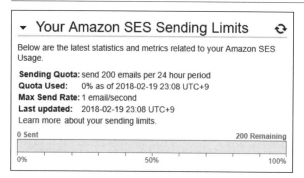

◆SPFとDKIMの設定

　次はSPFとDKIMの設定です。この設定をするためには、Fromアドレスのドメインについて、DNSの設定権限が必要です。

　メールを送信するドメインのTXTレコードとSPFレコードに以下のように登録してください。SPFレコードが既に登録されている場合は、既存の登録内容に「include:amazonses.com」を追加してください。SPFレコード追加後にメールを送信し、受信メールのヘッダーに「Received-SPF: pass」が追加されていることを確認してください。既存レコードに追加登録した場合は、TTLの設定値によって追加内容がDNSに反映されるまで時間がかかることがあります。TTL（Time To Live）とは、各DNSサーバがレコード情報をキャッシュする期間のことです。

　なお、レコード情報の登録・追加については、レコード情報を管理しているDNSサーバで実施してください。

リスト3-7-1　SPFレコードの登録内容

```
"v=spf1 include:amazonses.com ~all"
```

リスト3-7-2　既にSPFレコードが登録されている場合の追加例

```
"v=spf1 a:example.com include:amazonses.com ~all"
```

続いてはDKIMの設定です。Email Addressesで一覧表示されるメールアドレスを選択するとDKIMを設定するための画面が表示されます。Generate DKIM Settingsをクリックしてください。DKIM認証に必要なDNS登録情報が表示されます。表示されるCNAMEレコードをDNSに登録してください。

図3-7-11　DKIMの設定

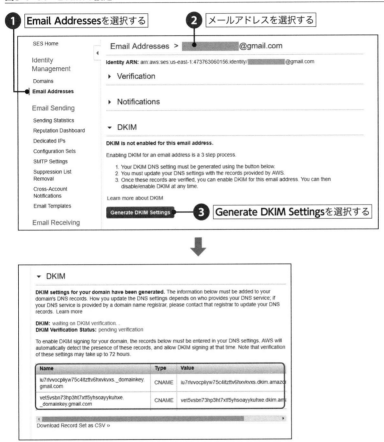

もし、DNSがRoute 53の場合は、画面の下に表示される「Use Route 53」をクリックすることでCNAMEレコードを登録できます。「Use Route 53」をクリックすると確認画面が表示されるので、「Create Record Sets」をクリックしてください。

図3-7-12　Route 53を利用する場合

　登録が完了したらDKIM設定のトップ画面に戻り、DKIM Verification Statusが「verified」になっていることを確認してください。Route 53以外のDNSに登録した場合は、CNAMEレコードの登録情報をSESが確認できるまでに、最長で72時間程度必要になることがあります。

図3-7-13　Statusを確認する

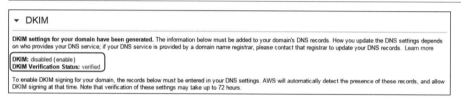

　DKIM設定の最後は、DKIMの有効化です。先ほど確認したDKIM Verification Statusの上にある「DKIM:disabled(enable)」という文言のenableリンクをクリックしてください。DKIMを有効化するかどうかを尋ねる画面が表示されるので、Yes, enable DKIMをクリックしてください。「DKIM:enabled(disable)」になったらDKIM有効化は完了です。

図3-7-14　DKIMの有効化

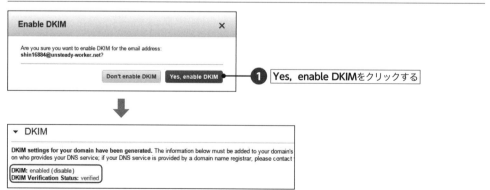

■ CLIでの設定

　SESはCLIでも設定できますが、DKIM情報のRoute 53への自動登録等はサポートしていないため、現時点ではAWSマネジメントコンソールから設定する方が容易です。参考までにAWS CLIでのSES設定についてご紹介します。

□送信アドレスの認証
```
$ aws ses verify-email-identity --email-address test@example.com --region us-east-1
```

□DKIM認証
```
$ aws ses verify-domain-dkim --domain example.com --region us-east-1
    DKIMTOKENS  kbca2lvg58kst24uddk73jpuwewdvf7q
    DKIMTOKENS  n6ouysbcjwo7n5obgtln4fkfqfr5rx7n
    DKIMTOKENS  xf5ainjdgzgem23er3t6vtyk4ygenssa
```

□送信アドレスのDKIM有効化
```
$ aws ses set-identity-dkim-enabled --identity test@example.com --dkim-enabled --region us-east-1
```

　送信アドレスの認証コマンドを実行すると、指定したアドレスに確認メールが届きます。メール内のリンクをクリックして認証を完了してください。DKIM認証コマンドを実行すると、CNAMEレコードの登録に必要な情報(DKIMTOKENS)が表示されます。この情報をもとにDNSに登録してください。最後に、送信アドレスのDKIM有効化コマンドを実行するとCLIでの設定は完了です。

■ SESのSDKを使ったメール送信

　ここでは、SDKを使ったSESでのメール送信例を紹介します。

◆送信用IAMユーザーの作成

　SDKからSESを使ってメールを送信するためには、**送信用のIAMユーザー**が必要です。IAMユーザーの作成については、Chapter2-1(p.76)を参照してください。ここでは、「ses-user」というIAMユーザーを作りましょう。

　なお、今回はアクセスキーが必要になりますので、IAMユーザーの作成時に、アクセスキーとシークレットキーをメモするかCSVファイルをダウンロードして保存しておいてください。

図3-7-15 アクセスキーを確認する

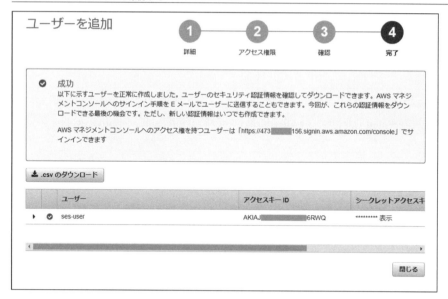

次に作成したIAMユーザーに権限を付与します。

▽権限の付与
①IAMのダッシュボードからポリシーを選択して、検索ボックスに「ses」と入力してください。
②「AmazonSESFullAccess」というポリシーが表示されるので、チェックボックスにチェックを入れて、ポリシーアクションからアタッチを選択してください。
③ポリシーに紐付けたいアカウントを選択する画面が表示されるので、先ほど作成したIAMユーザーにチェックを入れて、アタッチポリシーをクリックしてください。

これでSDKからSESを使用する準備は完了です。

図3-7-16 送信用のIAMユーザーへの権限の付与

3-7 SESによるメール送信システムの構築

◆AWS SDK for Rubyを使用したメール送信例

　AWS SDK for Rubyを使ってメールを送信するサンプルは以下の通りです。"access_key_id"と"secret_access_key"にはIAMユーザーの作成時に生成されたアクセスキーとシークレットアクセスキーを指定します。プログラム中にキーを直接埋め込むのは非常に危険なので、環境変数にセットしたうえで利用しています。"sender"にSESで認証された送信元のアドレスを、"recipient"に送り先のアドレスを設定してください。

　なお、環境変数「AWS_ACCESS_KEY_ID」と「AWS_SECRET_ACCESS_KEY」は特別な意味を持ち、プログラム内で自動的に認証情報として認識されます（p.106）。

リスト3-7-3　AWS SDK for Rubyによるメール送信

```
require 'aws-sdk-ses'

sender = 'from@example.com'
recipient = 'to@example.com'
subject = 'Amazon SES test'

htmlbody =
  '<h1>Amazon SES test (AWS SDK for Ruby)</h1>'
```

Chapter 3

```ruby
    textbody = 'This email was sent with Amazon SES using the AWS SDK for Ruby.'

    encoding = 'UTF-8'

    ses = Aws::SES::Client.new(
      access_key_id:ENV['AWS_ACCESS_KEY_ID'],
      secret_access_key:ENV['AWS_SECRET_ACCESS_KEY'] ,
      region: 'us-east-1'
    )

    begin
      # Provide the contents of the email.
      ses.send_email(
        destination: {
          to_addresses: [
            recipient
          ]
        },
        message: {
          body: {
            html: {
              charset: encoding,
              data: htmlbody
            },
            text: {
              charset: encoding,
              data: textbody
            }
          },
          subject: {
            charset: encoding,
            data: subject
          }
        },
        source: sender,
        # Uncomment the following line to use a configuration set.
        # configuration_set_name: configsetname,
      )

      puts 'Email sent to ' + recipient

    # If something goes wrong, display an error message.
    rescue Aws::SES::Errors::ServiceError => error
      puts "Email not sent. Error message: #{error}"
    end
```

3-7 SESによるメール送信システムの構築

これでSESを使ってメールを送信することができるようになりました。注意事項や守るべきルール等はありますが、自身でメールサーバを運用するよりもはるかに手軽にメール送信環境を用意することができます。

EC2インスタンスにメールサーバを構築する

2つ目はEC2インスタンス上でメールサーバを構築して、メールを送信する方法です。メールの送信要件としてSESが適さない場合や、自身でメールサーバを管理したい場合に利用します。ここでは、EC2インスタンス上にメールサーバを構築してメールを送信する際に必要なことを説明します。また、一般的にメールサーバを構築する際に実施しておくべきことを簡単に紹介します。

■ メール送信に必要な準備

AWSでは、不適切なメール（スパムメール等）の送信に利用されることを防ぐため、パブリックIPやElastic IP（EIP）から一定以上のメールが送信できないように制限されています。また、パブリックIPやEIPは原則として**RBL**（Real-time Blackhole List）に登録されています。これらは不用意に不適切なメール送信を防ぐことを目的としています。

EC2インスタンスからメールを送信する場合は、上記のようなメール送信上の制限を解除する申請が必要です。メールサーバを構築してからメールが送信できるようになるまでのステップは次の通りです。

・EC2インスタンスにメールサーバを構築する
・メールサーバのホスト名をDNSに登録する
・メール不正中継のテストをする
・メールの送信制限解除申請をする

ここからは、上記のステップに沿ってメールサーバを構築していきましょう。

■ EC2インスタンスにメールサーバを構築する

EC2インスタンスの起動はこれまで説明していますので省略します。EIPを取得して、起動したEC2インスタンスに付与してください。EIPの取得については、Chapter2-5（p.161）を参照してください。

Amazon Linux AMIのEC2インスタンスが起動していることを前提に、メールサーバの構築から各種設定までを実施します。ここでは、CLIで構築していきます。

337

◆Postfixのインストール

メールサーバとして**Postfix**を使用します。Postfixは、メールを送信できる必要最低限の設定にしています。設定は要件に応じて適宜変更してください。

Postfixのインストールは以下のように実行します（EC2インスタンスにログインして実行してください。ログイン方法は153ページを参照してください）。

```
$ sudo yum install -y postfix
```

設定ファイルの変更は以下のように実行します。ここに示す項目を設定してください。

```
$ sudo vi /etc/postfix/main.cf
~
myhostname = mail.example.com
domain = example.com
myorigin = $mydomain
inet_interfaces = all
mynetworks = 172.31.0.0/16
mydestination = $myhostname, localhost.$mydomain, localhost, $mydomain
home_mailbox = Maildir/
smtpd_banner = $myhostname ESMTP unknown
smtpd_recipient_restrictions = permit_mynetworks, reject_unauth_destination
```

Postfixを標準のメール送信サーバにします。

```
$ sudo /etc/init.d/sendmail stop
$ sudo chkconfig sendmail off
$ sudo alternatives --config mta   => postfix選択
$ sudo /etc/rc.d/init.d/postfix start
$ sudo chkconfig postfix on
```

■ メールサーバのホスト名をDNSに登録する

続いてはメール送信に必要なDNS情報を登録しましょう。DNSに以下のレコードを登録してください。メール送信専用の場合、MXレコードは必須ではありませんが、MXレコードがない場合にスパムと判定するメール受信サーバもあるため登録することをお勧めします。

表3-7-2　DNSに登録するレコード

ホスト名	レコードタイプ	アドレス	優先度
mail	A	EIPアドレス	-
なし	MX	mail.example.com.	10
なし	TXT	v=spf1 a:mail.example.com .all	-
なし	SPF	v=spf1 a:mail.example.com .all	-

　しかし、MXレコードを登録するということは、送信専用サーバにインターネットからメールが送られてくる可能性が高くなるため、メールサーバで不要なメールリレー（第三者中継）が許可されないように十分注意してください。第三者中継が許可されていないかどうかをチェックする方法はこの後で紹介します。メールを受信する必要がある場合、送信サーバとは別に受信専用のメールサーバを用意する方がより安全です。
　SPFレコードは対応していないDNSサーバもあります。その場合はTXTレコードのみ登録してください。

■ メール不正中継のテストをする

　メールサーバを構築・運用するうえで一番大切なことは、不正なメールを中継しないようにすることです。そこで、メールサーバの構築・設定が完了したら、メールが不正に中継されないことを確認しましょう。確認には以下のサイト等を利用します。

MxToolbox
https://mxtoolbox.com/diagnostic.aspx

Open relay test
http://www.nmonitoring.com/open-relay-test.html

■ メールの送信制限解除申請をする

　最後にEC2インスタンスからメールを送信するために、AWSのWebサイトでメール送信制限の解除申請を行います。2018年2月現在はサポートページから解除申請をすることができないため、以下のURLから申請を行ってください。

メール送信制限の解除申請
https://portal.aws.amazon.com/gp/aws/html-forms-controller/contactus/ec2-email-limit-rdns-request

　解除申請に必要な内容は以下の通りです。

Chapter3

表3-7-3 解除申請の入力項目

入力項目	入力内容
Email Address	AWSアカウントの登録アドレスを入力。AWSにログインしている場合は自動的に入力される
Use Case Description	EC2からメールを送信する要件(どういったメールを送信するのか)を入力
Elastic IP Address	メールサーバに付与したEIPのアドレスを入力
Reverse DNS Record for EIP	AWSが登録するEIPに対する逆引きレコードのホスト名を入力。上記DNS登録情報の場合は「mail.example.com」と入力する

　メール送信制限解除が完了したら、アカウント作成時のメールアドレスにメールで通知されます。

　これでEC2インスタンスからのメール送信が可能になりました。メールサーバを独自で管理・運用することは想像よりもはるかに大変です。要件が合わない場合は仕方がありませんが、極力SESやこの後紹介するサードパーティのメール送信サービス等の利用をお勧めします。

外部のメール送信サービスを利用する

　最後に、メール送信に特化したサービスを提供しているSaaSを利用する場合を考えます。有名なところでは以下の3つのサービスがあります。ここでは、日本語のサポートも充実しているSendGridについて簡単に紹介します。

SendGrid
https://sendgrid.kke.co.jp/

Mandrill
https://mandrill.com/

Mailgun
http://www.mailgun.com/

■ SendGridとは

　SendGridは、SendGrid社が提供するクラウドベースのメール送信サービスです。日本では、株式会社構造計画研究所がSendGridの正規代理店となってサービスが提供されています。Foursquare、Pinterest、WANTEDLYといった有名なWebサービスの大量メール配信インフラとして利用される等、利用実績も多数あります。

　SendGridとSESをサービス面で比較すると、コストはやはり使った分だけの従量課金であるSESの方が有利です。その分、SendGridは日本の携帯キャリアアドレス向けのメ

ール送信にも対応していたり、メール送信の専門家がサポートしてくれたりと実際に利用するうえでのサービスが充実しています。

　アプリケーションからの会員登録完了通知やパスワード変更通知等では、それほど機能的な差はありませんが、マーケティングメール（メルマガやニュースレター）等を配信する場合は、SESだけでは対応することはできず、別途作り込みが発生します。SendGridではマーケティングメール配信に必要な機能（送信リスト管理や送信スケジュール管理等）が提供されているため、非常に簡単にマーケティングメールを送信することができます。

マーケティングメール機能の詳細
https://sendgrid.kke.co.jp/blog/?p=2333

　少し話はそれますが、筆者がお薦めするのはSendGridの公式ブログです。自社のサービスを紹介するだけではなく、メールに関するトピックがとてもわかりやすく説明されていて、とても参考になります。ぜひ一度みなさんものぞいてみてください。

SendGridブログ
https://sendgrid.kke.co.jp/blog/

　本節では、AWSのサービスやその他の方法を使ってメールを配信する方法を説明しました。必要なメールをきちんと届けるためにさまざまな対策が必要なことを理解いただけたかと思います。EC2インスタンスにメールサーバを構築して、きめ細やかなメンテナンスを自分たちで実施することも可能です。しかし、メールを送ることがWebサービスを提供するうえで、目的ではなく手段であるのなら、その手段の運用にできるだけ人の手をかけることなく、外部のサービスをうまく活用する方法を考えた方がよいかもしれません。

Chapter 3

3-8 AWS上に開発環境を構築する

　AWSを利用すれば、すぐにサーバを調達できます。そのため、データ共有等でサーバを必要とする開発環境も、非常に容易に構築することができるようになりました。潤沢なリソースを好きなだけ使えるので、豪華な開発環境を構築できます。しかし、<u>AWSは従量課金制ですので、使えば使うほどコストが増える点に注意が必要です</u>。ここでは、AWSで開発環境を構築・運用する方法と、どういった意識を持って、どのような取り組みをしていくべきか紹介します。

　また、潤沢なリソースがあるため、アプリケーションに直接関係がなくとも、開発をサポートしてくれるツールを導入することが容易になります。継続的インテグレーションを実現するツールと、AWS上での構築方法についても紹介します。

開発環境の構築と運用

　AWS上で開発環境を構築する場合、重要なのは環境を維持できることではなく、いつでも再現できることです。AWSは従量課金制です。そのため、<u>使わない時は停止し、使う時だけ起動する</u>ということが重要になります。そこで、環境をいつでも停止・削除できるよう、開発環境を再現可能な状態にしておくことが大切です。

　また、開発環境を運用する場合も、不必要にサーバを起動しないような取り組みが必要です。特に、開発環境は夜間に必要であることはほぼありませんので、夜間は停止しておくことが望ましいです。

　ここでは、このように開発環境を構築し、運用していくためにはどういった取り組みが必要か紹介します。

■ CloudFormationの活用

　環境の再現を可能にするためには、**CloudFormation**を利用することが一番です。EC2インスタンスだけでなく、ELBやRDS、ElastiCacheといった他のサービスも利用している場合、これらを丸ごと**テンプレート化**できるCloudFormationは強力です。特に、<u>スタックを削除すればCloudFormationが構築した内容を全てきれいサッパリ消し去ってくれる</u>ので、インスタンスの消し忘れや停止忘れのリスクが大きく減ります。

　EC2やRDSは、あらかじめAMIやスナップショットを作成しておき、CloudFormationのテンプレートでそのAMIとスナップショットを指定して構築するのがよいでしょう

cloud-initを活用すればミドルウェア等が何も入っていない素の状態から構築することもできますが、起動が遅くなるので、毎度実行する必要はないでしょう。AMIを構築する部分は、ChefやAnsible等プロビジョニングツールを利用しコード化しておくのが理想です。

図3-8-1　CloudFormationのイメージ

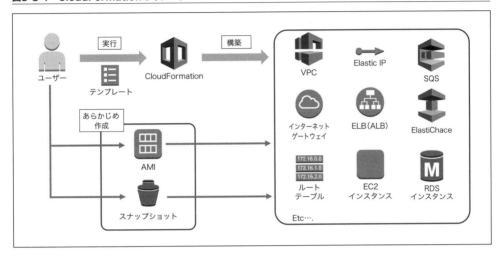

CloudFormationでテンプレート化しておくことで、スタックを作成するだけでいつでも環境を再現することが可能になります。

■ 環境のコード化

CloudFormationでは、構造化データをJSONもしくはYAML形式のテンプレートファイルで記述することになります。これは、JSONもしくはYAML形式ではありますが、環境のコード化と言えます。結局、環境を再現可能な形にしていくことは環境をコード化することになります。ここで、環境をコード化するためのツールを幾つか紹介します。ただし、あくまで紹介にとどまりますので、気になるツールがあれば詳細は自身で調べていただければと思います。また、この節は開発環境についての解説ですが、ここで紹介するツールは本番環境でも十分利用できます。

◆ Terraform

Terraformは、コンセプトである「Write, Plan, and Create Infrastructure as Code」にある通り、インフラをコードから作るためのツールです。CloudFormationと似たような機能を持ち、AWS以外のクラウドサービスもサポートしております。サードパーティ

Chapter 3

のAWSの構成管理ツールとしては、2018年時点では一番シェアが高いと推測されています。

◆kumogata（codenize.tools）

kumogataはCloudFormation用のツールです。CloudFormationのテンプレートはJSON形式ですが、kumogataを使うことで以下の形式で記述し、実行することができます。

・Ruby
・YAML
・JavaScript
・CoffeeScript (experimental)
・JSON5 (experimental)

幾つかの形式をサポートしていますが、主にkumogataを使う目的はRubyでCloudFormationのテンプレートを記述したいというところです。Rubyで記述することで、コメントを入れたり、ループを回したり、VPCやEC2等サービスごとにファイルを分けたりと、可読性と拡張性が高まります。

kumogataでは、CloudFormationの機能に加えて**Post**コマンドがあります。これは、CloudFormationの実行後に任意のコマンドを実行できる機能になります。公式からの引用になりますが、以下のようになります。Outputs句で出力した内容を引き継いで利用することが可能です。また、"my_ssh_command〜"の部分を見ればわかるようにSSHでログインし、コマンドを実行することもできます。

リスト3-8-1　kumogataでPostコマンドを使う

```ruby
Parameters do
  ...
end

Resources do

...

end

Outputs do
  MyPublicIp do
    Value { Fn__GetAtt name, "PublicIp" }
  end
end
```

```
_post do
  my_shell_command do
    command <<-EOS
      echo <%= Key "MyPublicIp" %>
    EOS
  end
  my_ssh_command do
    ssh do
      host { Key "MyPublicIp" } # or '<%= Key "MyPublicIp" %>'
      user "ec2-user"
    end
    command <<-EOS
      hostname
    EOS
  end
end
```

また、kumogataは**codenize.tools**という、こういったインフラ周りのコード化を支援するツール群の1つです。codenize.toolsには、他にも便利なツールがありますので一度確認してみてください。2018年3月現在では、後継サービスとしてkumogata2が出ています。

codenize.tools
http://codenize.tools/

◆Chef・Ansible・Itamae

これらは構成管理ツールになります。ミドルウェアのインストール・設定等、EC2の中身を構築する部分で利用します。それぞれの特徴について簡単に説明します。

Chefは、代表的な構成管理ツールの1つです。Cookbookと呼ばれる仕組みでサーバの構成情報を管理します。CookbookはRubyのDSLで記述します。なお、プロビジョニングするサーバにChef-Clientをインストールする必要があります。有名になり、広く使われているため、書籍等の情報が充実しています。Chef自体は機能が豊富で複雑な部分もありますが、学習する環境は整っています。

AnsibleはChefよりも後発ですが、非常に人気のあるツールです。ChefからAnsibleへ移行するケースも多いようです。Python製であり、playbookと呼ばれる仕組みでサーバの構成情報を管理します。playbookはYAML形式で記述します。Chefとは異なり、プロビジョニング対象のサーバに何もインストールする必要がありません。また、Chefと比べて覚えることが少ないため、最初に導入する障壁は低いです。playbookもYAMLですので、簡潔に記述されるのが特徴です。

Itamaeは個人的に推薦するツールになります。対象のサーバに何もインストールする必要がない、実行までが簡単等、Ansibleのシンプルさには惹かれます。しかし、Chefと

Chapter 3

比べた際に、Rubyで記述できることの自由度の高さは捨てがたいものがあります。そこで、Ansibleのようなシンプルさを持ちつつ、Chefと同様の記述ができるツールがItamaeです。名前でわかるように日本製であり、クックパッド社が開発しています。軽量Chefという位置付けであり、Chefと比べ機能が絞られています。しかし、構成管理をするうえで必要な機能は十分に揃っています。シンプルなため、学習コストは低いです。Chefを導入する前に一度検討してみてはいかがでしょうか？

◆Packer

Packerは仮想イメージを作成するためのツールです。Virtual BoxやVMware等、一般的な仮想化ツールに加え、AWSはじめDigitalOceanやGoogle等のクラウドプラットフォームにも対応しています。これを利用することで、EC2のAMIを作成することができます。

Packerは仮想イメージを作成する際に、Chef等でプロビジョニングすることができます。CloudFormationで構築済みのAMIを利用したい場合等、Packerを利用してAMIを作成しておくと便利です。

■EC2インスタンスの自動起動・停止

環境のコード化は主に開発環境の構築部分になりますが、運用部分で重要なのはEC2インスタンスの自動起動・停止です。特に停止が重要です。EC2インスタンスが不必要に起動している状態は最も避けるべきです。しかし、現実としてEC2インスタンスが起動したままになることは多いです。たとえ、退社する際にはインスタンスを落とすといったルールを定めても、人間なので忘れてしまうこともあります。そこで、開発環境のような夜間には不要なインスタンスは、バッチジョブで強制的に停止してしまいます。そして、朝に自動起動します。それでは、具体的にどういったジョブを作成すればよいか説明します。

単純に決まった時間に起動・停止するだけでは、さすがに無理が出てきます。場合によっては夜中や早朝に起動しておきたいこともあるでしょう。そこで、起動する時間、停止する時間をタグに記述し、その時間に起動・停止するようジョブを設計します。また、起動停止と同様に忘れがちなのがバックアップです。そのため、停止時には同時にAMIを作成するようにしておきます。さらに、AMIが溜り続けても料金がかさむばかりですので、タグにAMIの保存日数も記述し、その値によって過去のAMIを削除するようにします。まとめると必要な処理は以下のようになります。

・EC2インスタンスのタグから起動時間、停止時間、AMIの保存日数を取得
・タグの起動時間と現在時刻が一致していればインスタンスを起動
・タグの停止時間と現在時刻が一致していればインスタンスを停止
・停止した場合、AMIの作成
・停止した場合、タグの保存日数よりも過去のAMIを削除

3-8　AWS上に開発環境を構築する

図3-8-2　StopStartBatchのイメージ

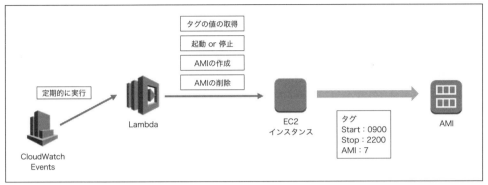

スクリプトはLambdaで実行させるとインスタンス起動停止用にバッチサーバを用意する必要がなくなります。Lambdaの実行自体は、CloudWatch Eventsで定期的に実行させることができます。上記に似た機能を備えたAWS謹製のツール、**AWS Instance Scheduler**もあります。

AWS Instance Scheduler
https://aws.amazon.com/jp/answers/infrastructure-management/instance-scheduler/

■ 開発環境を構築するうえでの注意点

最後に、AWSに開発環境を構築するうえで考慮すべき点を説明します。

◆VPCの振り分け

1つのアカウントに作成できるVPCはデフォルトで5つです。CloudFormationでVPCを作成することができますが、全ての開発環境でそれぞれVPCを作成するとすぐに上限に達してしまいます。VPCの上限を増やすこともできますが、別々の開発環境をVPC内に同居させるのが現実的です。役割や類似プロジェクト等でVPCを分けるか、もしくは1つのVPCに全て入れてしまう等、構築する前に一度検討し、ルールを定めておくべきでしょう。

◆開発環境でのRDSの利用

RDBMSを使う場合、本番環境ではRDSを使うべきです。しかし、開発環境では少し事情が異なります。開発環境ではテストを回さなくてはなりません。特に基幹系システムのテストでは、四半期や年度末にどういった動作をするかというシナリオが含まれるでしょう。そういった場合に、RDSでは対応できません。タイムゾーンの変更はできますが、現

在時刻を自由に変更することはできないためです。そのため、EC2上にDBサーバを構築する場合があります。設計によってはDBのシステム日付を使っていない場合もあるかと思いますが、開発環境を構築する際にはアプリチームに相談しましょう。

継続的インテグレーション（CI）を実施する

　開発を進めるうえで、最近では継続的インテグレーションを行うことが必須となってきました。かぎられた期間・リソースで素早く効率的に開発するためには、継続的インテグレーションは欠かせません。

　ここでは、継続的インテグレーションの概念と、これを実現するために必要な**リポジトリサーバ、ビルドサーバ**を構築するソフトウェアを紹介します。なお、ここではEC2上に構築することを前提として、インストール型のソフトウェアを紹介します。

継続的インテグレーション

　継続的インテグレーションについて説明します。**インテグレーション**（Integration）とは「統合」という意味です。一般的なソフトウェア開発では、1つのプロダクトを複数人で分担して開発します。そのため、各自の成果物をどこかで1つに統合、つまりビルドする必要があります。

　しかし、開発が完了した後にビルドしてみると、さまざまな問題が表面化します。「各開発者の環境に差異があり、ライブラリやミドルウェアの依存関係が解決できない」「特定の機能が動かない」等はよくある話です。これらの問題は、ソースコードが巨大化・複雑化するほど解決に時間がかかります。そのため、早い段階から継続的にビルド作業を行うことで問題を早期に発見し、取り除く必要があります。この活動が継続的インテグレーションです。

　継続的インテグレーションを行ううえで、リポジトリサーバとビルドサーバが必須になります。リポジトリサーバは各開発者の成果物を一括でバージョンごとに管理し、さらに各開発者がいつでも最新のソースコードを取得できる状態にします。これにより、開発者間の環境の差異は少なくなります。ビルドサーバは、定期的にリポジトリサーバからソースコードをダウンロードし、ビルドタスクを実行します。ビルドタスクのなかでは、単純なビルドだけでなく、テストコードの実行も行います。開発者はビルド結果を確認し、問題があれば修正します。

　それでは、実際に継続的インテグレーションを行うために、リポジトリサーバとビルドサーバをどのように構築するか紹介します。

■ リポジトリサーバ

リポジトリサーバには**バージョン管理システム**をインストールします。ここでは、どういったソフトウェアがあるかと、AWSに構築する場合の流れについて紹介します。

◆ CodeCommit

CodeCommitは継続的デリバリを支援するAWSのサービスの1つで、フルマネージドなソースコントロールサービスです。Gitのリポジトリサーバとしての機能とプルリクエスト等、幾つかの拡張機能があります。そして、データはS3やDynamoDBに保存されているため、高耐久性を誇ります。EC2インスタンスを利用して自前でリポジトリサーバを運用するより、信頼性・コスト面で優位です。新規でリポジトリサーバを構築する際は、まずはCodeCommitを検討してみてはいかがでしょうか。

◆ GitLab

GitHubクローンのなかで最も有名なものが、GitLabです。GitLabはオープンソースとして公開されています。Community EditionとEnterprise Editionがあり、Community Editionは無料で利用できます。Enterprise EditionはLDAP連携など幾つか機能が追加されています。Gitサーバとして利用する分には、Community Editionで困ることは特にありません。

GitLabをEC2上に起動する場合、構築は不要です。GitLabから公式のAMIがMarketplaceに提供されています。また、これを利用しない場合も、deb、rpmパッケージが公式から提供されており、インストールは簡略化されています。

◆ Subversion (SVN)

Git人気は高いですが、Subversionを利用している企業もまだまだあると思います。SubversionはBitnami社からMarketplaceにAMIが提供されているので、すぐにEC2上に起動することができます。SVNからGitへの変換ツールも多いので、Gitに変換のうえでCodeCommitを利用するのも1つの手でしょう。

■ ビルドサーバ (Jenkins)

ビルドサーバに関しては、ビルド対象の言語は違えども、ツールとしては**Jenkins**が一般的です。JenkinsもBitnami社からMarketplaceにAMIが提供されています。しかし、Jenkinsはaptやyumコマンドでインストールできるで構築は容易です。ビルドサーバはプロジェクトに応じてのカスタマイズが多く必要になりますので、自分で作るのがよいと思います。

AWSのJenkins相当のサービスとしては、**CodeBuild**、**CodePipeline**、**CodeDeploy**

があります。CodeBuildはビルドサービス、CodePipelineはリリースのプロセス管理、CodeDeployはデプロイツールとなります。先に紹介したCodeCommitと合わせて利用することにより、AWSサービス単体で継続的デリバリーが実現できます。

> **Tips** GitHubとCircleCIの利用
>
> 　AWS上に継続的インテグレーションの環境を構築するということで、紹介してきました。しかし、そもそも構築しないという選択肢も当然あります。そういった場合に利用するのがGitHubとCircle CIです。
>
> 　GitHubはあらためて言うまでもなく有名なサービスです。他サービスとの連携も含め、単なるバージョン管理にとどまらず、開発者のコラボレーションツールとしても優秀です。実際、本書の原稿もGitHub上で管理しています。
>
> 　CircleCIは、CIをSaaSで提供します。GitHubと連携し、GitHubのリポジトリにpushにされると、自動で定義したタスクが実行されます。タスクの定義は、対象のリポジトリに「circle.yml」というYAML形式のファイルをコミットし、ここに記述します。「ビルド環境の構築→ビルド実行→テスト→デプロイ」まで一連の流れを記述することができます。同様のサービスにTravis CIがありますが、CircleCIと比べ割高です。Circle CIをお勧めします。
>
> 　GitHubやCircle CIを使うことで、構築の手間も省けますが、それ以上に運用に手間がかかりません。バックアップやソフトウェアのアップデートを考えなくていいからです。ただし導入にあたっては、会社の資産となるソースコードを他社のサービスに預けるのはどうかという話になりますので、管理部門と十分話し合いましょう。

3-9 モバイルアプリから AWS上のリソースを利用する

スマホ・タブレットの普及に伴い、モバイル端末の利用時間は増加傾向にあります。それに合わせるように、モバイルアプリの開発も盛んになってきています。現在のモバイル端末でのシステムの利用形態は、従来のようなブラウザ経由ではなく、ネイティブアプリが主流です。ネイティブアプリは従来のシステムとは違った特性が幾つかあり、最適なシステムのアーキテクチャが異なります。ここでモバイルアプリのアーキテクチャの特性と、モバイルアプリ開発に関連するAWSのサービス群の解説と構築例を紹介します。

Cognitoによるユーザー認証

AWSのモバイル開発ツールとして、**AWS Mobile SDK**が提供されています。Mobile SDKにはバージョン1と2があり、現在主流であるバージョン2では認証機能について**Cognito**と呼ばれるサービスの利用が前提になっています。Cognitoは、モバイル向けに設計されたAWSの認証・認可のサービスです。Cognitoを利用することにより、アクセスキーとシークレットアクセスキーを利用しない認証の仕組みを実現できます。

一方でJavaやPHP、Rubyといった他のSDKでは、アクセスキーとシークレットアクセスキーやインスタンスに対するIAMロールで認証します。この違いは、モバイルはアプリケーションの配布を前提とするためです。アクセスキーやシークレットアクセスキーを含むアプリケーションを配布すると、キーを抜き取られて悪用される等のセキュリティ上の問題があります。また、モバイル端末に対してIAMロールで永続的に権限を付与することは現実的ではありません。

AWSではCognitoというモバイル向けの認証の仕組みと、IAMロールによる認可の仕組みで、モバイルアプリでも安全にAWSのリソースを利用する仕組みを提供しています。まずは、Cognitoを含む認証機能および、モバイルアプリからAWSを利用する場合のアーキテクチャを見てみましょう。

■ 3Tierアーキテクチャと2Tierアーキテクチャ

AWSでモバイルアプリのサーバサイドを構築する場合、**3Tier**と呼ばれるアーキテクチャが一般的です。クライアント側のモバイル端末をプレゼンテーション層とし、モバイルから呼び出されるEC2インスタンスのアプリケーション層、その背後にあるデータベース

等のデータ層の3層構造とします。

図3-9-1　3Tierアーキテクチャ

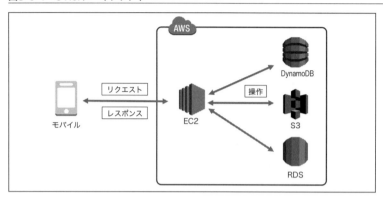

　この構成であれば、モバイルからのリクエストはいったん全てEC2インスタンスが受け持ち、また処理結果をJSON等の形式で返します。ポイントは、この構成ではバックエンドの処理に対しても、EC2インスタンス側のアプリが全て処理変換する必要があることです。また、リクエストが集中するため、EC2インスタンスの可用性が重要になってきます。
　例えば、S3にファイルをアップロードする場合もEC2インスタンスを経由するために、1クライアントからの処理に対してもそれなりの接続時間が必要となります。処理能力ならびに可用性の確保については、ELBで冗長化構成のうえでAuto Scaling構成にすることで解決できるものの、どうしてもEC2部分の構成が負担が重くなります。この解決策の1つとして、モバイルからAWSのリソースを直接的に利用することが考えられます。

図3-9-2　2Tierアーキテクチャ

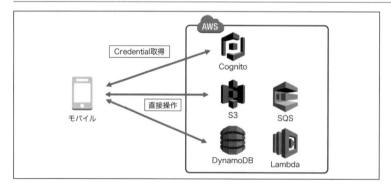

　Mobile SDKを利用すると、iOSやAndroidアプリケーションからAWSのリソースを直接利用できます。しかし、前述の通りモバイルアプリ内には、AWSを利用するためのア

クセスキーやシークレットアクセスキーを記述することは避けなければいけません。そこで、Cognitoを利用してモバイルアプリの利用者のアイデンティティを確立します。そして、あらかじめ設定しておいたIAMロールで必要な権限を付与します。これにより、モバイルアプリから安全にAWSのリソースを利用できるようになります。これを**2Tierアーキテクチャ**と呼びます。

2Tierアーキテクチャを採用することには、2つのメリットがあります。1つは、モバイルアプリから直接的にAWSのリソースを利用できるために、構成がシンプルで効率がよい点です。もう1つは、S3やDynamoDB、Lambdaといったフルマネージドのサービスのみでも構成できるため、スケーリングや可用性の確保等の安定運用に関わる部分の管理を全てAWS側にまかせることができます。

一般的にモバイルアプリは、通常のWebシステム以上の開発スピードと変化を求められることが多いです。サーバサイド等はAWSのサービスを活用することで、リソースをモバイルアプリ自身の開発に集中することができます。

■ サーバレスアーキテクチャによる3Tier

先ほどは、EC2を利用した3Tierアーキテクチャを紹介しました。AWSのサービスを利用すると、自前でインスタンスを構築・運用することなく3Tierアーキテクチャを構築できます。それには、APIの作成・管理するサービスである**API Gateway**と**Lambda**を中心としたサービスを組み合わせます。

図3-9-3　サーバレスアーキテクチャ

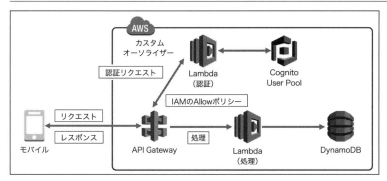

API GatewayやLambda、DynamoDB等のAWSのフルマネージドなサービスを利用して構築するアーキテクチャは**サーバレスアーキテクチャ**と呼ばれています。サーバレスアーキテクチャの特徴は、主に2つあります。1つ目は、利用者はサーバの構築・管理が不要で、人的リソースの大半をロジックの開発に注げることです。2つ目は、サーバ内に常駐プロセスがあるのではなく、イベントに応じてプロセスが呼び出され処理されることです。

Chapter 3

設計の考え方が大きく変わりますが、うまく使うことにより短期間で十分な機能を持ったシステムを構築できるようになります。

サーバレスアーキテクチャは、API Gateway＋Lambda,DynamoDBという構成が多いですが、データを取るのみの処理であればGraphQL基盤のサービスであるAppSyncと、DynamoDB,Elasticsearchという組み合わせもよいでしょう。

■ Cognitoを中心としたユーザー認証とアクセス認可

それでは、Cognitoを利用したアイデンティティの確立について、詳しく見てみましょう。構成要素としては、**認証プロバイダ**による認証と、Cognitoによる**Credential**の発行、IAMロールによる権限の付与の3つの要素になります。

まず認証プロバイダによる認証ですが、これはFacebookやGoogle、AmazonもしくはOpenIDベース等の任意ものが利用できます。決められたプロバイダに対して、ID・パスワード等で認証リクエストを行います。認証が成功した場合、Cognitoが信任済みを表すCredentialトークンを発行します。このトークンを元に、あらかじめ設定していたIAMロールと紐付けてAWSのリソースが使えるようになります。どのリソースが使えるかは、IAMロールの設定次第となります。これらの一連の動きをまとめるのが、Cognitoの機能です。

図3-9-4　Cognitoを利用したユーザー認証とアクセス認可の仕組み

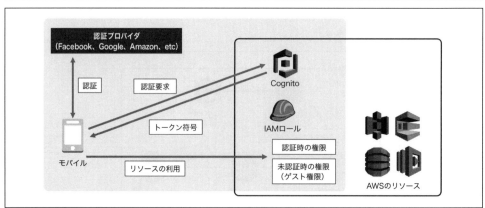

Cognitoを利用すると未認証時のゲストアクセスといった動作も可能になります。また、Cognitoの機能は従来から提供されていた**STS**（Security Token Service）を利用した**Web Identity Federation**と非常に似ています。Cognitoの内部的には、STSを利用しているというところは同じで、認証やロールの設定等がより簡単に使えるラッパー的なAPIと考えることができるかもしれません。

■ Cognitoのデータ同期機能

Cognitoのもう1つの機能に、データ同期（Cognito Sync）があります。これは、同一のユーザーが使う複数端末間でのデータ同期を手助けするサービスです。また、複数端末で利用する時につきもののコンフリクト（データの衝突）に対しても、基本的な対処の仕組みが実装されています。

Cognito Syncは、SQLiteという軽量組み込み用のデータベースを利用して動きます。各端末にSQLiteを配置し、オンライン時にCognitoのユーザーのデータストアと同期します。モバイルアプリはSQLiteに対してデータのやり取りをするため、オフライン時での参照や更新が可能となります。オフラインのままで複数の端末で操作すると、データの不整合が起こる可能性があります。Cognitoでは最終更新のデータを優先するという基本方針を持っていますが、カスタマイズすることも可能となっています。

■ CognitoのIDプールの作成

Cognitoによるアイデンティティ管理は、**IDプール**という単位で管理されます。IDプールの作成は、AWSマネジメントコンソールから**Cognito**を選択し、フェデレーテッドアイデンティティの管理をクリックして行います（始めて作成する場合）。

図3-9-5　IDプールの作成

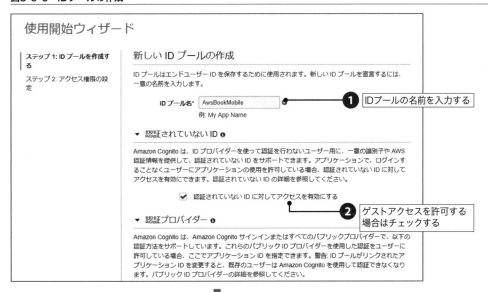

Chapter 3

設定項目としては、主に3点です。

- IDプールの名前
- 利用する認証プロバイダ
- 未認証時のリソース利用の許可（ゲストアクセス）

IDプール名は、一意の名前であれば任意に付けられます。認証プロバイダですが、FacebookとGoogle＋、Twitter、Amazonの他にOpenID Connectベースのプロバイダが利用できます。オプション項目のため指定しなくても利用できます。「認証されていないIDに対してアクセスを有効にする」をチェックすることにより、後の画面で未認証時のIAMロールを設定できます。モバイルアプリの内容によりますが、認証時・未認証時に使えるリソースを分けることで、構成の幅が広がるのでお勧めします。

◆ IAMロールの設定

次にIAMロールの設定を行います。前画面での選択によるものの、**認証時（authenticated）**に利用するIAMロールと**未認証時（unauthenticated）**に利用するIAMロールの2つを設定できます。

ロールの内容としては、最低限**cognito-sync**に対する権限が必要となります。その他にも、必要なリソースを追加しましょう。IAMロールの設定はプールの作成後に続けて行えるので、ここではまずどのロールを使うかを指定すれば大丈夫です。下記は、デフォルトで作成されるIAMロールの例です。

図3-9-6　IAMロールの設定

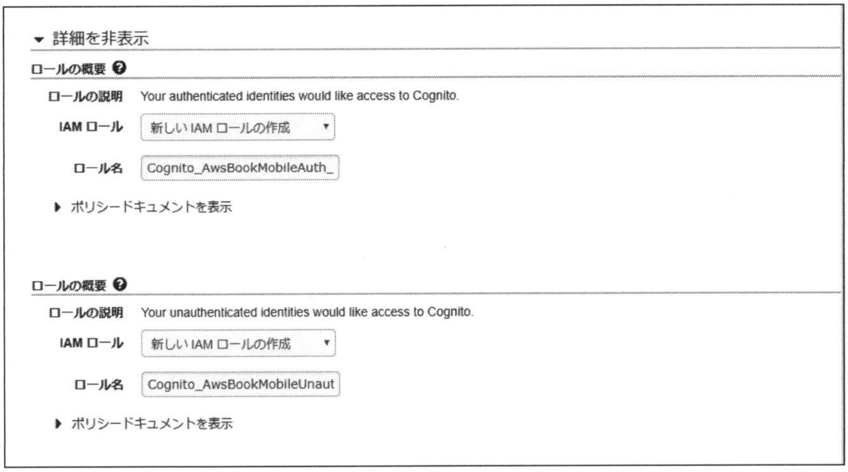

```
▼ 詳細を非表示
  ロールの概要 ❓
    ロールの説明  Your authenticated identities would like access to Cognito.
    IAM ロール   [新しい IAM ロールの作成 ▼]
    ロール名    [Cognito_AwsBookMobileAuth_]
    ▶ ポリシードキュメントを表示

  ロールの概要 ❓
    ロールの説明  Your unauthenticated identities would like access to Cognito.
    IAM ロール   [新しい IAM ロールの作成 ▼]
    ロール名    [Cognito_AwsBookMobileUnaut]
    ▶ ポリシードキュメントを表示
```

リスト3-9-1　IAMロール

```json
{
  "Version": "2012-10-17",
  "Statement": [{
    "Action": [
      "mobileanalytics:PutEvents",
      "cognito-sync:*"
    ],
    "Effect": "Allow",
    "Resource": [
      "*"
    ]
  }]
}
```

プールの作成とIAMロールの設定で、Cognitoは利用可能となります。

それではCognitoを利用して、モバイルアプリを作ってみましょう。

AWSのモバイル開発プラットフォーム

AWSには、モバイル開発プラットフォームとして、**Mobile SDK**が用意されています。またモバイル向けに最適化したサービスとして、**Cognito**や**Mobile Analytics**、**SNS Mobile Push**等があります。またMobile SDKからは、AWSの各種サービスを直接扱えます。

Chapter 3

■ Mobile SDK

　Mobile SDKは、iOS、Android、Xamarin、Unity等に対応したライブラリが用意されています。バージョン1系と2系がありますが、特に利用がないかぎりバージョン2系を利用します。SDKは、AWSの公式サイトからダウンロードできます。SDKのなかにドキュメントも含まれています。またサンプルコードについては、GitHubで公開されています。

AWS Mobile SDK
https://aws.amazon.com/jp/mobile/resources/

AWS Mobile SDK - AWS Mobile Services
https://github.com/awslabs/aws-sdk-ios-samples

　それでは、まずiOSを利用して利用の流れを説明します。なお、本書ではiOSアプリおよびAndroidアプリの開発方法については解説しません。Mobile SDKに関わる部分のみの解説なので、詳細については別途調べてください。

■ AWS Mobile SDK for iOSの環境準備とサンプルアプリ

　それでは、iOSの開発環境の準備をしましょう。**AWS Mobile SDK for iOS**の対応環境は、以下の通りです。

・Xcode 8以上
・iOS 8以上

　SDKのセットアップは、ダウンロードしてXcodeから追加する方法と、**CocoaPods**というRuby製のiOSライブラリ管理ツールからインストールする方法があります。今回は、CocoaPodsから追加します。CocoaPodsを利用していない場合は、下記の手順でセットアップしてください。インストール済み、およびXcodeから追加する場合は、読み飛ばしてください。

```
$ sudo gem install cocoapods
$ pod setup
```

　今回は、AWSが提供しているサンプルコードをも元、Mobile SDKの使い方を学びます。次のURLからzip形式でダウンロードもしくは、gitでクローンしてください。

https://github.com/awslabs/aws-sdk-ios-samples

3-9 モバイルアプリからAWS上のリソースを利用する

　取得したファイルのなかから、**S3TransferManager-Sample**プロジェクトを利用します。まず「S3TransferManager-Sample/Objective-C」に移動し、**Podfile**を確認します。Podfileは、プロジェクトに必要なライブラリを記述するファイルです。

```
$ cd ~/Downloads/aws-sdk-ios-samples-master/S3TransferManager-Sample/Objective-C
$ cat Podfile
source 'https://github.com/CocoaPods/Specs.git'

platform :ios, '9.0'
use_frameworks!

target 'S3TransferManagerSample' do
  pod 'AWSS3', '~> 2.6.0'

  pod 'ELCImagePickerController'
  pod 'JTSImageViewController'
end
```

　AWSS3が、Mobile SDKです。このプロジェクトは、それ以外にも2つのライブラリを利用していることがわかります。それでは、依存するライブラリをインストールしてみましょう。

```
$ pod install
Analyzing dependencies
Downloading dependencies
Installing AWSCore (2.6.12)
Installing AWSS3 (2.6.12)
Installing ELCImagePickerController (0.2.0)
Installing JTSImageViewController (1.5.1)
Generating Pods project
Integrating client project
Sending stats
Pod installation complete! There are 3 dependencies from the Podfile and 4 total
 pods installed.
```

　Podfileに記述されていた3つのライブラリ以外にもインストールされています。これは、CocoaPodsがライブラリの依存性を自動的に解決してくれるためです。

　インストールが完了したら、Xcodeを起動します。CocoaPods利用時の注意点としては、プロジェクトを開く際は、通常の「.xcodeproj」ではなく「**.xcworkspace**」ファイルを開きます。

Chapter 3

図3-9-7 CocoaPodsのプロジェクトファイルを開く

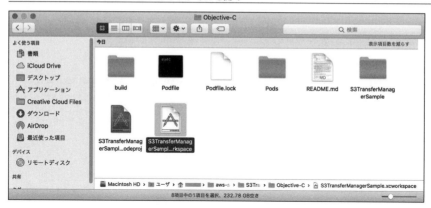

Constants.mファイルを開いて編集します。"AWSAccountID"ならびにCognito関係の設定は、CognitoのIDプールのものを利用します。"3BucketName"については、CognitoのIAMロールから利用できる権限を設定した任意のバケットを設定してください。次のサンプルは、「cognito-sample」というバケットにS3のフルアクセス権を付与した例です。

リスト3-9-2 IAMロールに追加したポリシー例

```
{
  "Version": "2012-10-17",
  "Statement": [
    {
      "Effect": "Allow",
      "Action": "s3:*",
      "Resource": [
        "arn:aws:s3:::cognito-sample",
        "arn:aws:s3:::cognito-sample/*"
      ]
    }
  ]
}
```

リスト3-9-3 Constants.m

```
#import <Foundation/Foundation.h>

NSString *const AWSAccountID = @"Your-AccountID";
NSString *const CognitoPoolID = @"Your-PoolID";
NSString *const CognitoRoleUnauth = @"Your-RoleUnauth";
NSString *const CognitoRoleAuth = @"Your-RoleAuth";

NSString *const S3BucketName = @"Your-S3-Bucket-Name";
```

3-9 モバイルアプリからAWS上のリソースを利用する

　Constants.mでバケット名の指定をしたうえで、Info.plistのAWSの項目でCognitoのIDならびに利用するリージョンを設定します。
　Xcodeからビルドして、端末にデプロイして動作の確認をします。ファイルのアップロード等ができれば成功です。ビルドエラーが発生していないにも関わらず参照・アップロード・ダウンロードできない場合は、IAMロールのS3バケットに対するアクセス権限を確認してください。

図3-9-8　サンプルアプリの起動画面

　Cognitoを利用することにより、アプリ内に認証情報を埋め込むことなくS3にアクセスすることができました。権限等を細かく設定することにより、より安全に運用することができます。

SNSによるモバイルプッシュ通知

　AWSのプッシュ通知機能である、**SNS**（Simple Notification Service）には、モバイルへの**プッシュ通知機能**もあります。2018年2月現在で、以下の7つプラットフォームをサポートしています。

・Amazon Device Messaging（ADM）
・Apple Production
・Apple Development
・Baidu Cloud Push
・Google Cloud Messaging（GCM）

・Microsoft MPNS
・Windows WNS

■ SNSのモバイルプッシュ通知機能

　AWSのモバイルプッシュ機能を利用する利点としては、マルチプラットフォームと大規模配信があります。

図3-9-9　SNSによるモバイルプッシュ通知

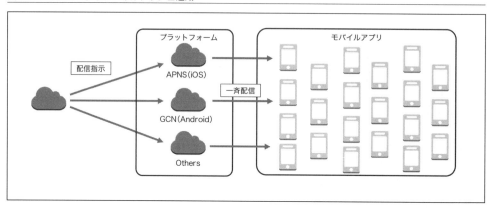

　マルチプラットフォームについては、前述の通り7つのプラットフォームをサポートしています。プラットフォームごとに自分自身で通知機能の実装をしようとすると、管理も実装も非常に煩雑となります。そこでAWSのSNSを利用することにより、ほぼ透過的に複数のプラットフォームを利用できるようになります。

　大規模配信については、数万〜数十万件といったレベルで一斉配信する際には、十分なリソースを持ったインフラが必要となります。常時使うわけではないプッシュ通知用に、独自で常時維持するにはコスト的にも運用的にも負担が高いです。SNSを利用すると、大量配信ができるインフラをサービスとして利用できます。

　モバイルプッシュ通知を利用するアプリを運用するには、配信先のデバイスの登録管理が必要となります。その部分の管理インタフェースは、SNSとしては提供されていません。デバイスの登録・変更・削除等のAPIが提供されているので、独自で作り込む必要があります。

■ モバイルプッシュ通知の登録

　モバイルプッシュ通知は、AWSマネジメントコンソールから登録できます。プラットフォームアプリケーションの作成をクリックして、登録するプラットフォームを選択します。モバイルプッシュ通知は、プラットフォームごとの登録となります。

3-9 モバイルアプリからAWS上のリソースを利用する

```
□AWSマネジメントコンソールの操作
Simple Notification Service→アプリケーション→プラットフォームアプリケーショ
ンの作成
```

図3-9-10　モバイルアプリの登録

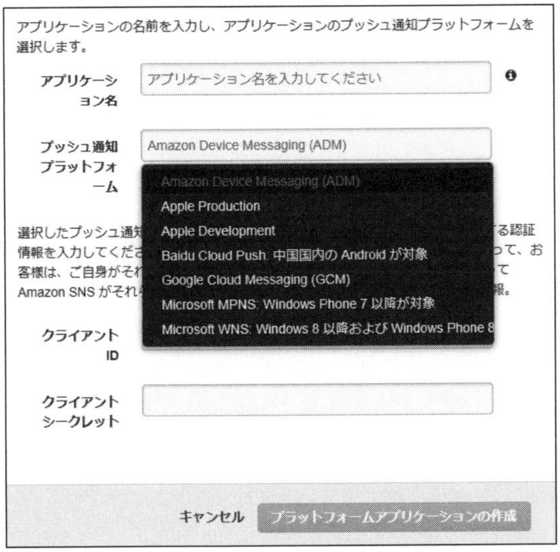

プラットフォームごとの登録の仕方は、多岐にわたるためiOSのみ説明します。それ以外については、公式サイトを参照してください。

Amazon SNS モバイルプッシュ通知
http://docs.aws.amazon.com/ja_jp/sns/latest/dg/SNSMobilePush.html

■ モバイルプッシュ用のiOSアプリの作成

　iOSのモバイルアプリの登録は、次の手順です。iOSアプリやAWSの知識の他に、ある程度は公開鍵証明書認証局に関する知識等がないと、何をしているのか理解することが難しいかもしれません。

Chapter 3

▽iOSのモバイルアプリの登録

①iOSアプリを用意します。
②APNS SSL証明書を取得します。
③アプリケーションプライベートキーを取得します。
④証明書とアプリケーションプライベートキーを検証します。
⑤デバイストークンを取得します。
⑥SNSおよびAPNSを使用してiOSアプリにプッシュ通知メッセージを送信します。

◆iOSアプリの用意

今回は、AWSの公式サイトで配布されているサンプルアプリを利用します。

snsmobilepush.zip
http://docs.aws.amazon.com/ja_jp/sns/latest/dg/samples/snsmobilepush.zip

サンプルアプリには、iOS 8版とそれ以前のバージョンがあります。今回は、iOS 8版を利用します。注意点としては、iOSのプッシュ通知はアプリ名を表す**Bundle Identifier**を利用しています。このBundle Identifierと次に設定するApple IDは一致させる必要があります。

図3-9-11 サンプルアプリのBundle Identifier

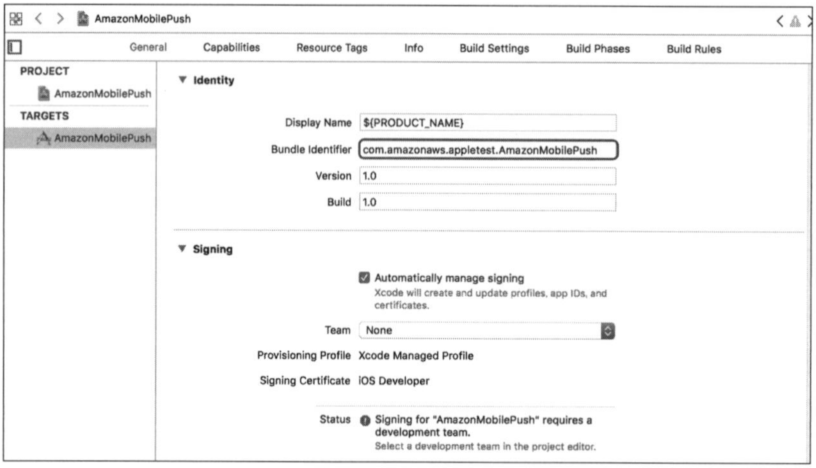

◆APNS SSL証明書を取得

APNS SSL証明書は、Appleの開発者サイトから取得します。メンバーセンターにログイン後、「Certificates→Identifiers & Profiles→Certificates」とクリックしていきます。

Apple Developer
https://developer.apple.com/

　ここでAPNS SSL証明書を作成します。今回は、テスト用のアプリなので、「Apple Push Notification service SSL (Sandbox)」を選択します。

図3-9-12　APNS SSL証明書の作成

　次のページで、紐付けるアップルIDを選択します。ここでの注意点としては、ワイルドカードのID（最後が"*"のID）は利用できません。ワイルドカード以外のIDがない場合は、モバイルプッシュ通知用のIDを作成してください。

図3-9-13　アップルIDの紐付け

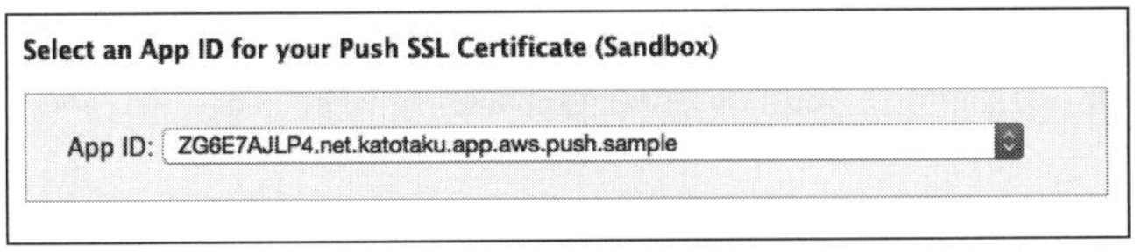

　その後、CSR（証明書署名要求）を元に証明書の作成に入ります。CSRは、macOSのキーチェーンアクセスから作成できます。キーチェーンアクセスを起動し、証明書アシスタント→認証局に証明書を要求を選びます。次に任意のメールアドレスと通称を入力します。CAのメールアドレスは不要です。そして、ディスクに保存を選択して続けるをクリックします。CSRのファイル名を確定させて、保存します。
　CSRができれば、ブラウザのApple Developerに戻ります。ファイル選択で、先ほど作成したCSRを指定してアップロードを行います。Generateをクリックすると生成されるので、生成されたAPNS SSL証明書をダウンロードして保存します。ダウンロードした証明書はpem形式に変換する必要があります。ターミナルを開いて、下記のコマンドで変換

してください。証明書の名前は、自分のファイルのものと置き換えてください。

```
$ openssl x509 -in myapnsappcert.cer -inform DER -out myapnsappcert.pem
```

◆アプリケーションプライベートキーを取得

次にSSL証明書に関連付けられた**プライベートキー**を取得します。まず、先ほど生成したSSL証明書をキーチェーンアクセスに登録します。証明書をダブルクリックするか、キーチェーンアクセスにファイルをドラッグ&ドロップすることで登録できます。次に、キーチェーンアクセスから関連付けられた秘密鍵を選んで、書き出します。

図3-9-14　秘密鍵の書き出し

書き出し後に、今度はp12形式に変換します。

```
$ openssl pkcs12 -in myapnsappprivatekey.p12 -out myapnsappprivatekey.pem -nodes -clcerts
```

◆証明書とアプリケーションプライベートキーを検証

次に、APNS SSL証明書とアプリケーションプライベートキーの検証を行います。

```
$ openssl s_client -connect gateway.sandbox.push.apple.com:2195 -cert myapnsappcert.pem -key myapnsappprivatekey.pem
```

error等の文言が出なければ成功です。

◆デバイストークンを取得

送信するモバイル端末の**デバイストークン**を取得します。デバイストークンとは、端末を一意に認識するためのIDです。最初にダウンロード・設定したアプリを起動させると、Xcodeのコンソールログにデバイストークンが表示されます。エラー等が出て表示されな

い場合は、Bundle Identifierの設定およびDeveloper Portalの登録状況が正しいか確認してください。

◆SNSの登録とプッシュ通知メッセージを送信

最後に、AWS側でSNSの設定を行います。SNSのダッシュボードから プラットフォームアプリケーションの作成 をクリックします。任意のアプリ名を選択のうえで、**Apple Development**を選びます。

次に先ほど生成したp12形式の秘密鍵をアップロードし、鍵ファイルのパスワードを入力し、 認証情報をファイルから読み込み をクリックします。ファイルの選択とパスワードの間違いがなければ、紐付けられた証明書と秘密鍵が表示されるので、 プラットフォームアプリケーションの作成 をクリックします。

図3-9-15 アプリ用SNSの登録

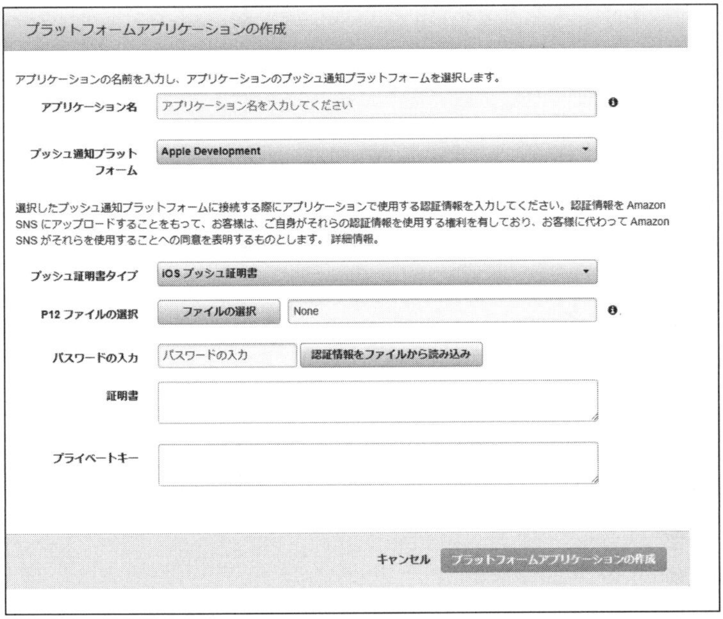

次に**エンドポイント**の登録をします。エンドポイントとは、配信する対象のモバイル端末です。SNSダッシュボードの一覧で先ほど生成したアプリケーションを選択し、 プラットフォームエンドポイントの作成 をクリックします。

端末の登録には、取得したデバイストークンと管理用に任意の名前を入力します。今回は手動で登録していますが、実際のアプリの運用ではAPIを利用してモバイルアプリから自動登録の仕組みが必要になることでしょう。

図3-9-16　モバイル端末の登録

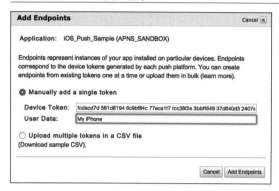

◆通知メッセージの配信

いよいよメッセージの配信です。SNSのダッシュボードからも配信可能なので、ここから配信してテストしてみましょう。エンドポイントを選択したうえで、「メッセージの発行」から配信できます。

図3-9-17　iPhoneへのメッセージ配信結果

今回はiOSでの例ですが、SNSを使うことにより簡単にプッシュ通知が利用できます。一方で、端末の管理であったりメッセージ通知のコントロールについては、AWSの機能のみでは不足する場合があります。AWSのAPIを利用して独自の管理機能を作るか、サードパーティ製の通知サービスを利用するかの選択が必要になります。

Chapter 4
AWSのセキュリティ

Chapter 4

4-1 AWSのセキュリティへの取り組み

　パブリッククラウドを利用するうえで、多くの利用者が気になることはセキュリティだと言われています。いくら便利であっても、セキュリティに懸念があるサービスは使えません。特にエンタープライズ向けシステムを稼働させるインフラの場合、セキュリティインシデントは企業の存続を揺るがす問題になりかねません。AWSではセキュリティを最重要事項としており、各サービスを安全に利用するためのさまざまな対策が取られています。本章では、AWSのセキュリティの考え方や、AWSを安全に利用するために提供されているサービスについて説明します。

表4-1-1　AWSの提供するセキュリティサービス

AWS提供サービス	サービスの概要
通信経路の暗号化	AWSマネジメントコンソールへのアクセスや各種APIを利用する際は、HTTPSを使ってデータを暗号化
セキュリティグループ ＆ ネットワークACL	インスタンスごとに通信の許可設定が可能なセキュリティグループと、サブネットごとに通信の許可・拒否設定が可能なネットワークACLで想定外の通信を遮断
IAM (Identity and Access Management)	必要なユーザーが必要なサービスにアクセスできるよう制御する。役割を分離し最低限の権限にとどめることでセキュリティを担保
MFA（Multi Factor Authentication）	AWSアカウントおよびIAMユーザーワンタイムパスワードによる認証を追加。多要素認証でより高いセキュリティを確保
VPC (Virtual Private Cloud)	パブリッククラウドにプライベートなネットワーク環境を構築。他拠点からVPNによる接続も可能
Direct Connect（専用線接続）	オンプレミス環境からAWSへ専用線を使ってアクセスすることができるため、データの盗聴や改ざんリスクを低減
データ暗号化	EBS、S3、Glacier、Redshift、RDSに保存しているデータやオブジェクトを暗号化可能
Hardware Security Module (CloudHSM)	暗号化キーを安全に保存・管理
Trusted Advisor	AWSサポートが提供するサービスの1つ。各種サービスの設定や運用状況を監視。改善ポイントをアドバイスする
Inspector	AWS上に構築したシステムに対するセキュリティ評価サービス。システムのセキュリティを自動的に継続的に評価する
Guard Duty	AWSアカウントに対する継続したセキュリティ監視と脅威の検知。アカウントが不正利用されていないかモニタリングする
WAF	マネージド型のWebアプリケーションファイアウォール（WAF）。ELB（ALB）やCloudFrontと組み合わせて利用可能
Shield	マネージド型のDDoS保護のサービス。全ユーザーがデフォルトで適用されているネットワークを保護するShield StandardとEC2やELB,CloudFrontに対するアプリケーションを標的にした攻撃を防御する有料のAdvancedがある

4-1 AWSのセキュリティへの取り組み

 ## 責任共有モデル

　AWSのセキュリティの考え方のベースとなるのが**責任共有モデル**です。AWSは物理的なインフラや仮想インスタンスを稼働させるハイパーバイザに関するセキュリティに対して責任を持って安全性の担保に努めます。AWSの利用者は、仮想インスタンスで稼働するOS以上のレイヤーに関するセキュリティに対して責任を持って対策を取る必要があります。

図4-1-1　AWSの責任共有モデル

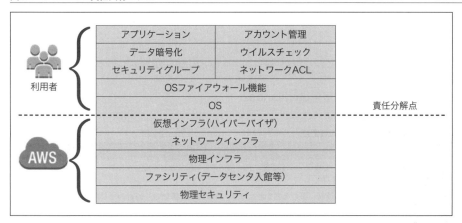

　例えば、仮想インスタンスを稼働させるハイパーバイザに脆弱性が見つかった場合は、AWSが責任を持って対応をします。しかし、EC2インスタンス上で稼働しているOS（WindowsやLinux）に脆弱性が見つかった場合は、利用者が責任を持って対応する必要があります。AWSはセキュリティを確保するためのサービスを数多く提供しています。利用者はそのサービスを正しく理解し、組み合わせることで安全な環境を構築する必要があります。

表4-1-2　代表的な役割分担の例

AWSが対応すべき事項	利用者が対応すべき事項
データセンタの堅牢性確保	OSの脆弱性対応
電源・ネットワークの冗長化	データのウイルスチェック
データセンタへの入館ポリシー	HTTPS通信によるデータ暗号化
サーバやネットワーク機器の安全性	セキュリティグループでの通信制御
ハイパーバイザの脆弱性対応	アプリケーション脆弱性（XSS等）
	利用者アカウントの管理

Chapter 4

 ## 第三者認証

　AWSではセキュリティやコンプライアンスを重視していること、また、それらを維持する運用に問題がないことを公的に証明するため、多くの**第三者認証**を取得しています。必要に応じて、利用者は第三者が作成したレポートや認定証を閲覧することも可能です。今後も利用者のリクエストに応じて必要と判断した第三者認証は継続的に取得する方針でもあるようなので、AWSが責任を持つ範囲におけるセキュリティやコンプライアンスに関する懸念は十分に対策が取られていると考えられます。

　以下に、主な取得済み第三者認証を紹介しますが、この他にも世界レベルでさまざまな認証を取得しています。詳しくはAWSのWebサイトにあるコンプライアンスのページを参照してください。

AWSコンプライアンス
http://aws.amazon.com/jp/compliance/

表4-1-3　AWSが取得済みの主な第三者認証

第三者認証	内容
PCI DSS レベル1	クレジットカード会員データを安全に取り扱うことを目的として策定された、クレジットカード業界のセキュリティ基準
ISO 27001	組織が保有する情報に関わるさまざまなリスクを適切に管理し、組織の価値向上をもたらすISMSの国際規格
ISO 9001	製品やサービスの品質保証を通じて、顧客満足向上と品質マネジメントシステムの継続的な改善を実現する国際規格

　PCI DSSレベル1は、あくまでAWSの責任範囲内で基準をクリアしているのであって、AWS上でシステムを構築しただけでPCI DSSレベル1の基準を満たすわけではありません。OSより上位のレイヤーでの対策は利用者が実施する必要があります。

　また、AWSのパートナー企業が合同で、金融関連システムでもAWSで安全に運用できることを証明するといった活動も行われています。例えば、金融機関等コンピュータシステムの安全対策基準（通称：FISC安全対策基準）に対するAWSの対応状況をまとめたレポートの作成です。責任共有モデルに応じてAWS側、利用者側それぞれで実施すべき項目が整理されています。

※

　ここまではAWSのセキュリティやコンプライアンスに関する取り組み、考え方について紹介しました。次節からは、AWSを安全に利用するために提供されているサービスについて説明します。

4-2 IAM(Identity and Access Management)

AWSでは、システムを安全に利用するために、**IAM (Identity and Access Management)** というサービスが提供されています。ここではIAMについての解説を行います。

AWSのアカウント

AWSには、**AWSアカウント**と**IAMユーザー**と呼ばれる2種類のアカウントがあります。AWSアカウントとは、AWSへサインアップする時に作成されるアカウントです。このアカウントでは、AWSの全てのサービスをネットワーク上のどこからでも利用可能なため、ルートアカウントとも呼ばれています。一方、IAMユーザーとは、AWSを利用する各利用者向けに作成されるアカウントです。最初は、IAMユーザーは存在していないため、AWSアカウントでログインし、必要に応じてIAMユーザーを作成します。

▌AWSアカウント

前述の通り、AWSアカウントは**ルートアカウント**と呼ばれていて、AWSの全サービスに対してネットワーク上のどこからでも操作できる権限を持っています。

非常に強力なアカウントであるため、取り扱いには十分注意する必要があります。IAMがサービスとして提供されるまで、複数の利用者でAWSを使いたい場合は、それぞれの利用者がAWSアカウントを取得するか、1つのAWSアカウントを共有する方法しかありませんでした。しかし、IAMユーザーを利用すれば、この必要はありません。AWSでシステムを構築・運用する場合、AWSアカウントの利用は極力避け、IAMユーザーを利用してください。

▌IAMユーザー

IAMユーザーは、AWSの各利用者がAWSマネジメントコンソールにログインして操作する時や、CLIやSDKを利用してAWSを操作するといった時に使用します。

各IAMユーザーに対して、操作を許可する(しない)サービスが定義できます。各IAMユーザーの権限を正しく制限することで、AWSをより安全に使用することができます。例えば、EC2インスタンスを開始・停止する権限だけを与えて、削除はできないユーザーを作成したり、ネットワーク(セキュリティグループやVPC、Route 53等)に関する権限のみを持つネットワーク管理者用ユーザーを作成したりできます。

Chapter 4

■ 多要素認証（MFA：Multi-Factor Authentication）

　AWSアカウントもIAMユーザーもAWSマネジメントコンソールにログインする時は、IDとパスワードを必要とします。しかし、AWSアカウントや重要な権限を持つIAMユーザーは、これだけの認証では不十分です。最近はリスト型パスワードハッキング等の攻撃も簡単に行えるようになっています。AWSではIDとパスワードに加えて、ワンタイムパスワードを使った**多要素認証（MFA）**に対応しています。全てのアカウントについてMFAを設定することをお勧めしますが、少なくともAWSアカウントや重要な権限を持つIAMユーザーは、MFAを必ず設定してください。

■ IAMのポリシー

　IAMではポリシーによって、「Action（どのサービスの）」「Resource（どういう機能や範囲を）」「Effect（許可 or 拒否）」という3つの大きなルールに基づいてAWSの各サービスを利用するうえでのさまざまな権限を設定します。AWSが最初から設定しているポリシーを**AWS管理ポリシー**と言い、各ユーザーが独自に作成したポリシーを**カスタマー管理ポリシー**と言います。作成されたポリシーは、ユーザー、グループ、ロールに付与することができます。

◆ インラインポリシーと管理（マネージド）ポリシー

　IAMでは、ユーザーやグループ、ロールに付与する権限を、オブジェクトとして管理することが可能で、それを**ポリシー**と呼びます。ポリシーには、**管理（マネージド）ポリシー**と**インラインポリシー**があります。インラインポリシーは、対象ごとに作成・付与するポリシーで、複数のユーザー・グループに同種の権限を付与するには向いていません。
　これに対して管理ポリシーは、1つのポリシーを複数のユーザーやグループに適用することができます。管理ポリシーは、**AWS管理ポリシー**と**カスタマー管理ポリシー**の2種類があります。AWS管理ポリシーは、AWS側が用意しているポリシーで管理者権限やパワーユーザー、あるいはサービスごとのポリシー等があります。これに対してカスタマー管理ポリシーはユーザー自身で管理するポリシーです。記述方法自体は、インラインポリシーと同じで個別のユーザー/グループ内に閉じたポリシーなのか共有できるかの違いとなります。なお、カスタマー管理ポリシーは、最大過去5世代までのバージョンを管理することができます。変更した権限に誤りがあった場合、即座に前のバージョンの権限に戻すといったことが可能になります。
　使い分け方としては、AWS管理ポリシーで基本的な権限を付与し、カスタマー管理ポリシーでIPアドレス制限等の制約をかけるといった方法があります。インラインポリシーについては、管理が煩雑になるので基本的には使わない方向がよいですが、一時的に個別のユーザーに権限を付与する時に利用するといった方法が考えられます。

図4-2-1　インラインポリシーと管理ポリシーの違い

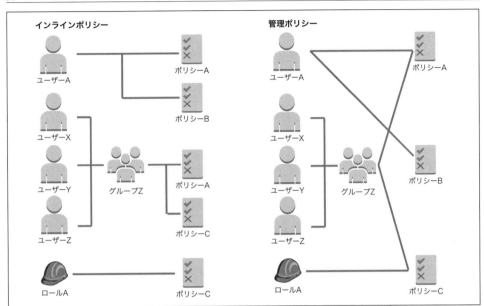

IAMユーザーとIAMグループ

　IAMには**ユーザー**と**グループ**、**ロール**という3つの概念があります。ロールは少し考え方が異なるものなので、ここではユーザーとグループについて説明します。

IAMユーザー

　IAMユーザーは、各利用者に1つずつ与えられる、AWSを利用するための認証情報（ID）です。ここでの利用者とは、AWSマネジメントコンソールを操作する人だけではなく、CLIやSDKからAWSのリソースにアクセスする人も含まれます。各ユーザーに必要なサービスへのアクセス権限を与えて使用します。
　IAMユーザーの認証方法は以下の2通りあります。

・ユーザーIDとパスワード
・アクセスキーとシークレットアクセスキー（キーペア）

　ユーザーIDとパスワードは、AWSマネジメントコンソールにログインする時に使用します。前述のMFAを組み合わせることをお勧めします。
　アクセスキーとシークレットアクセスキーは、CLIやSDKからAWSのリソースにアクセスする場合に使用します。

図4-2-2　IAMユーザーを利用したAWSへのアクセス方式

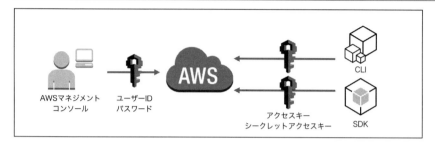

■ IAMグループ

　一方、グループは同じ権限を持ったユーザーの集まりです。グループは、AWSへのアクセス認証情報は保持しません。認証はあくまでユーザーで行い、グループは認証されたユーザーがどういった権限（サービスの利用可否）を持つかを管理します。グループの目的は権限を容易に、かつ、正確に管理することです。複数のユーザーに同一の権限を個別に与えると、権限の付与漏れや過剰付与等、ミスが発生する確率が高くなります。

　ユーザーとグループは多対多の関係を持つことができるので、1つのグループに複数のユーザーが属することはもちろん、1つのユーザーが複数のグループに属することもできます。しかし、グループを階層化することはできないので、グループで一定の権限をまとめておいて、ユーザーに対して必要なグループを割り当てる運用が望ましい形です。

図4-2-3　IAMグループの構成例

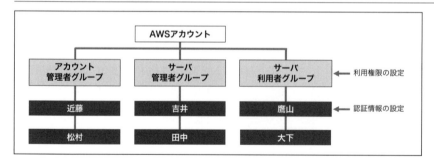

IAMロール

　ロールは永続的な権限（アクセスキー、シークレットアクセスキー）を保持するユーザーとは異なり、一時的にAWSリソースへアクセス権限を付与する場合に使用します。以下のような使い方をする場合は、ロールを定義して必要なAWSリソースに対するアクセス権限を一時的に与えることで実現できます。

- AWSリソースへの権限付与
- クロスアカウントアクセス
- IDフェデレーション
- Web IDフェデレーション

ロールの考え方は少し複雑ですが、上手に使いこなすことができれば非常に便利です。

表4-2-1 ロールの使い方

使い方	状況
AWSリソースへの権限付与	EC2インスタンス上で稼働するアプリに一時的にAWSのリソースへアクセスする権限を与えたい（EC2インスタンス作成時にロールを付与することで可能）
クロスアカウントアクセス	複数のAWSアカウント間のリソースを1つのIAMアカウントで操作したい
IDフェデレーション	社内のAD（Active Directory）サーバやLDAPサーバに登録されているアカウントを使用して、AWSリソースにアクセスしたい
Web IDフェデレーション	FacebookやGoogle等のアカウントを使用してAWSリソースにアクセスしたい

■IAMロールの使用例

ここでは、使われ方としてポピュラーな、EC2インスタンスにロールを付与してインスタンス内のアプリからAWSリソースにアクセスする方法を説明したいと思います。具体的な使用例として、EC2インスタンス上で稼働するアプリケーションから、SESを使ってメール送信する場合を想定して順に説明します。

◆IAMロールの作成

最初は、IAMロールを作成します。ロール作成時にEC2インスタンスだけがそのロールを取得することができるポリシーを選択します。そして、ロールに対して必要な権限（ここではSESへのアクセス権限）を付与します。

◆EC2インスタンスとロールの関連付け

次に、作成したロールをEC2インスタンスに関連付けます。

◆プログラムの稼働

作成したEC2インスタンス上でSESを使ったメール送信プログラムを稼働させます。ここでは、Chapter3-7のSESからメールを送信するプログラム（p.335）を少し変えてみましょう。

Chapter 4

　Aws::SES::Clientクラスのオブジェクト生成時に、以前はアクセスキーとシークレットアクセスキーを認証情報として引数に渡していました。今回のプログラムでは、認証情報はインスタンスに関連付けられたロールから一時的に取得するため、アクセスキーとシークレットアクセスキーは不要になります。

◆ メール送信

　SESへのアクセス権限をロールから一時的に取得したアプリケーションは、メールを配信することができるようになります。

※

　上記の説明からもわかる通り、インスタンスにロールを関連付けることで、プログラムや設定ファイルに認証情報（アクセスキー、シークレットアクセスキー）を記述する必要がなくなり、セキュリティ面でも効果が望めます。

図4-2-4　IAMロールの利用イメージ

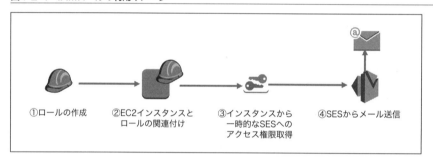

①ロールの作成　②EC2インスタンスとロールの関連付け　③インスタンスから一時的なSESへのアクセス権限取得　④SESからメール送信

リスト4-2-1　SESでメールを送信するプログラム

```ruby
require 'aws-sdk-ses'

sender = 'from@example.com'
recipient = 'to@example.com'
subject = 'Amazon SES test'

htmlbody =
  '<h1>Amazon SES test (AWS SDK for Ruby)</h1>'\
  '<p>This email was sent with <a href="https://aws.amazon.com/ses/">'\
  'Amazon SES</a> using the <a href="https://aws.amazon.com/sdk-for-ruby/">'\
  'AWS SDK for Ruby</a>.'

textbody = 'This email was sent with Amazon SES using the AWS SDK for Ruby.'

encoding = 'UTF-8'
```

4-2 IAM(Identity and Access Management)

```ruby
ses = Aws::SES::Client.new(
  access_key_id:ENV['AWS_ACCESS_KEY'],
  secret_access_key:ENV['AWS_SECRET_ACCESS_KEY'] ,
  region: 'us-east-1'
)

begin
  # Provide the contents of the email.
  ses.send_email(
    destination: {
      to_addresses: [
        recipient
      ]
    },
    message: {
      body: {
        html: {
          charset: encoding,
          data: htmlbody
        },
        text: {
          charset: encoding,
          data: textbody
        }
      },
      subject: {
        charset: encoding,
        data: subject
      }
    },
    source: sender,
    # Uncomment the following line to use a configuration set.
    # configuration_set_name: configsetname,
  )
  puts 'Email sent to ' + recipient

# If something goes wrong, display an error message.
rescue Aws::SES::Errors::ServiceError => error
  puts "Email not sent. Error message: #{error}"
end
```

　IAMについての説明は以上です。IAMは、AWSを利用するうえで必須のサービスですので必ず理解して利用するようにしてください。セキュリティ面ではもちろんのこと、他サービスやアカウントとの連携等の便利な使い方がいろいろとありますので試してみてください。

Chapter 4

4-3 データ暗号化

　システムで使用するデータを守るために必要な対策として、データの暗号化があります。仮にデータ漏洩や盗聴等のセキュリティインシデントが発生したとしても、データが暗号化されていれば簡単に情報が公開されることはありません。

　例えば、オンラインショップで買い物をする時にはクレジットカード番号や個人情報を入力しますが、データが暗号化されていないと、入力した情報がネットワークを通ってサーバに届くまでの間に盗まれる可能性があります。また、物理的にハードディスクが盗難された場合、ディスク全体を暗号化していなければ、そのディスクのなかに保存されたデータは全て漏洩してしまいます。こういった事態を防ぐために、データの暗号化は必須のセキュリティ対策事項です。データの暗号化方法にはいろいろな方法があります。大きく分けると以下の2つです。

・サーバサイド暗号化方式
・クライアントサイド暗号化方式

　サーバサイド暗号化方式は、クライアントから送られてきたデータをサーバで保存する時に暗号化します。データを使用する時はサーバ側で復号してクライアント側に送信されます。この場合、クライアントとサーバ間の通信時はデータが暗号化されていないので、通信の暗号化が別途必要です。

　クライアントサイド暗号化方式は、クライアントでデータを暗号化して、暗号化されたデータをサーバで保存します。この場合、クライアントとサーバ間の通信時もデータが暗号化されているので、通信時の暗号化は不要です。

　このように並べると一見、クライアントサイド暗号化方式がよいように見えます。しかし、クライアント側で暗号化する場合は、暗号化や復号で使用する鍵の配布・管理方法を考える必要があり、運用が難しくなります。サーバサイド暗号化は通信時の暗号化が必要になりますが、Webの世界ではHTTPSが一般的に利用されているので、データ保存時の暗号化・復号はサーバ側にまかせて、通信時はHTTPSを使って暗号化するという方法も考えられます。システムの要件に合わせて、データを守る方法はさまざまですが、データは常に狙われている（特に個人情報やクレジットカード情報）ことを忘れないように、しっかりと対策を取る必要があります。

AWSが提供するデータ暗号化サービス・機能

ここからは、AWSが提供しているサービスでどのような暗号化が行われているのかを紹介します。AWSのサービス提供開始時はデータ暗号化に関する対策があまりなく、必要に応じてサードパーティ製品で暗号化する必要がありました。しかし、エンタープライズ向けのAWS利用拡大に伴い、多くのサービスで暗号化に関する機能が追加されてきています。

データの暗号化は、大きく分けて通信時の暗号化とデータ保存時の暗号化の2種類があります。

■通信時の暗号化

通信時の暗号化では、次のようなものがあります。

◆AWSマネジメントコンソール、API

AWSマネジメントコンソールへのアクセスは、HTTPSで暗号化されています。同じように各種SDKを使ってデータを操作する場合、操作コマンドおよび結果として取得されるデータもHTTPSで暗号化されています。

◆キーペア（EC2）

例えば、Linux系のOSがインストールされているEC2インスタンスにSSHでアクセスする時は、公開鍵暗号方式を使用したログイン情報の暗号化と復号を行います。公開鍵暗号方式は、公開鍵を使用してパスワード等のデータを暗号化し、受信者は秘密鍵を使用してデータを復号します。この鍵のセットをAWSでは**キーペア**と呼んでいます。

◆Storage Gateway

ゲートウェイキャッシュ型の場合、実データはS3に保存されますが、Storage GatewayからS3まではHTTPSで暗号化されています。また、S3に保存されるデータも、AES256ビット暗号化を使用して保存されます。

◆VPC

VPCと通信するためには、インターネットゲートウェイを経由してインターネットからアクセスする方法と、仮想プライベートゲートウェイを経由してVPNでアクセスする方法があります。VPN接続はインターネット回線を使用しますが、仮想的なプライベートネットワークを構成し、通信データは暗号化されます。また、VPCとの接続は、Direct Connectを使った専用線接続も可能です。Direct Connectではデータは暗号化されません

が、インターネットではない専用のネットワークで通信するため、盗聴等の危険性はなく、かつ、安定した通信が可能です。

■ データの暗号化

データの暗号化では、次のようなものがあります。

◆EBS

EBSに保存されるデータを暗号化したい場合は、EBSボリュームの作成時に暗号化オプションを有効にすることで、簡単に保存されるデータを暗号化することができます。暗号化されたEBSボリュームのスナップショットを取得した場合、そのスナップショットも暗号化されています。暗号化はEBSボリューム単位で設定されますので、ボリューム内の一部のデータのみ暗号化する・しない、といった使い方はできません。EBS暗号化によるディスクI/O性能の劣化はほとんどないとのことですが、性能面で気になる場合は、SSDタイプのEBSを選択して必要なIOPSを確保しましょう。

EBSの暗号化ボリュームを利用するうえでの注意点は、以下の2点です。

- 暗号化なしで作成したEBSボリュームは、後から暗号化できない（暗号化されていないスナップショットからの暗号化EBSボリュームの作成もできない）
- 暗号化されたEBSボリュームが使えるインスタンスタイプに制限がある（古いタイプのインスタンスは使用できない）

Amazon EBS Encryption
https://docs.aws.amazon.com/ja_jp/AWSEC2/latest/UserGuide/EBSEncryption.html

EBSボリュームを暗号化して作成するためには、作成時に暗号化にチェックを入れます。また、CLIから暗号化したESBボリュームを作成するためには、以下のように実行します。

```
$ aws ec2 create-volume --size 5 ¥
--region ap-northeast-1 ¥
--availability-zone ap-northeast-1a ¥
--volume-type gp2 ¥
--encrypted

{
  "AvailabilityZone": "ap-northeast-1a",
  "Encrypted": true,
  "VolumeType": "gp2",
  "VolumeId": "vol-3a184130",
```

```
  "State": "creating",
  "Iops": 15,
  "SnapshotId": null,
  "CreateTime": "2018-02-10T06:34:46.550Z",
  "Size": 5
}
```

図4-3-1　EBSボリュームの暗号化

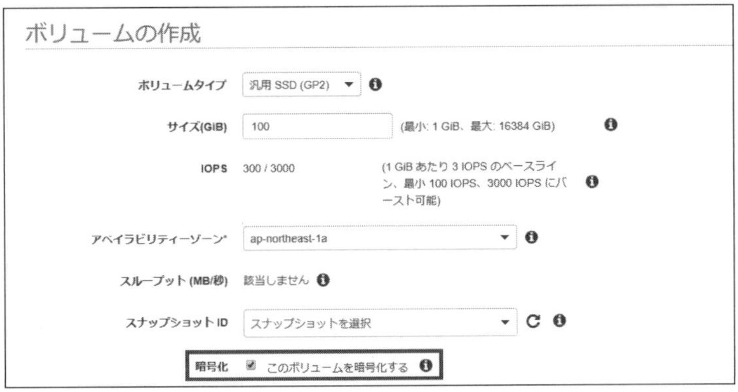

◆S3

S3へデータを暗号化して保存する場合は、EBSとは異なりファイル単位で暗号化するかしないかを選択します。暗号化する場合は、S3のダッシュボードからファイルをアップロードする際に、ファイルアップロード画面で暗号化に使用するキーを選択します。

図4-3-2　S3の暗号化

Chapter 4

CLIからS3のバケット（sample-bucket）にファイルをアップロードして暗号化で保存するという場合は、次のように実行します。

```
$ aws s3api put-object ¥
--bucket sample-bucket ¥
--key sample.txt ¥
--body /tmp/sample.txt ¥
--server-side-encryption AES256
{
  "ETag": " ¥"5e8ff9bf55ba3508199d22e984129be6 ¥"",
  "ServerSideEncryption": "AES256"
}
```

また、S3はJava、.NET、RubyのSDKでクライアントサイドの暗号化にも対応しています。ここでは詳細は割愛しますが、鍵の管理を確実に行わないと、保存したデータが復号できなくなってしまいますので、十分注意して利用してください。詳細を知りたい方は、公式ドキュメントを参照してください。

S3の公式ドキュメント
http://docs.aws.amazon.com/ja_jp/AmazonS3/latest/dev/Welcome.html

◆RDS

RDSの新規インスタンス作成画面で、データベースの設定の項目にある暗号を有効化をチェックすることで、RDSに保存されるデータを暗号化できます。暗号化はデータベースエンジンならびにインスタンスタイプによってはサポートされていません。詳しくは、RDSの公式ドキュメントを参照してください。

図4-3-3　RDSの暗号化オプション

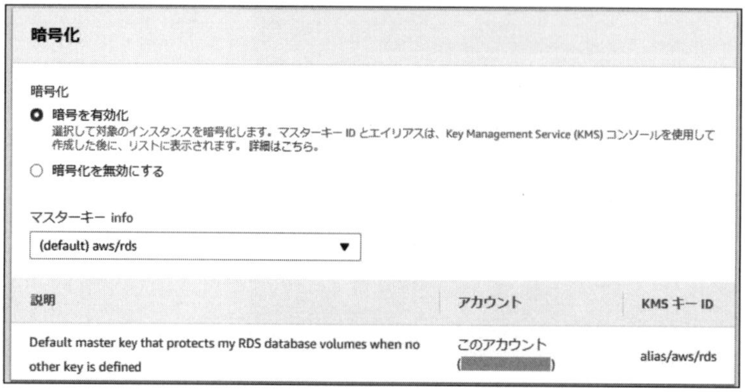

Encrypting Amazon RDS Resources
https://docs.aws.amazon.com/AmazonRDS/latest/UserGuide/Overview.Encryption.html

　OracleおよびSQL Serverでは、**TDE**（Transparent Data Encryption）と呼ばれる機能で暗号化をサポートしています。RDSのオプショングループにTDEの設定を追加することで、データが保存される前に暗号化され、読み出し時に復号されます。暗号化の対象は表領域全体や個別のテーブルの任意の列のみ等、細かく指定できます。

　また、**Oracleネイティブネットワーク暗号化**もサポートされています。このオプションもEnterprise RDSのオプショングループに設定を追加することで有効化できます。各クライアントからRDS（Oracle）までの通信が暗号化されます。

　TDEおよびネットワーク暗号化を利用するためにAWSの追加費用はかかりませんが、OracleのEnterprise Editionの持込ライセンス（BYOL）が必要になります。

　SQLServerもOracleと同様にTDEの暗号化をサポートしています。RDSのオプショングループにTDEの設定を追加することで有効化されます。対象はSQL Server 2008 R2 Enterprise EditionとSQL Server 2012 Enterprise Editionです。SSLを使用したクライアントとRDS（SQL Server）間のネットワーク暗号化もサポートしているので、Oracleと同等の暗号化レベルを担保することが可能です。この暗号化は全てのEditionで利用できます。

■ 暗号化キーの管理サービス

　KMS（AWS Key Management Service）は、データの暗号化に使用するキーを作成および管理するためのサービスです。KMSの主な用途としては、AWS中のリソースの暗号化をする際の鍵の管理に利用しますが、プログラム等で利用する秘密鍵の管理をKMSで行うこともできます。AWSの各種サービスと統合されていて、KMS単体あるいは意識して利用する機会は少ないですが非常に重要な役割を果たしています。なお、KMSはAWSマネージメントコンソールのトップページ上には単体では存在していません。IAMのダッシュボードの「暗号化キー」から、キーの作成・管理しているキーの一覧を取得することができます。

4-4 外部からの攻撃対策

インターネット上にシステムを構築する場合、常に外部からの攻撃への対処が必要です。対処としては、アカウント管理をはじめ、ネットワークやサーバにセキュリティ上の欠陥がない状態で構築することが第一となります。運用フェーズでも、日々の脆弱性情報の収集に始まり、パッチ当て等の安全を保つための活動が大切です。しかし、日々発見される脆弱性とそれを利用した攻撃に対しては、防ぎきれない場合もあります。ここで、代表的な外部からの脅威とその対策について整理してみましょう。

外部からの攻撃の種類と防御方法

AWSにかぎらず、一般的な攻撃の種類と防御方法を確認しましょう。次に、AWSでの防御方法を整理します。

代表的な攻撃の種類と防御方法

代表的な攻撃の種類を整理してみましょう。次のように分類できます。

表4-4-1 主な攻撃の種類

攻撃名	説明
ポートスキャン	外部からアクセス可能なポートを調べ、脆弱性のあるサービスを調べる
DoS攻撃	限界を超える大量のリクエストを要求しリソースを専有し、サービスを停止状態にする攻撃
Synフラッド攻撃	DoS攻撃の一種で、確立しないTCP接続を大量に試みることにより、接続不能な状態にしようとする攻撃
パラメータ改ざん	Webアプリケーション等で、クライアント側から送るパラメータを改ざんし、サーバ側の脆弱性を突く攻撃。後述の各種攻撃実施時に利用されることが多い
OSコマンドインジェクション	脆弱性やコーディングの不備を利用して、OSコマンドを紛れ込ませる攻撃
クロスサイト・スクリプティング	脆弱性やコーディングの不備を利用して、任意のJavaScriptやHTMLコードを実行させる攻撃
クロスサイト・リクエストフォージェリ	罠となるページやリンクを踏ませることにより、ユーザーに意図しないリクエストを強要する攻撃
セッションハイジャック	他人のセッションを盗み取り、なりすまして情報を盗んだり不正な操作をする攻撃
SQLインジェクション	脆弱性やコーディングの不備を利用して、SQLコマンドを紛れ込ませる攻撃

次に外部からの攻撃に対する防御の手法も整理してみます。

表4-4-2　主な防御方法

攻撃名	説明
ファイアウォール	ネットワークレベルで外部からの攻撃を遮断する
IDS	侵入検知システム。不正なアクセスを検出し、通知する仕組み
IPS	侵入防止システム。不正なアクセスを検出し、遮断する仕組み
WAF	主にWebアプリケーションへの攻撃を検知し、遮断する仕組み

　IDSについては検知するだけなので、検知後の対処方法を組み込む必要があります。実際にはIDSとIPSが同一の製品として提供され、検知のみにするか防御までするか選択できるようになっていることが多いです。

　最後に外部からの攻撃と対策を、レイヤーごとに分類します。

図4-4-1　レイヤーごとの各種攻撃と防御

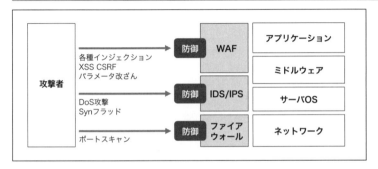

　IPSとWAFについては、それぞれ防御する領域が広がりつつあるので、機能的に重複することが多くなってきています。

AWSにおける防御方法

　AWSの直接的な防御のサービスとしては、**AWS WAF**と**AWS Shield**があります。WAFは、その名の通りWebアプリケーションファイアウォールで、アプリケーションレイヤーの防御を行います。Shieldは、主にDDoSに対する防御を担当します。

AWS WAF

　WAFは、CloudFrontとALBと組み合わせて利用するWebアプリケーションファイアウォールです。WAFが制限するルール（Conditions）に適合するリクエストのみ許可します。

図4-4-2 AWS WAF

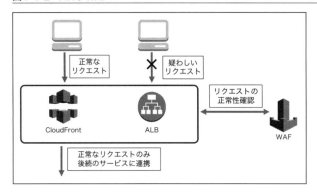

　設定できるルールとしては、クロスサイトスクリプティングやSQLインジェクションを防ぐもの、リクエストのサイズやリクエスト中のヘッダーに対する正規表現でのチェック、IPアドレス制限や接続元の国等の制限と多岐にわたります。

AWS WAF
https://aws.amazon.com/jp/waf/

■ Shield StandardとAdvanced

　Shieldは、**Standard**と**Advanced**の2種類のサービスがあります。Standardについては、ネットワーク層に対する防御がされます。Standardは標準サービスであり、特に設定することなく常時利用している状態になります。これに対して、AdvancedはStandardの機能に加えてWAFを利用することによりアプリケーション層の防御も行います。またレポーティングや有人のサポートなども付加されます。

AWS Shield
https://aws.amazon.com/jp/shield/

Deep Security

　Trend Micro Deep Securityは、エージェント型のIPS・IDS・WAFサービスです。Deep Securityのエージェントを各インスタンスにインストールし、悪意のある通信を検知・遮断します。Deep Securityには、各エージェントを管理するマネージャが存在します。
　マネージャはトレンドマイクロ社のセキュリティセンタと通信し、最新のウィルスパターンと脆弱性ルールを取得し、各エージェントに配布します。また、各エージェントを一元的に管理し、セキュリティやログの状況を可視化・レポート化します。

図4-4-3　Deep Securityの構成

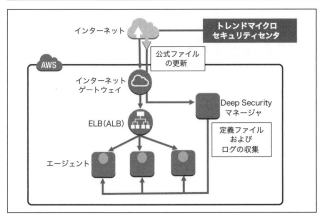

　なお、Deep Securityのエージェントは、不正な通信を検知した場合、IP Table等の変更を行うことで防御している模様です。そのため、たとえエージェントのプロセスに問題があり停止したとしても、全ての通信が止まるという障害に発展することはないです。

Trend Micro Deep Security
http://www.trendmicro.co.jp/jp/business/products/tmds/

Chapter 4

4-5 セキュリティを高める

次はセキュリティの観点から、AWSのネットワークの機能を見ていきます。

ネットワークセキュリティを考える時に大切なことは、想定外の通信ができないようにすることです。必要な通信要件を明確にして、ファイアウォール等の通信制御装置で許可・拒否の設定を正しく定義しましょう。AWSでは、このようなネットワークの制限をVPCの機能で実現できます。ここでは、VPCを使ってネットワークセキュリティを高める方法について紹介します。

VPCのネットワーク内では、自由に**サブネット**を定義することができます。さらに、サブネット単位で**ネットワークACL**を定義したり、インスタンス単位で**セキュリティグループ**を定義することで、ネットワークに関するセキュリティを高めることができます。まずは、サブネット構成について考えてみましょう。

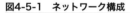 VPCでのサブネット構成

サブネットとは、同様の通信が発生するサーバごとにネットワークを分割することでセキュリティを高めるネットワーク設計方式です。ネットワークを分割する際の考え方の1つとして、「インターネットとの通信があるかどうか」あります。

一般的に、ファイアウォール等で外部との通信を制御する場合は、インターネットと通信が発生するネットワークを**DMZ**（DeMilitarized Zone）、インターネットとは直接通信ができない内部ネットワークを**Trusted**（信頼できるネットワーク）、インターネット等の外部ネットワークを**Untrusted**（信頼できないネットワーク）と呼びます。

図4-5-1　ネットワーク構成

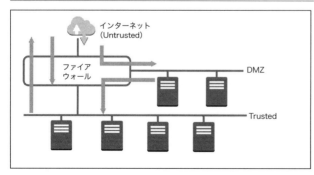

VPCでは、サブネットでネットワークを分割し、インターネットゲートウェイやルートテーブルの設定でDMZとTrustedネットワークを構成できます。例えば、次の図のようにサブネットを分けたとします。

図4-5-2　VPCでのサブネット構成

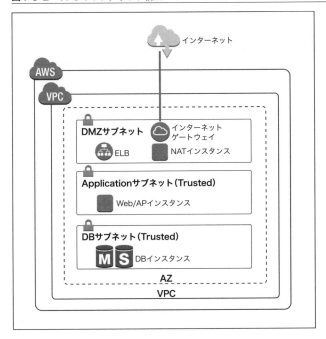

ELBやNATインスタンス/ゲートウェイは、インターネットと通信する必要があるため、DMZサブネットに配置します。それ以外のWeb/APインスタンスやDBインスタンスは、インターネットと直接通信する必要がないので、Trustedサブネットに配置します。DMZサブネットとTrusted サブネットの設定上の違いは、サブネットにインターネットゲートウェイがあるかどうかです。

インターネットゲートウェイがない場合は、そのサブネットはインターネットと直接通信することはできません。Trustedサブネットにあるインスタンスがインターネットと通信したい場合は、DMZサブネットにあるNATインスタンス/ゲートウェイを経由することで可能になります。

🔲 セキュリティグループとネットワークACL

AWSでネットワーク通信を制御する機能は2つあります。**セキュリティグループ**と**ネットワークACL**です。これら2つの機能は、似ているようですが使い方が少しずつ異なります。

基本的な通信の制御はセキュリティグループで対応することができますが、明示的に通信を拒否したい場合等はネットワークACLで制御する場面もあります。

表4-5-1　セキュリティグループとネットワークACLの違い

比較項目	セキュリティグループ	ネットワークACL
設定単位	インスタンス単位	サブネット単位
サポートルール	許可設定のみ可能	許可と拒否の設定が可能
戻り通信	ステートフル	ステートレス
評価基準	全てのルールを評価して通信可否を決定	ルール番号の若い順から評価して通信可否を決定

比較単位

セキュリティグループはインスタンス単位での通信を制御するための設定であるのに対して、ネットワークACLはサブネット単位での通信を制御するための設定です。また、セキュリティグループとインスタンスは多対多で設定できるのに対して、ネットワークACLとサブネットは1対1もしくは1対多の設定になります。

サポートルール

セキュリティグループは何も設定しなければ全ての通信を拒否します。デフォルトの設定ではインバウンド通信は全て拒否、アウトバウンド通信は全て許可の状態です。許可したい通信のみを登録します。ネットワークACLは許可する通信と拒否する通信の両方を登録することができます。デフォルトの設定は、インバウンド通信、アウトバウンド通信どちらも全て許可された状態です。

戻り通信

セキュリティグループは外部からの通信の戻り通信は明確に通信許可をする必要がありません。これは、**ステートフル・インスペクション型**と呼ばれるタイプのファイアウォールです。しかし、ネットワークACLでは戻り通信の通信許可も設定する必要があります。

例えば、インターネットからWebサーバに対してHTTPでアクセスした場合、セキュリティグループではインバウンドからのHTTPアクセスを許可するだけでよいのですが、ネットワークACLの場合はインバウンドからのHTTPアクセスと、アウトバウンドへの戻り通信についての許可も設定する必要があります。

特に注意すべき点として、戻りの通信で使用するポート番号は任意の番号が使用されるため、1024番以降のポート（エフェメラルポート）を全て解放する必要があります。

評価基準

セキュリティグループは設定されている全ての通信制御の内容を評価した後に通信の可

否を決定します。ネットワークACLは、「Rule#」を設定し、番号の若い順番に通信制御の内容を1つずつ評価します。そのため、図4-5-4と図4-5-5の場合では、192.168.0.10のインスタンスと通信できるのは、図4-5-5の場合のみです。図4-5-4では、Rule#80の通信制御内容で全てのHTTP通信が拒否されることになります。

図4-5-3　ステートレスとステートフルの違い

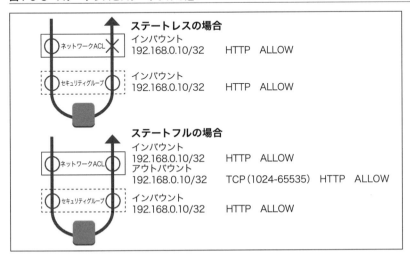

図4-5-4　ネットワークACLの設定順序①

Rule #	Type	Protocol	Port Range	Source	Allow / Deny
80	HTTP (80)	TCP (6)	80	0.0.0.0/0	DENY
90	HTTP (80)	TCP (6)	80	192.168.0.10/32	ALLOW
100	ALL Traffic	ALL	ALL	0.0.0.0/0	ALLOW
*	ALL Traffic	ALL	ALL	0.0.0.0/0	DENY

図4-5-5　ネットワークACLの設定順序②

Rule #	Type	Protocol	Port Range	Source	Allow / Deny
80	HTTP (80)	TCP (6)	80	192.168.0.10/32	ALLOW
90	HTTP (80)	TCP (6)	80	0.0.0.0/0	DENY
100	ALL Traffic	ALL	ALL	0.0.0.0/0	ALLOW
*	ALL Traffic	ALL	ALL	0.0.0.0/0	DENY

　VPC内でセキュリティを担保するために提供されているサービスや機能の紹介は以上です。サブネットの分割方法やセキュリティグループとネットワークACLの違い等をしっかりと理解してください。また、設定後は想定通りに通信の制御が行われているかのテストを必ず実施しましょう。

4-6 AWSと脆弱性診断

　AWSのセキュリティの考え方は、**責任共有モデル**です。ファシリティやインフラ等の物理的な部分とネットワーク・インフラ等は、AWS側の責任でセキュリティ対策を行います。それより上のレイヤーであるOSやアプリケーション、ネットワーク設定、またアカウント管理等は利用者側の責任で行う必要があります。

　昨今では、システムのセキュリティをいかに保つかが、システム運用の最重要の事項の1つとなっています。そのためには、アーキテクチャレベルでの設計の他に、個々のサーバ単位でもセキュリティの穴がない状況を保ち続けることが大切になります。一方で、モジュール単位での脆弱性が日々報告されているような状況を鑑みると、人力だけで安全な状態を保ち続けるのも至難の業となっています。そこで機械的に問題がないか確かめる手段の1つに、**侵入（ペネトレーション）テスト**というものがあります。ここで侵入テストの概念と、AWSでの実施手順について確認していきましょう。

侵入（ペネトレーション）テスト

　侵入テストとは、既知の脆弱性や設定不備等を利用して実際に侵入を試み、システムに脆弱性がないかを確認する手法です。侵入テストを行うことで、脆弱性が残る古いモジュールの利用の有無や、設定の不備等が存在していないか等、セキュリティ上の問題を確認できます。侵入テストの項目は、ウイルス対策ソフトのパターンファイルのように、随時更新されます。同じシステムでも時間の経過とともに新たな脆弱性が発見される可能性があります。そのため、侵入テストは一度やれば終わりではなく、定期的に継続的に行う必要があります。

　侵入テストについては、主にサーバやネットワーク、ミドルウェア等のインフラを対象にしたものと、クロスサイトスクリプティングやSQLインジェクション等のアプリケーションを対象にしたものに大きく分けられます。ここでは、主にインフラを対象にしたものを解説します。

■ AWSにおける侵入テストの実施手順

　AWSで侵入テストを行う場合は、事前に申請をする必要があります。理由としては、適正利用規約に記載されている禁止されたセキュリティ違反やネットワーク不正利用等と、侵入テストの実施内容が似通っていて、両者の区別がつかないためです。そのため、

4-6 AWSと脆弱性診断

事前に実施時期と対象をAWSに申請したうえで実施する必要があります。まずは、公式サイトの2つの規約を熟読して、その趣旨を理解してください。

Amazon Web Services 適正利用規約
https://aws.amazon.com/jp/aup/

侵入テスト
https://aws.amazon.com/jp/security/penetration-testing/

侵入テストは、「AWS 脆弱性/侵入テストリクエストフォーム」から申請を行います。連絡先情報と、脆弱性スキャンに関する情報を記載します。申請フォームの記入には、AWSアカウントによるログインが必要となります。

AWS 脆弱性/侵入テストリクエストフォーム
https://aws.amazon.com/forms/penetration-testing-request

図4-6-1 AWS 脆弱性/侵入テストリクエストフォーム

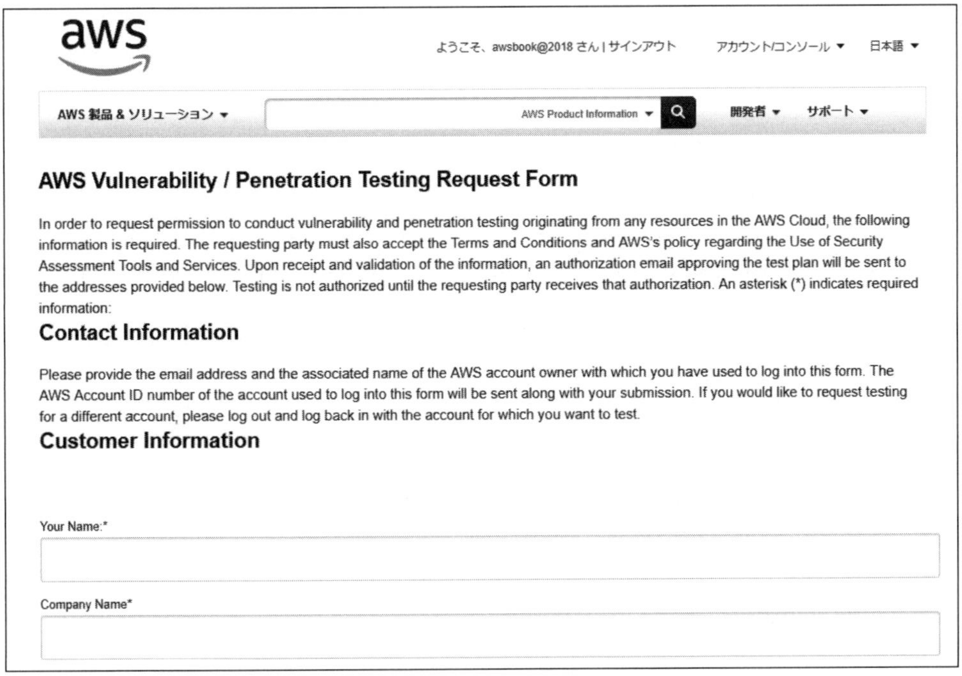

Chapter 4

表4-6-1 侵入テストの申請項目（連絡先情報）

項目名	説明
Your Name	アカウント名を入力（必須）
Company Name	会社名を入力（必須）
Email Address	AWSアカウントのEメールアドレスを入力
Additional Email Addresses	AWSアカウントのEメールアドレス以外にもCCしたい場合に入力

表4-6-2 侵入テストの申請項目（脆弱性スキャンに関する情報）

	項目名	説明
Target Data	ES2 Resources	進入先のEC2インスタンス
	Cloudfront Distribution	進入先のCloudFrntディストリビューション
	API Gateway/Lambda	進入先のAPIゲートウェイ/Lambda
	RDS Resources	進入先のRDSインスタンス
	ELB Name	進入先のELB
	IP Addresses	進入先のIPアドレス
DNS Zone Walking	NameServer Domain Name and IP Address	ドメインとIP
	Has the target been notified of the activity?	事前に通知しているか
	TLD to be scanned	スキャンするTLD
Source Data	IP Address	テスト元IP
	Is the above IP address located in your offices?	IPはあなたのオフィスか
	Who owns the IP addresses?	IPを所有か
	Phone contact for testing team	連絡先
Testing Details	Expected peak bandwidth（Gbps）	通信量（必須）
	Expected peak requests per second（RPS）	頻度（必須）
	Expected peak Queries per second（QPS）for DNS Zone Walking	DNSへのリクエスト（必須）
	Start Date and Time（YYYY-MM-DD HH:MM）	侵入テストの開始時刻（必須）
	End Date and Time（YYYY-MM-DD HH:MM）	侵入テストの終了時刻（必須）
	Additional testing details and why this testing is needed	テスト実施の目的
	What criteria/metrics will you monitor to ensure the success of this test?	何のリクエストをテストするか
	Do you have a way to immediately stop the traffic if we/your discover any issue?	問題発生時に直ちに止めるか
	Please provide two emergency contacts（email and phone）	連絡先（電話・メール）（必須）

必要項目を記入後に、制約事項に同意して申し込みを行います。主な制約事項としては、以下の2つがあります。

・smallまたはmicroインスタンスへの侵入テストは禁止
・終了日は開始日から3か月以内にする必要がある

AWS側の承認は、通常であれば営業日ベースで数日後に行われるため、あらかじめ余裕を持ったスケジュールで申請する必要があります。また注意点として、テスト対象のインスタンスのIDをあらかじめ連携する必要があります。つまり申請後にテスト対象のインスタンスを変更できません。

次に、侵入テストの種類とツールについて、簡単に紹介します。

侵入（ペネトレーション）テストツール

サーバやネットワーク、ミドルウェアを対象とした侵入テストのツールは幾つかあります。ここでは、Nessusを利用して侵入テストを実施してみましょう。

侵入テストの実施

Nessusは個人にかぎり無料で利用できます。またWindowsやmacOSにもインストールできるので、ある程度手軽に侵入テストを実施できます。今回はmacOS版を利用し、AWS上のサーバに侵入テストを行います。Nessusのインストールは、下記のURLから任意のOSを選んでダウンロードしてください。

Nessus Download
http://www.tenable.com/products/nessus/downloads

実行にはアクティベーションコードが必要になります。Nessus Pluginsのページにアクセスし、Obtain an Activation Codeからを選択し、Nessus HomeのRegister Nowをクリックします。登録フォームから名前とEメールを入力して申請を行います。その後、登録したメールアドレスにアクティベーションコードが送られてくるので保存します。

Nessus Plugins
https://www.tenable.com/plugins/

次にダウンロードしたモジュールを起動し、インストールを開始します。基本的には、ウィザードに従って進めるだけでインストールできます。

インストールが完了すると、ローカルでNessusのサーバが動いている状態になります。「https://localhost:8834/」にアクセスして、先ほどのIDとパスワードを使ってログインしましょう。なお、多くのブラウザで証明書の問題が指摘されています。localhostにhttpsで接続するため、確認のうえでアクセスしましょう。ログインに成功したら、スキャンの設定してみましょう。Nessusは、標準でも幾つもの診断が可能です。

Chapter4

図4-6-2 Nessusのユーザー登録

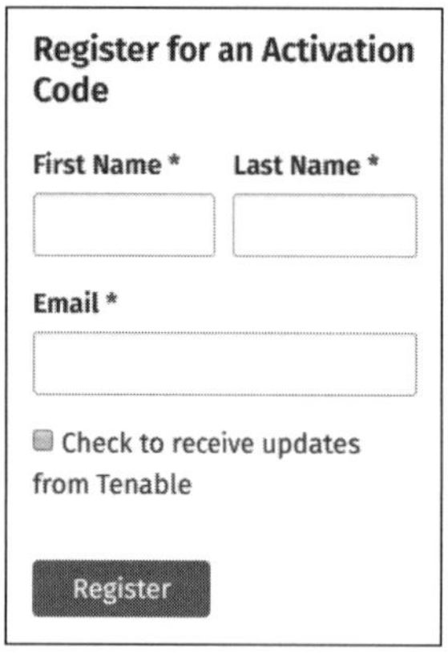

図4-6-3 Nessusによる診断の種類

　無料で利用できるものは幾つかありますが、ここではBasic Network Scanを試してみます。スキャンの種類ごとに診断する内容は違うので、目的に沿って選択してください。

　スキャンの登録には、Scanの名前と調査対象のサーバを登録します。登録するサーバは、AWSに事前に申請しているサーバのみを対象としてください。また、診断の実行元のIPも申請したものにかぎられます。

　登録が完了すると、自動的に診断が開始します。診断が完了すると、レポートが自動的に生成されます。赤色（Critical）や黄色（High、Medium）があれば、詳細を確認して対策を実施しましょう。

　診断ツールの使い方の詳細については、それぞれ調べてください。

4-6 AWSと脆弱性診断

■ 継続的な侵入テストの実施

現在はシステムが複雑化し、1台のサーバだけでも複数のモジュールで構築されています。人手による確認だけでは、全ての脆弱性を確認するのは不可能になりつつあります。そのためシステムの構築時には、必ず一度は侵入テストによる脆弱性の診断を行いましょう。

しかし、脆弱性診断は一度だけ行えばよいのでしょうか？ 答えはNoです。脆弱性は日々発見されています。検知のためには、定期的、継続的に診断を実行する必要があります。また、もう少し踏み込むと、システム構築のサイクルに脆弱性診断を組み込むことが望ましいです。最近では、開発の現場で**継続的インテグレーション（CI）**ツールが利用されることが多いです。また、CIの対象範囲も、アプリケーションのビルドのみならず、OSやミドルウェアも含めてのインフラ構築でも利用されます。その構築サイクルに侵入テストの実施を組み込むことにより、より安全なシステムの構築の手助けになるでしょう。

AWSの現在の申請フローでは、インスタンスIDを含めての事前申請が必要なため、サードパーティ製のツールを使って構築サイクルにテストを組み込むのは難しい部分があります。そこで、AWSのサービスであるInspectorを使っていきます。

■ Amazon Inspector

Inspectorは、EC2にエージェントを導入してインスタンスの脆弱性を調査するホスト型の診断サービスです。インスタンスのOS設定やインストールされたアプリケーションを評価し、脆弱性がないかチェックします。評価の元となるルールは、共通脆弱性識別子（CVE）やCenter for Internet Security（CIS）のような標準化されたルールセットの他に、AWSが定めたOSやネットワークのベストプラクティスが存在します。

AWSマネジメントコンソールのトップページから**Inspector**を選択し、**今すぐ始める**をクリックして設定を行います。

□AWSマネジメントコンソールの操作
Inspector→今すぐ始める

◆ 事前準備

Inspectorを利用するには、事前の準備が必要です。

① ロールを作成する

ウィザードに従ってロールを作ります。ロールに必要なポリシーは、EC2への参照権限です。

②対象のインスタンスにタグ付けを行う

対象インスタンスにタグを設定します。タグ名を「Inspector」、値を「Yes」と設定します。

③対象のインスタンスにエージェントプログラムをインストールする

下記のコマンドでエージェントプログラムをインストールします。

```
$ curl -O https://d1wk0tztpsntt1.cloudfront.net/linux/latest/install
$ sudo bash install
```

なお、EC2 Systems Managerの管理下のインスタンスであれば、コンソールのRun CommandからAmazonInspector-ManageAWSAgentのテンプレートを利用することでまとめてインストールできます。

◆評価ターゲットと評価テンプレートの作成

Inspectorは、**評価ターゲット**と**評価テンプレート**という単位で管理されています。評価ターゲットは、下記の項目で設定できます。

- 評価名（任意の評価名）
- インスタンスのタグ（Inspector：Yes）

インスタンスのタグは、評価するインスタンスに設定したタグ名と値を指定します（ここでは事前準備で。

評価テンプレートの設定項目は以下の通りです。

- テンプレート名（任意のテンプレート名）
- ターゲット名（どのターゲットを対象とするか）
- ルールパッケージ（どのルールを検査するか。複数選択可能）
- 所要時間（評価をどの時間内に終わらせるか。15分～24時間）

Inspectorは、非常に簡単に利用できます。また、AWSのサービスのため、事前に脆弱性診断の実施申請する必要もありません。AWS上のシステムに継続的な脆弱性診断を行いたい場合は必須のサービスとなります。一方で、Inspectorのみで全ての脆弱性に対して診断できるわけでもありません。サードパーティの診断ツールとうまく組み合わせて使いましょう。

Chapter 5
管理と運用

Chapter 5

5-1 ジョブ管理

システムを運用するには、プログラムやバッチ処理といった**ジョブ**と呼ばれるものの管理が必須になります。また、全てのジョブを手動で起動するのは現実的ではないので、**ジョブ管理システム**も必要です。ここでは、AWSでの利用という観点でジョブ管理システムを見ていきましょう。

◼ ジョブ管理システムの概念

まずジョブ管理システムの概念の確認として、主な機能と実行形態について見てみましょう。次に、AWSでのジョブ管理システムの相違点について確認します。

▪ ジョブ管理システムの主な機能

ジョブ管理システムの主な機能として、**ジョブのスケジューリング**と**実行状態/結果の管理**があります。

まずジョブのスケジューリングですが、その名の通りジョブの実行時間を管理します。毎日決まった時間での実行や、週次・月次の実行等さまざまなパターンがあります。それ以外にも、ビジネス上の要件に応じて独自のカレンダーを持ち、それに従って実行するタイプもあります。いずれにせよ、ジョブのスケジューリングは、ジョブ管理システムの中核の機能の1つです。

もう1つの中核機能として、ジョブの実行状態/結果の管理があります。これは、ジョブの実行結果の成否を管理し、通知やその他のアクションをする機能です。高度な機能を持つものでは、成功・失敗時にそれぞれのアクションを設定可能なものもあります。

それ以外の機能としては、ジョブをフローに沿って多段実行できるものがあり、ジョブネットやジョブチェーンといった呼ばれ方をしています。

▪ ジョブ管理システムの実行形態

ジョブ管理システムの実行形態として、**スタンドアローン型**と**クライアントサーバ型**があります。スタンドアローン型は、ジョブの管理と実行が同一のものです。Windows系のタスクスケジューラやLinuxのcron等のOSに組み込まれているものは、スタンドアローン型の代表とも言えるでしょう。

図5-1-1　スタンドアローン型ジョブ管理システム

　クライアントサーバ型は、ジョブを管理するマネージャと実行するクライアントが分離したものです。本格的なジョブ管理システムの大部分が、この形態を取っています。クライアントに専用のツールを入れ、独自のプロトコルで動くエージェント型と、SSH等を利用して外部からコマンドを実行するエージェントレス型に大別されます。

　オープンソースとして提供されている製品としては、JobSchedulerやHinemos等があります。

図5-1-2　クライアントサーバ型ジョブ管理システム

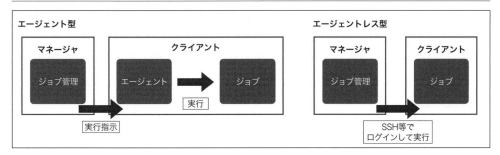

JobScheduler
https://www.sos-berlin.com/scheduler

Hinemos
https://www.hinemos.info/

■AWS向けのジョブ管理システム

　AWS上のサーバでも、ジョブ管理システムの考え方は基本的には同じです。一方で、AWSではAPIを通じてサーバの起動・停止等を行うため、サーバ内でのジョブにとどまらない部分があります。APIの通信先は個々のサーバではなくAWSを管理しているサーバで、エンドポイントを通じての通信となります。

図5-1-3 AWSのAPIを通じたジョブ管理

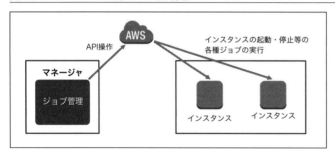

AWSのサービスを利用したジョブ管理システム

　ここでは、AWSに対応もしくは特化したサービス型(SaaS)のジョブ管理システムを紹介します。

　AWSのサービスには、純粋な意味でのジョブ管理システムはありません。しかし、**Step Functions**というワークフロー管理サービスがあり、また**CloudWatch Events**でジョブの定期起動が可能です。そしてCloudWatch Eventsは、直接Step Functionsを呼び出せるので、この両者を組み合わせることによりジョブ管理システムを構築することができます。

Step Functions

　Step Functionsは、ワークフローの作成・実行管理をするサービスです。条件分岐や平行稼働、待機、失敗時の再実行・キャッチ等のフローを独自のDSLで定義できます。さらに、定義したフローが自動的にビジュアライズ化されます。

　ジョブ管理では、ジョブを単純に実行するだけでなく、先行ジョブとの関係の設定により待機・リトライ・失敗時の処理といったフローが重要となります。Step Functionsを使うことによりジョブフローの大部分がカバーできるようになります。なお、作成したワークフローは、**ステートマシン**として管理されます。

　ここでは、Step Functionsのサンプルプロジェクトを利用してみましょう。AWSマネジメントコンソールからStep Functionsを選択し、今すぐ始めるをクリックしてダッシュボードを開きます。**ステートマシンの作成**で、サンプルプロジェクト(2〜10分)→ジョブステータスのポーリングを選択します。

□AWSマネジメントコンソールの操作

Step Function→今すぐ始める→サンプルプロジェクト(2〜10分)→ジョブステータスのポーリング

ステートマシンのコードが表示されるので、サンプルプロジェクトの作成をクリックすると、必要なLambda関数とAWS Batchの環境を含めて作成されます。環境作成後に実行の開始をクリックするとワークフローが開始されます。

図5-1-4　Step Functions

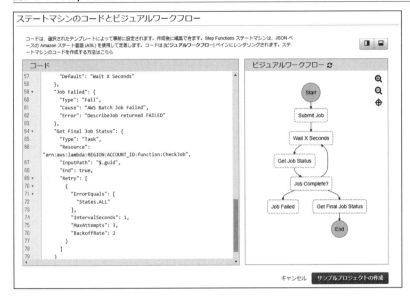

サンプルプロジェクトの詳細については、AWSの公式ページを参照してください。

AWS Step Functions 開発者ガイド
https://docs.aws.amazon.com/ja_jp/step-functions/latest/dg/job-status-poller-sample.html

■ CloudWatch Events

次に作成したStep Functionsのステートマシンを、CloudWatch Eventsから定期的に呼び出すようにしてみましょう。AWSマネジメントコンソールからCloudWatchを選択してCloudWatchのダッシュボードを開きます。サイドメニューからルールを選択し、ルールの作成をクリックします。

□AWSマネジメントコンソールの操作
CloudWatch→ルール→ルールの作成

Chapter 5

イベントソースに スケジュール を選択し、任意のスケジュールパターンを設定します。ここでは、毎時45分に実行するCronパターンを利用します。ここで指定する時間は、JSTではなくUCTなので注意しましょう。Cron式に以下の式を入力します。

45 * * * ? *

次に ターゲットの追加 をクリックし、先ほど作成したStep Functionsのステートマシンを指定します。ターゲットのサービスとして**Step Functionsサービスマシン**を指定し、ステートマシンを選択します。ステートマシンが引数を要求する場合は、入力の設定で引数を渡します。今回利用しているサンプルプロジェクトでは「jobName」「jobDefinition」「jobQueue」「wait_time」の4つの引数が要求されます。Step Functionsの画面で、先ほど実行した実行結果を選び、「実行の詳細→入力」からJSONの値をそのまま取ってくるとよいでしょう。

図5-1-5　CloudWatch Events

設定後に所定の時間で起動されていること、正常終了することを確認してください。今回の例はサンプルのジョブでしたが、実際の業務にそったステートマシンを作成することにより、ジョブ管理機能としての役割を果たせるでしょう。なお、サンプルで作ったCloudWatch Eventsの起動設定を残したままだと、定期的にインスタンスが起動されます。忘れずに削除もしくは無効化しておきましょう。StepFunctionsのステートメントの削除の他に、LambdaとBatchにもリソースが作成されているのでご注意ください。

5-2 システムを監視する

　運用において監視は重要な項目です。リソースの状態を監視し、必要に応じてオペレーターに通知したり、復旧のためにジョブを実行したり、サーバのスケールアウト等のアクションを取る必要があります。ここでは、AWS内で監視を行う場合としてCloudWatchの活用方法と、AWS以外の方法で監視を行う方法を紹介します。

AWSのなかから監視する

　AWSのリソースを監視する場合、CloudWatchを利用するのが最も簡単です。また、SNS等の他サービスとの連携も手軽にできるため非常に便利です。しかし、CloudWatchでは幾つか制限もあり、要件を満たせない場合もあります。ここでは、主にEC2におけるCloudWatchでの監視について説明します。機能を理解して、この後で紹介するAWS以外の監視方法とうまく使い分けましょう。

■ CloudWatchでのデフォルトの監視項目

　EC2において、CloudWatchがデフォルトで収集するのは、CPU負荷、ネットワークトラフィック等のハイパーバイザから取得できる内容のみなります。RDSやRoute 53、CloudFront等のマネージドサービスになるともう少し詳しい内容、またはそのサービスに特化した項目を監視してくれます。CloudWatchがEC2インスタンスに対してデフォルトで監視する内容は以下になります。

表5-2-1　CloudWatchの監視項目（EC2インスタンスに対して）

監視項目	説明
CPUUtilization	CPU使用率
DiskReadBytes	インスタンスストア（エフェメラルディスク）での読み取りバイト数
DiskReadOps	インスタンスストア（エフェメラルディスク）での完了した読み取り操作回数
DiskWriteBytes	インスタンスストア（エフェメラルディスク）での完了した書き込みバイト数
DiskWriteOps	インスタンスストア（エフェメラルディスク）での完了した書き込み操作回数
NetworkIn	全てのネットワークインタフェースでの、このインスタンスによって受信されたバイトの数
NetworkOut	全てのネットワークインタフェースでの、このインスタンスから送信されたバイトの数
StatusCheckFailed	StatusCheckFailed_InstanceとStatusCheckFailed_Systemがどちらも0なら0、そうでない場合は1を返す
StatusCheckFailed_Instance	インスタンスステータスチェックに成功していれば0、それ以外は1を返す

Chapter5

StatusCheckFailed_System	システムステータスチェックに成功していれば0、それ以外は1を返す
CPUCreditBalance	T2インスタンスにのみ有効。消費されるCPUクレジット数
CPUCreditUsage	T2インスタンスにのみ有効。累積されるCPUクレジット数
CPUSurplusCreditBalance	T2インスタンスにのみ有効。消費した余剰CPUクレジットの数
CPUSurplusCreditCharged	T2インスタンスにのみ有効。余剰クレジットを使い果たし追加料金が発生したCPUクレジットの数
NetworkPacketsIn	インスタンスが受信されたバイトの数
NetworkPacketsOut	インスタンスから送信されたバイトの数

「Disk〜」の項目は、あくまでインスタンスストアに対してのものであり、EBSではないことに注意してください。EBSに対する読み込み・書き込みバイト数等は別途メトリクスが用意されているので、そちらを参照してください。「StatusCheck〜」は、EC2インスタンス自体に障害が発生していないか監視することができます。「CPUCreditBalance」「CPUCreditUsage」および「CPUSurplus」はT2インスタンスのみ有効です。どれくらいバーストが発生したか、どれだけバーストできるかはこの項目を確認することでわかります。また、「CPUSurplusCredit」の2つのメトリクスは、T2無制限機能を利用時の消費に関するものです。

■ デフォルトの監視項目以外の監視方法

CloudWatchがデフォルトで監視する内容ではOSでしか取得できない項目は含まれておらず、ほとんどの場合不十分だと思います。そこで、そういった項目は**カスタムメトリクス**を利用してCloudWatchに登録します。カスタムメトリクスの作成は、従来はAWSから提供されているサンプルスクリプトを元に独自でスクリプトを作成する方法が主流でした。しかし、2017年12月から**CloudWatch Agent**を利用して簡単に作成することができるようになりました。また、EC2のみではなく、ネットワーク的に疎通しているのであれば、オンプレミスのサーバのメトリクスも収集できます。ここでは、CloudWatch Agentの設定例を見てみましょう。

◆CloudWatch Agentで収集できるメトリクス

まずCloudWatch Agentで収集できるメトリクスを見てみましょう。Windows Serverの場合は、Windowsパフォーマンスモニターでカウンタに関連付けられているメトリクスを参照できます。Linuxについては、CPU、ディスク、メモリ、ネットワークのそれぞれの状態や、netstat、processes、swapの状態まで参照できます。収集できるメトリクスは膨大なので、ここではディスク関係のみをピックアップして紹介します。

Amazon CloudWatchメトリクスとディメンションのリファレンス
https://docs.aws.amazon.com/ja_jp/AmazonCloudWatch/latest/monitoring/CW_Support_For_AWS.html#metrics-collected-by-CloudWatch-agent

表5-2-2　収集できるメトリクス（ディスク関係）

監視項目	説明	単位
disk_free	ディスクの空き容量	バイト
disk_inodes_free	ディスクで使用可能なインデックスノードの数	個
disk_inodes_total	ディスクで予約されているインデックスノードの合計数	個
disk_inodes_used	ディスクで使用されているインデックスノードの数	個
disk_total	使用ずみ容量と空き容量を含む、ディスクの合計容量	バイト
disk_used	ディスクの使用ずみ容量	バイト
disk_used_percent	ディスクスペース合計に対する使用ずみの割合	パーセント
diskio_iops_in_progress	デバイスドライバに発行されたがまだ完了していないI/Oリクエストの数	個
diskio_io_time	ディスクがI/Oリクエストをキューに入れている時間の長さ	ミリ秒
diskio_reads	ディスク読み取り操作の回数	個
diskio_read_bytes	ディスクから読み込まれたバイト数	バイト
diskio_read_time	読み取りリクエストがディスクで待機した時間の長さ	ミリ秒
diskio_writes	ディスク書き込み操作の回数	個
diskio_write_bytes	ディスクへの書き込みバイト数	バイト
diskio_write_time	書き込みリクエストがディスクで待機した時間の長さ	ミリ秒

CloudWatch Agentを作成する

それでは、CloudWatch Agentの設定を行いましょう。CloudWatch Agentは、**AWS Systems Manager (SSM)** と密接な関係があります。SSMのエージェントは、EC2インスタンスに対してSystems Manager Servicesからのリクエストを処理し、設定するためのツールです。

SSMエージェントを利用すると、EC2インスタンスにログインすることなくAWSマネージメントコンソールからCloudWatch Agentのインストールも可能です。さらに、複数のEC2インスタンスに対して一斉に設定するということも可能です。ここでは、Systems Manager Servicesを使ってAmazon Linuxに対してCloudWatch Agentの設定を行いましょう。

◆CloudWatch Agentを利用するための準備

準備としては、EC2インスタンスに対して必要な権限を持ったロールのアタッチと、SSMエージェントのインストールが必要です。

まずロールについては、EC2への参照権限とSSMへの更新系を含む幾つかの権限が必要です。AWS管理ポリシーである**AmazonEC2ReadOnlyAccess**と**AmazonSSMFullAccess**で充当するので、その2つを含んだロールを作成します。

IAMのダッシュボードのサイドメニューからロールを選択し、ロールの作成をクリックします。

Chapter 5

□AWSマネジメントコンソールの操作
IAM→ロール→ロールの作成

図5-2-1　ロールの作成

　信頼されたエンティティの種類を選択でEC2を選択し、次のステップ：アクセス権限をクリックします。表示されるポリシーの一覧からAmazonEC2ReadOnlyAccessとAmazonSSMFullAccessの2つを選択し、次のステップ：確認をクリックします。あとは任意のロール名を付け（今回は「CloudWatchAgent」とします）、ロールを作成します。

図5-2-2　IAMロールの作成

5-2 システムを監視する

③ AmazonEC2ReadOnlyAccessと
AmazonSSMFullAccessを選択する

④ 次のステップ：確認をクリックする

　次にSSMエージェントの用意をします。SSMエージェントは、2017年9月以降のAmazon LinuxのAMI、Windows Server 2016インスタンスと、2016年11月以降に公開されたWindows Server 2003-2012 R2 AMIから作成されたインスタンスには、デフォルトでインストールされています。ただし、CloudWatchエージェントを利用する場合、SSMエージェントのバージョンは2.2.93.0以上が必要です。

　SSMエージェントが入っているという前提の元に、Systems Manager Servicesから最新版にアップデートしてみましょう。EC2のダッシュボードのサイドメニューからコマンドの実行を選択し、コマンドを実行をクリックします。

> □AWSマネジメントコンソールの操作
> EC2→コマンドの実行→コマンドを実行

　実行するコマンドを選択します。ここでは、**AWS-UpdateSSMAgent**を選択します。
　次に対象のインスタンスを選択します。対象リージョン内にインスタンスがあるにもかかわらず、インスタンスのリスト欄に「このリージョンにインスタンスはありません。」という文言が出たら、次の可能性があります。

・SSMの権限を付与したロールがアタッチされたEC2インスタンスがない
・実行しようとしているコマンドの対象プラットフォーム（Windows or Linux）のインスタンスがない

411

Chapter 5

ロールの権限の問題のケースが多いので、目的のインスタンスにSSMの権限が付与されているか確認してください(先ほど作成したIAMロールを適用します)。インスタンスを選択できると、あとはRunをクリックしてコマンドの実行をするだけです。

図5-2-3　SSMエージェントのアップデート

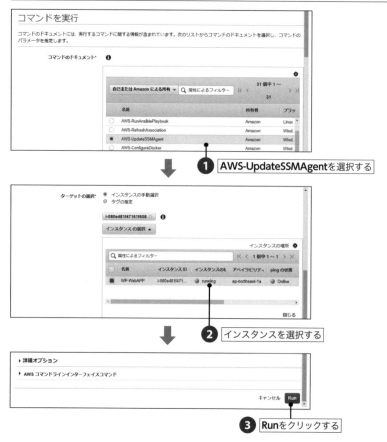

◆CloudWatch Agentのインストール

さていよいよCloudWatchエージェントの設定です。CloudWatchエージェントも、EC2のSystems Manager Servicesからインストールできます。

□AWSマネジメントコンソールの操作
EC2→コマンドの実行→コマンドを実行

5-2 システムを監視する

コマンドの実行画面を開き、今度はAWS-ConfigureAWSPackageを選びます。インスタンスを選択のうえで、下記の実行パラメータを設定します。

表5-2-3　実行パラメータの設定例

設定項目	値
Action	Install
Name	AmazonCloudWatchAgent（任意の名前）
Version	latest

あとはRunをクリックしてコマンドを実行します。

図5-2-4　CloudWatch Agentのインストール

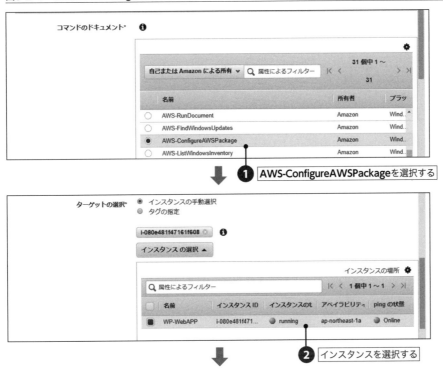

Chapter 5

③ 各項目を入力する

④ Runをクリックする

◆ 設定パラメータを作成する

次に、CloudWatch Agentの設定パラメータを作成します。この作業については、初回のみ対象のインスタンスにログインして実行すると簡単にできます。対象インスタンスにログイン後、次のコマンドを実行します。インスタンスへのログインは、153ページを参照してください。

```
$ sudo /opt/aws/amazon-cloudwatch-agent/bin/amazon-cloudwatch-agent-config-wizard
```

ウィザードに従って、設定をしていきます。基本的にはデフォルト設定でよいのですが、今回は下記の項目だけデフォルト以外の設定を行いましょう。

```
# メトリクスの種類
Which default metrics config do you want?
1. Basic
2. Standard
3. Advanced
4. None
default choice: [1]:
3

# 対象のログファイルのパス
```

```
Log file path:
/var/log/messages

# 追加でログファイルの設定をするか
Do you want to specify any additional log files to monitor?
1. yes
2. no
default choice: [1]:
2
```

コマンドを実行すると、「AmazonCloudWatch-linux」という名前で設定パラメータが作成され、SSMのパラメータストアに保存されます。

■ CloudWatch Agentを設定する

作成した設定パラメータを元にCloudWatch Agentの設定を行います。ここもSystems Manager Servicesを利用します。

> □AWSマネジメントコンソールの操作
> EC2→コマンドの実行→コマンドを実行

AmazonCloudWatch-ManageAgentを選択し、対象のインスタンスを選びます。追加の設定として、Optional Configuration Locationに先ほど作成した設定パラメータ（AmazonCloudWatch-linux）を指定します。設定パラメータはSSMのパラメータストアに保存しているので、先ほど設定したインスタンス以外にも設定可能です。

図5-2-5　CloudWatch Agentの設定

❶ 設定パラメータ（AmazonCloudWatch-linux）を指定する

これで設定は完了です。最後にCloudWatchからメトリクスの確認をしてみましょう。メトリクス名は「CWAgent」です。

図5-2-6 CloudWatchのメトリクス

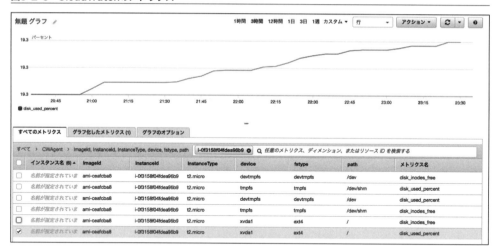

■ CloudWatchを利用するうえでの注意点

最後にCloudWatchを利用するうえで注意すべきことを説明します。他のサードパーティ製の監視ツールと比較する際の参考にしてください。

◆ データの保管期間

CloudWatchが保管するデータは、1時間ごとのデータエンドポイントの場合は、15か月です。5分毎であれば63日間保存、1分毎であれば15日です。それ以上前のデータは破棄されます。通常、CloudWatchのデータエンドポイントは5分毎が多いので、約2か月と覚えておくとよいでしょう。これに伴い、例えば、お客さんに月次でリソース状況の報告を行う場合に、CloudWatchを元に月次レポートを作成するといったことはできません。CloudWatchで保管できる期間以上に必要な場合は、別のツールを利用するかCloudWatchからデータをエクスポートする必要があります。データをエクスポートして**Elastic Search Service**に保存するケースが多いです。

◆ データの保管粒度

CloudWatchのデータの粒度はデフォルトで5分、最短で1分です。それ以上、細かい間隔でデータを取得することはできません。また、カスタムメトリクスで頻繁にデータを登録・取得しようとしても、CloudWatchのAPI制限に引っかかる可能性があります。基本的には1分未満の間隔でデータの登録・取得はできないと考えておいた方がよいでしょう。

AWSの外から監視する

理想としては、CloudWatchで監視を全て済ませたいところですが、そうもいきません。プロセスの監視、アプリケーションのポート監視、URLヘルスチェック等、AWSリソースとは関係のない部分の監視は、CloudWatchでは難しいでしょう。そこで、サードパーティ製の監視ツールを利用することになります。

Zabbixによる監視

代表的な監視ツールとして、**Zabbix**があります。ここでは、Zabbixの概要と主な用途について紹介します。

◆Zabbixとは

Zabbixはオープンソースの統合監視ソフトウェアです。UNIXベースのOS、Windowsともに対応しており、監視する対象のOSを選ばずに利用することができます。ラトビアのZabbix SIA社が開発を行っていますが、日本支社であるZabbix Japan合同会社が設立されており、日本語の情報が充実しています。グラフ機能、通知機能等も充実しており、非常に細かく設定できます。

Zabbix Japan
http://www.zabbix.com/jp/

◆Zabbixサーバの用意

Zabbixを利用するには、Zabbixサーバを用意する必要があります。Zabbixサーバが対応しているプラットフォームは以下になります。

- AIX
- FreeBSD
- HP-UX
- Linux
- macOS
- OpenBSD
- Solaris

インストールは、Linuxであればrpmパッケージが用意されているので、そちらを利用します。また、ZabbixはMySQLとPHPを利用しますので、同時に環境を用意しておく必要があります。詳細なインストール方法は公式ドキュメントを参照してください。

Chapter 5

Zabbix公式ドキュメント
https://www.zabbix.com/documentation/2.4/manual/installation/install_from_packages

◆監視方法
Zabbixでホストを監視をする方法として以下があります。

- Zabbixエージェントを利用して監視する
- SNMPエージェントを利用して監視する
- エージェントレスで監視する

　最も簡単なのは、Zabbixエージェントを利用することです。Zabbixエージェントをインストールすれば、すぐに監視を始めることができます。CPU、メモリ、スワップ、ディスク等、デフォルトでさまざまな内容を監視できます。エージェントはWindowsを含め、ほとんどのプラットフォームに対応しています。また、Zabbixエージェントを使わずともSNMPエージェントを使って監視することもできます。

　場合によってはエージェントをインストールしたくない場合もあると思います。そういった場合でも、Zabbixではエージェントレスで監視することができます。ポートチェック、pingに加えて、SSHもしくはTelnetでログインし、コマンドを実行し、その戻り値を使って監視することが可能です。

■ SaaSによる監視

最近では、SaaS型の監視サービスが登場しています。

◆Mackerel
　Mackerelは株式会社はてなが運営している監視サービスです。Mackerelエージェントをインストールし、アカウントの設定をすればすぐに監視が開始できます。監視しているホストをロールとしてまとめられるため、AutoScalingグループ等をまとめて監視・表示することができます。

Mackerel
https://mackerel.io/ja/

Mackerelは無料で試用することが可能です。試用には、サインアップが必要となります。

5-3 アラートを通知する

　運用監視するうえで、重要となるのが**通知**です。システムの状態を監視し、何らかのアクションが必要な状態と判断された時に、通知してそのイベントを知らせます。通知の相手としては、別のシステムの場合もあれば、人間の場合もあります。ここでは、主に人間に対して通知することを前提に、その考え方や手段について解説します。

■ AWSの機能を利用した通知方法

　AWSには、プッシュ通知機能として**SNS**（Amazon Simple Notification Service）が用意されています。SNSには、モバイルプッシュ通知の他に、Eメールによる通知やショートメッセージサービス（SMS）へのテキストメッセージ、SQSもしくはHTTPエンドポイントへの配信ができます。

■ SNSを利用したEメール通知

　それでは、SNSを使ってEメールで通知する例を見てみましょう。単純にメールを配信するだけであれば、SESでも送ることができます。では、なぜSNSを利用するのでしょうか。最大のメリットは**抽象化**です。

　通知の場合、通知する側と通知を受ける側があります。SESで直接実装する場合、通知する側は送り先（通知を受ける側）のメールアドレス等を直接知っている必要があります。当然、通知を受ける側の対象が変わった場合や増えた場合に、変更等の改修が必要となります。これに対してSNSを利用する場合は、通知する側はSNSに送るだけよくなります。その先の送り先はSNS側の責任となります。

　次に通知を受ける側で考えてみましょう。受ける側のメリットとしても、変更容易性があります。先述のメールアドレスの変更以外にも、例えば通知を受ける手段の変更も簡単です。通知をEメールではなく、モバイルプッシュ通知であったり、後述する電話通知に変えるといったことも可能です。

Chapter 5

図5-3-1　SNSを利用した通知

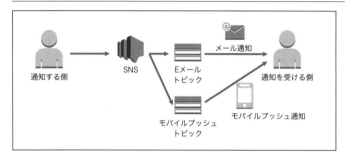

■ SNSによるEメール通知の実装

SNSによるEメール通知の実装は、AWS側のSNSの設定と通知する側の呼び出しの設定もしくはプログラミングが必要です。まずAWS側の設定を行ってみましょう。SNSは、**トピック**と**サブスクリプション**という2つの単位で構成されています。トピックはアクセスポイントであり、サブスクリプションは配信先となります。SNSを利用する場合は、通知の目的ごとにトピックを作成し、そのトピック内で通知先ごとにサブスクリプションを登録することになります。

◆AWS側の設定

まずトピックを作成してみましょう。AWSマネジメントコンソールでSimple Notification Serviceを選択し、ダッシュボードのサイドメニューからトピックを選択して、新しいトピックの作成をクリックします。

> □AWSマネジメントコンソールの操作
> Simple Notification Service→トピック→新しいトピックの作成

図5-3-2　トピックの作成①

420

作成にあたっては、トピック名にトピックの名前、表示名に任意の説明を入力するだけです。

図5-3-3 トピックの作成②

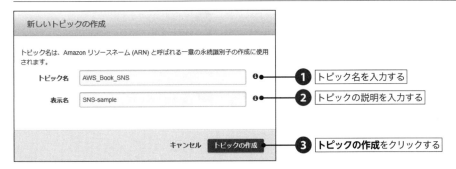

作成したトピックに、サブスクリプションを登録します。サブスクリプションの登録は、対象のトピックを選択した状態で、アクションからトピックへのサブスクリプションを選択します。

図5-3-4 サブスクリプションの登録

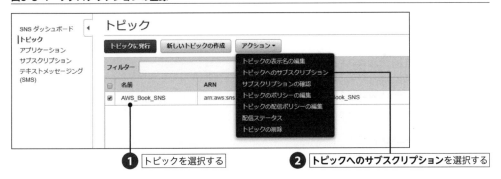

次にサブスクリプションの種類を選びます。複数の選択肢がありますが、ここではプロトコルで「Email」を選び、エンドポイントに送信先のメールアドレスを入力します。Eメールを登録すると、そのメールアドレス宛に登録承認用のURLが送られます。忘れずに承認してください。

図5-3-5 送信先の登録

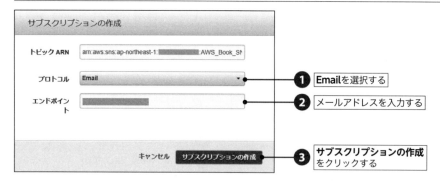

◆ **通知する側の実装**

通知する側の実装を行います。今回は、AWS Ruby SDK v3を利用します。"access_key_id"と"secret_access_key"は、各自のアクセスキーとシークレットアクセスキーを記述してください。"target_arn"はトピックのARNを入力します。ARNはSNSのダッシュボードの一覧から確認することができます。

リスト5-3-1　sns_topics.rb

```ruby
require 'aws-sdk'

sns = Aws::SNS::Client.new(
  access_key_id: "********",
  secret_access_key: "********",
  region: "ap-northeast-1"
)

resp = sns.publish(
  target_arn: "********",
  subject: "メールタイトル",
  message: "SNSからのメール送信"
)
```

実行は、下記の要領で行います。

```
$ ruby sns_topics.rb
```

登録したメールアドレスにメールが届けば成功です。実際の運用時には、ジョブサーバや監視サーバと連携し、イベントを通知する必要がある時に、上記のようなプログラムをキックするようにして利用します。

5-3 アラートを通知する

■ 配信先にモバイルプッシュ通知を追加する

　配信先にモバイルを追加してみましょう。モバイルプッシュ通知を利用するには、**アプリケーション**の登録を行います。登録の仕方ならびにアプリケーションの作り方は、Chapter3-9(p.351)のプッシュ通知を参照してください。両者とも作成済みという前提で、先ほどのトピックにモバイルプッシュ通知を追加します。

　通知の追加はデバイスごとに行います。SNSのダッシュボードのサイドメニューから**アプリケーション**を選択してアプリケーション画面を開き、一覧から作成済みのアプリ通知を選択し、そのなかから通知したいデバイスを選びます。そして、デバイスの**エンドポイントARN**をコピーします。

□AWSマネジメントコンソールの操作

Simple Notification Service→**アプリケーション**→エンドポイントARNをコピー

図5-3-6　通知先デバイスのエンドポイントARNの取得

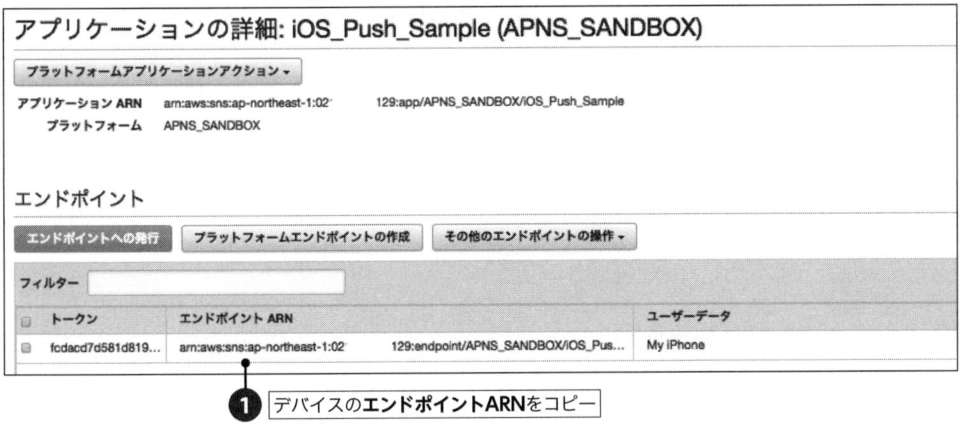

次にトピックにサブスクリプションの追加を行います。追加するトピックを選択して、**アクション**→**トピックへのサブスクリプション**を選択します。**プロトコル**で「Application」を選択し、**エンドポイント**に先ほどコピーしたエンドポイントARNを貼り付けます。

　用意ができたら、もう一度先ほどのプログラム（sns_topics.rb）を実行し、通知してみましょう。今度は、Eメールの他にもモバイル端末にプッシュ通知が届くはずです。

図5-3-7 サブスクリプションにモバイル端末を追加する

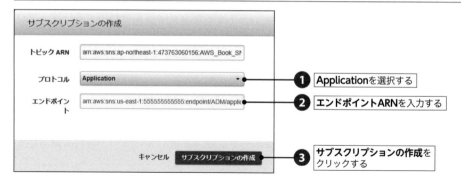

このように、SNSを利用することにより、通知する側の変更が不要で、簡単に通知先を追加することができます。これが抽象化です。次は、テキストベースの通知だけではなく、電話で通知をしてみましょう。

Twilioを利用した電話通知

メールやモバイルプッシュでの通知は、個別通知より一斉通知に近い仕組みです。一方、システムを運用する場合は、担当者を個別かつ確実に呼び出したいケースもあります。そういった場合に依然有効なのが電話です。運用の現場での電話の活用方法としては、**コール順による順次呼び出し**というものがあります。運用担当グループを作り、電話を回す順番を決め、誰かが電話を取るまでコールを繰り返すという仕組みです。

図5-3-8 コール順によるシステム運用

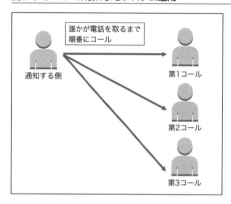

このような仕組みも、サードパーティ製のサービスを組み合わせることで構築することができます。日本でも使える電話APIサービスの代表的なものとしては、**Twilio**がありま

す。Twilioは、APIを使ってプログラムから電話やテキストメッセージの送受信を可能にするサービスです。

■ SNSからAPIを呼び出す方法

それでは、Twilioを使ったユースケースを考えてみましょう。メールの場合の考え方と同様に、通知する側は誰に通知するのか、またどう通知するのかは関与しない方式を踏襲します。つまり通知する側は、引き続きSNSを利用します。次にSNSからTwilioのAPIを呼び出す方法を考えてみます。SNSから呼び出せるプロトコルは先述のEメールとモバイル以外に、HTTP/HTTPSとSQS、SMS、Lambdaがあります。それぞれどのような方法があるのでしょうか。

まずHTTP/HTTPSの場合ですが、HTTP通知の受け手となる動的サーバを用意し、その動的サーバが呼び出された時にAPIをキックすることで実現可能となります。次にSQSの場合ですが、SQS以外にキューをポーリングするバッチサーバを用意し、キューを受け取ってAPIをキックするバッチを作成することで実現できます。どちらも一長一短がありますが、HTTP＋動的サーバの場合、サーバの構築・運用が煩雑です。Lambdaを使うとインフラの運用なしにプログラムの実行が可能です。今回はLambdaを利用することとします。

図5-3-9　SNSとLambdaを、Twilloを使った電話システム

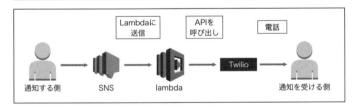

■ Twilioの実装

Twilioのサービスは、米国Twilio社が提供するものと、KDDIウェブコミュニケーションズ社が代理店となって日本国内で提供しているものとの2種類があります。どちらも日本から利用可能でAPIの構成も同じですが、別のアカウントとなります。日本国内で利用するのであれば、音声の品質と電話の法的係争に対する対応から、KDDIウェブコミュニケーションズのTwilioを利用してください。国内の電話通信事業のガイドラインに則り、提供されています。なお、Twilioのアカウントの取得方法は省略します。

Twilio
http://twilio.kddi-web.com/

Chapter 5

　Twilioを使って電話をかけるプログラムを作成します。今回はNode.jsを利用します。TwilioのNode.jsライブラリを事前にインストールしてください。なお、ここではNode.jsとnpmコマンドがインストールされていることを前提とします。

```
$ mkdir call_example
$ cd call_example
$ mkdir node_modules
$ npm install twilio
```

　TwilioのAPIの利用には、**アカウントSIDとAUTHTOKEN**、**取得した電話番号**が必要となります。アカウントSIDとAUTHTOKENについては、Twilioの管理コンソールで確認できます。電話番号については、**電話番号**画面から購入する必要があります。トライアルアカウントの場合は、特定の番号のみ利用できます。また、「電話番後を始めましょう」画面から利用可能な電話番号を取得することもできます。まずは、この番号で動作を確認するのもよいでしょう。なお、「050」の電話番号を取得すると2018年2月現在、1か月につき108円必要です。必要がなくなったら、解約することを忘れないでください。

図5-3-10　Twilioの電話番号を取得する

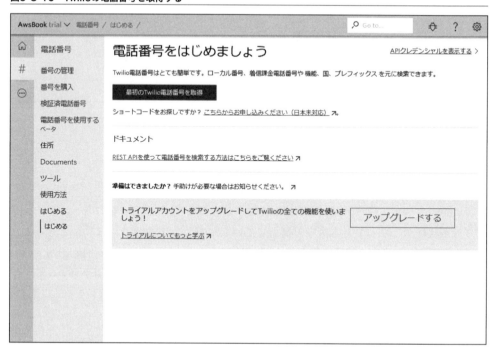

5-3 アラートを通知する

Twilioの電話番号の設定項目に**Voice**があります。これは、Twilioからのコール時に読み上げるメッセージのデフォルトの設定を記載するファイル（URL）です。TwilioのAPIコールでは、メソッドとしてPOSTとGETが選べます。GETにしておいて、S3 Webホスティング機能を利用して静的サイトにファイルを置くのが楽でしょう。Twilioでは、言語設定を日本語にしておくと、日本語で読み上げられます。

リスト5-3-2　読み上げメッセージのサンプル（sample_response.xml）

```xml
<?xml version="1.0" encoding="UTF-8"?>
<Response>
<Say language="ja-jp">システムで障害が発生しました。直ちに確認してください。</Say>
</Response>
```

TwilioのAPIのコールのサンプルは、以下の通りです。"to"と"from"の電話番号の設定部分は、日本の場合は「81」でスタートして最初の「0」は省略します。例えば、「03-1234-5678」の場合は「81312345678」と記述します。"accountSid"にはTwilioのアカウントID、"authToken"にはAUTHTOKENを入力してください。"url"には、リスト5-3-2の読み上げメッセージのサンプルを配置したS3バケットを指定してください。IDやトークンを直接埋め込むのは危険なので、環境変数にセットして使用しています。

リスト5-3-3　TwilioのAPIのコールのサンプル（index.js）

```javascript
const accountSid = process.env.TWILIO_SID;
const authToken = process.env.TWILIO_TOKEN;
const client = require('twilio')(accountSid, authToken);

exports.handler = (event, context, callback) => {
  // TODO implement
  client.calls.create(
    {
      url: 'http://demo.twilio.com/docs/voice.xml',
      to: 'your phone number',
      from: 'your twilio phone number',
    },
    (err, call) => {
      console.log(call.sid);
    }
  );
  callback(null, 'Twilio Call');
};
```

Chapter 5

プログラムを作成したら、Node.jsのライブラリと一緒にZIPで固めます（ライブラリのインストール時に作成した「call_example」ディレクトリ上でコマンドを実行します）。

```
$ zip -r twillio.zip make_call.js node_modules/
```

このZIPファイルをAWSマネジメントコンソールからLambdaにアップロードします。また、Lambdaの環境変数にTwilioのアカウントSIDとAUTHTOKENを設定します。そして、トリガーの設定で、呼び元のSNSと紐付けます。

■ Lambdaの設定

AWSマネジメントコンソールのトップページから Lambda を選択し、関数の作成 をクリックします。

□AWSマネジメントコンソールの操作
Lambda → 関数の作成

◆ 関数の作成

一から作成 を選択し、名前 や ランタイム を記入していきます。ロール は カスタムロールの作成 を選択して新たに作成しましょう。IAMルールの作成画面が開くので、IAMロール で 新しいIAMロールの作成 を選択します。ロール名はデフォルトで「lambda_basic_execution」となりますが任意の名前に変更しても大丈夫です。ポリシードキュメントについては、今回はデフォルトのままで使います。

関数の作成 をクリックすると、Lambda関数の作成が開始されます。

図5-3-11　Lambda関数の作成

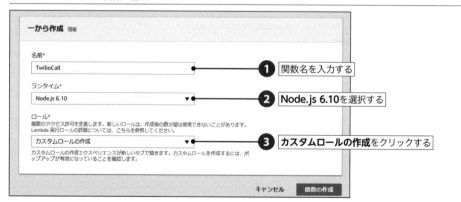

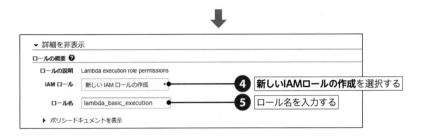

◆トリガーの設定

トリガーを設定してSNSと紐付けます。トリガーによって、SNSトピックにサブスクリプションとしてLambda関数を登録することができるようになります。

Designer欄でSNSをダブルクリックするとSNSへのトリガーが追加されるので、トリガーの設定で紐付けるSNSトピックを選択します。ここでは、先ほど作成した「Aws_Book_SNS」を指定して、追加をクリックします。

図5-3-12 トリガーの追加

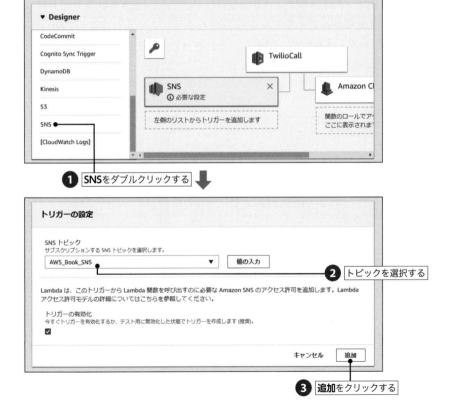

◆プログラムのアップロード

Lambda関数のコードを作成します。ここでは、先ほど作成しておいたプログラムとライブラリを固めたZIPファイルをアップロードします。

コードエントリタイプで.ZIPファイルをアップロードを選択し、関数パッケージでZIPファイルを選択してアップロードします。

図5-3-13　プログラムのアップロード

◆環境変数の設定

サンプルプログラムでは、TwilioのアカウントSIDとAUTHTOKENを直接コード内に埋め込むのではなく、環境変数からそれぞれを読み込むようにしてあります。**TWILIO_SID**と**TWILIO_TOKEN**という環境変数を作成し、それぞれに値としてTwilioのアカウントSIDとAUTHTOKENを設定してください。

図5-3-14　環境変数の設定

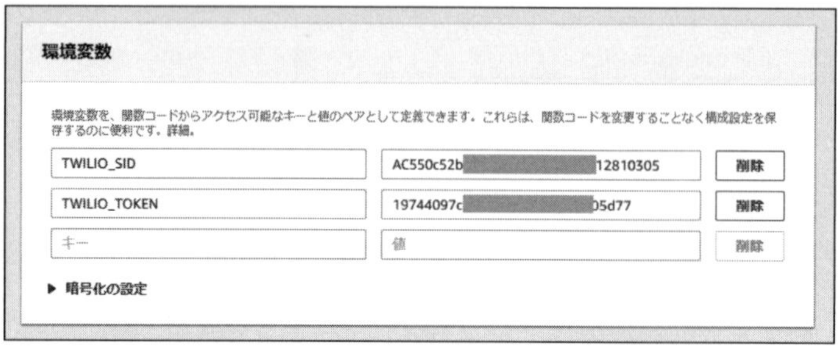

以上でLambda側の設定は完了です。これで、SNSトピックにサブスクリプションとしてLambda関数が登録可能になります。あとはトピックのARNをプログラム内から呼び出すことで、電話通知が実行されます。サブスクリプションの登録については、421ページを参照してください。

なお、デフォルトだとLambdaの実行時間は3秒です。タイムアウトの可能性があるので、1分に変更してください。

5-4 データをバックアップする

データのバックアップは、システム運用のなかでも非常に重要です。バックアップしたデータが必要になる場面がないことが一番の理想ですが、万が一の時に必要なデータを確実に戻すことができる仕組みがあればとても安心です。

バックアップは必要なデータを取得することはもちろんですが、確実に戻せることがとても重要です。運用中のシステムでバックアップは取得しているけど、何かあった時に戻すことができるのか不安を抱えている人も多いのではないでしょうか。バックアップから元に戻す方法を確認しておきましょう。

AWSではデータバックアップに関するサービスや機能が提供されています。AWSマネジメントコンソールからの操作はもちろんのこと、CLIやSDKからAPIを使ってプログラマブルに操作することもできます。本節では、AWSが提供するバックアップ機能の説明と運用方法について紹介します。

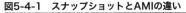 EBSのデータバックアップ

EBSのバックアップ方法は、**スナップショット**を取得する方法と、**AMI**を作成する方法の2種類があります。

スナップショットは、EBSボリュームを単体でバックアップするのに対して、AMIはインスタンスを構成する全てのEBSボリュームを一度にバックアップすることができます。

図5-4-1　スナップショットとAMIの違い

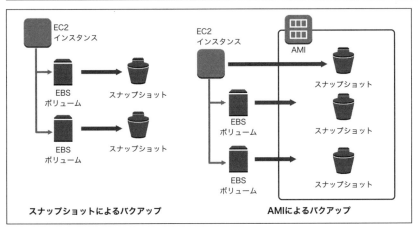

Chapter 5

インスタンスからマウントしているデータ保存用EBSを単体でバックアップしたい場合はスナップショットを使用し、OSがインストールされているルートデバイスも含むインスタンス全体をバックアップしたい場合はAMIを使用する方がよいでしょう。AMIもデータはスナップショットの形式で取得されますが、各スナップショット同士の関連情報を保持する点が異なります。

■ スナップショットの取得

AMIの作成はChapter2-5 (p.158) で既に説明しているので、ここでは、スナップショットの取得方法を説明します。AWSマネジメントコンソールのトップ画面からEC2を選択し、EC2のダッシュボードのサイドメニューからボリュームを選択します。EBSボリュームの一覧が表示されます。そこで、スナップショットを取得したいボリュームを選択して、アクションからスナップショットの作成を選択します。名前と説明に必要な情報を入力して作成をクリックしてください。

> □AWSマネジメントコンソールの操作
> EC2→ボリューム→スナップショットの作成

図5-4-2　スナップショットの作成

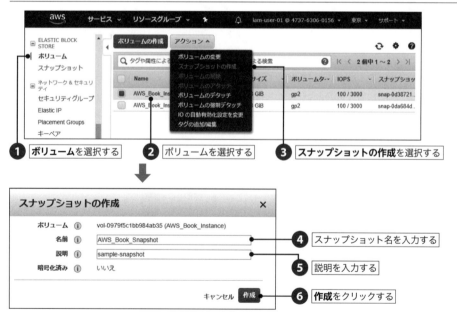

スナップショットの作成が開始されるので、EC2のダッシュボードで スナップショット を選択して、スナップショットが作成されていることを確認してください。

図5-4-3　スナップショットの一覧

■ スナップショットからEBSボリュームを作成する

取得したスナップショットからのEBSボリューム作成は、先ほど実施したスナップショットの取得手順の反対を実施するイメージです。スナップショット画面の一覧からEBSボリュームを作成したいスナップショットを選択して、 アクション から ボリュームの作成 を選択してください。ボリュームのタイプや必要なサイズ、作成したいAZを設定し、 ボリュームの作成 をクリックします。

図5-4-4　EBSボリュームの作成

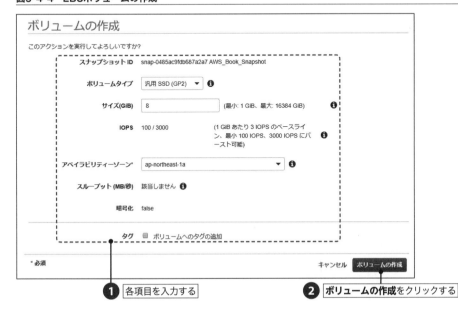

Chapter 5

　EC2のダッシュボードで<mark>ボリューム</mark>を選択して、EBSボリュームが作成されていることを確認してください。

■ スナップショットを使ったEBSの操作

　EBSのバックアップに関する説明は以上です。ここからは、バックアップとは少し異なりますが、スナップショットを使ったEBSボリュームの操作Tipsを少し紹介します。

◆スナップショットによるEBSタイプの変更

　EBSボリュームで使用されていたディスクは当初は通常のハードディスク（マグネティック）だけでしたが、2014年6月にSSDタイプのEBSボリュームが登場しました。さらに2016年4月に新たなHDDタイプ（SC1/ST1）が登場しました。これによって旧来のマグネティックタイプは価格的にも性能的にもメリットはなくなりました。それまでに作成したマグネティックタイプのEBSボリュームを別のタイプに変換するには、先ほど説明したようにスナップショットを作成してEBSボリュームを再度作成すればよいだけです。EBSボリュームのタイプを直接変更することはできませんが、一度スナップショットにすることで、タイプを選び直すことができます。

◆EBSのボリュームサイズ拡張

　データ増加によってディスク容量が不足し、EBSボリュームを拡張したい場合はオンラインでの拡張もしくはスナップショットを利用します。マグネティックの場合はスナップショットを、それ以外のタイプの場合はオンラインを利用するとよいでしょう。スナップショットを利用する場合は、拡張したいEBSボリュームのスナップショットを取得して、新しいEBSボリュームを作成する時に必要なサイズに変更することでデータを保持したままEBSボリュームを拡張できます。

　スナップショットから作成したEBSボリュームを使用するためには、EC2インスタンスにアタッチします。新しく作成したEBSボリュームをEC2インスタンスで使用する手順は以下の通りです。

①EC2インスタンスを停止する

　ルートデバイスとして使用しているEBSボリュームではない場合、EC2インスタンスを起動したままでも問題ありません。作業中は対象のボリュームへのディスクアクセスがない状態で作業をしてください。可能であればEC2インスタンスは停止することを推奨します。ここでは、インスタンスを停止した場合の手順を説明します。

5-4 データをバックアップする

②既存のEBSボリュームをデタッチ（切り離し）する

EC2のダッシュボードのサイドメニューから ボリューム を選択してください。そして、一覧から切り離す対象のEBSボリュームを選択します。デタッチする前に アタッチ済み状態 のデバイス名（末尾の「/dev/xvda」）をメモしておいてください。次にEBSボリュームをアタッチする時に使用します。最後に アクション から ボリュームのデタッチ を選択して切り離します。

③新しく作成したEBSボリュームをアタッチする

ボリューム画面の一覧から新たにアタッチしたいEBSボリュームを選択し、 アクション から ボリュームのアタッチ を選択してください。アタッチする対象のEC2インスタンスと接続先のデバイス名を入力して、 アタッチ をクリックします。デバイス名は②でメモしたデバイス名（/dev/xvda）を入力してください。

図5-4-5　アタッチ済み状態をメモしておく

図5-4-6　EBSボリュームのデタッチ

図5-4-7 EBSボリュームのアタッチ

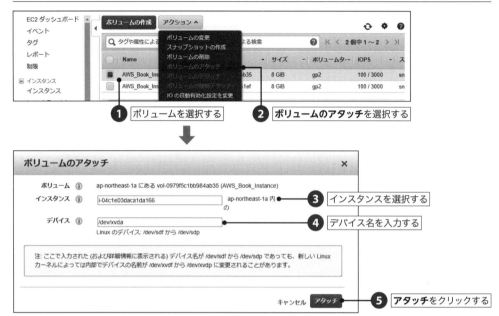

④EC2インスタンスを起動する

ここまでの作業が完了したら、停止していたEC2インスタンスを起動してください。

⑤OSでディスク拡張作業をする

EBSボリューム自体は拡張されていますが、このままではOSから見ることができる領域が変わりません。そのためにOSコマンドでファイルシステムのサイズを拡張する必要があります。ここでは、Linuxでext4形式の/dev/xvda1のファイルシステムサイズを拡張する場合のコマンド例を示します。SSD等のボリュームタイプでオンラインで拡張した場合も、同様にOSコマンドでのサイズ拡張が必要です。

```
□拡張対象のデバイスの確認
$ df -h
Filesystem Size Used Avail Use% Mounted on
/dev/xvda1 7.9G 943M 6.9G 12% /
tmpfs 1.9G 0 1.9G 0% /dev/shm
```

```
□ファイルシステムのサイズを変更する
$ sudo resize2fs /dev/xvda1
```

```
□ファイルシステムサイズが拡張されていることを確認
$ df -h
Filesystem Size Used Avail Use% Mounted on
/dev/xvda1 40G 943M 68G 1% /
tmpfs 1.9G 0 1.9G 0% /dev/shm
```

S3とGlacierを使ったバックアップと管理

ここからはファイル単位でのバックアップについて、**S3**と**Glacier**を使った方法を説明します。

S3はこれまでにも説明しましたが、非常に耐久性に優れたオブジェクトストレージであるため、バックアップに最適なサービスと言えます。また、Glacierはオンプレミスで言うところのテープデバイスのような位置付けのサービスです。

S3によるバージョン管理

S3のバージョニング機能は、保存したオブジェクトを誤って消してしまったり、上書きしてしまった場合に元のオブジェクトを復元できます。

とても便利な機能ですが、同じオブジェクトで複数のバージョンを管理した場合、S3の費用はその分必要になることに注意してください。頻繁に更新が行われるようなオブジェクトではなく、バックアップ目的のオブジェクトで、万が一のためにバージョニング機能を有効化するのはよい使い方です。

図5-4-8 S3バージョニングのイメージ

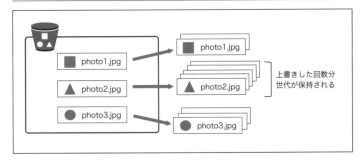

S3のバージョン管理を有効化する方法は、以下の通りです。バージョニングはバケット単位で有効・無効の設定ができます。

Chapter 5

▽S3のバージョン管理の有効化
①S3のバケット一覧から、バージョン管理を有効化したいバケットを選択します。
②プロパティをクリックし、表示されるプロパティのメニューにあるバージョニングをクリックします。
③バージョニングの有効化を選択して、保存をクリックします。

図5-4-9　S3バージョニング設定

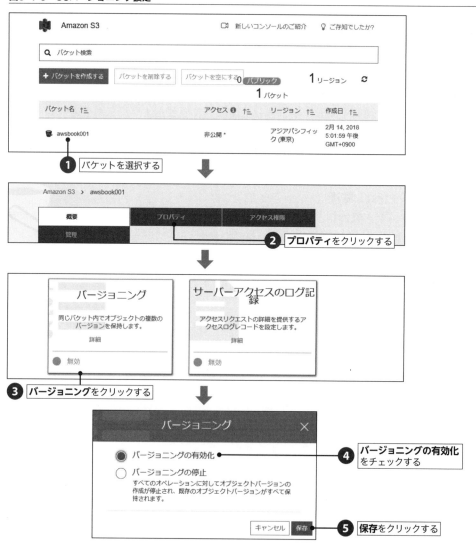

S3バージョニングが有効化されているバケットでは、画面上部にバージョンを表示するかどうかを選択する項目が新たに表示されます。

図5-4-10　S3バージョニング設定完了

■ S3のオブジェクトライフサイクル管理

　S3に保存されたオブジェクトで、ある一定期間変更が発生しなかったものについての**保存ポリシー**を決めることができます。ポリシーは次のパターンを指定可能です。

・指定期間後に削除
・指定期間後にGlacierへアーカイブ
・Glacierへアーカイブしたのち、指定期間後に削除
・低頻度アクセス（標準IA）へアーカイブ
・低頻度アクセス（標準IA）へアーカイブしたのち、指定期間後に削除

図5-4-11　S3ライフサイクルの種類

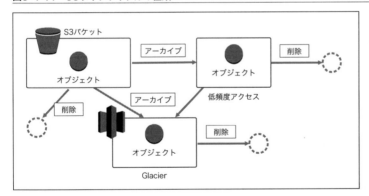

　Glacierと組み合わせることで、参照頻度は低いが長期保存をしておく必要があるファイル（法定で保存期間が定められたデータ等）を、低コストで高い耐久性を持ったストレージに保存することができます。また、Glacierはサービス単体で使用すると操作が少し複雑ですが、S3と組み合わせることでS3のインタフェースを使ってアクセスすることができます。

Chapter 5

S3のライフサイクル機能を使用する方法は、以下の通りです。ライフサイクルはバケットより細かい単位でポリシーを設定できます。

▽S3のライフサイクル機能

① S3のバケット一覧でライフサイクル管理を有効化したいバケットを選択します。
② 管理をクリックし、続けてライフサイクルルールの追加をクリックします。
③ ルール名を入力します。バケット内の任意のパスのみを対象とする場合は、「プレフィックス」あるいは「タグ」を指定します。
④ ライフサイクルを適用する対象を「現行バージョン」か「以前のバージョン」から選択します。Glacierか低頻度アクセスを利用する場合は、移行を追加するをクリックして、移行先と移行期日を指定します。
⑤ オブジェクトの失効期日を指定します。

図5-4-12 S3ライフサイクル機能の設定

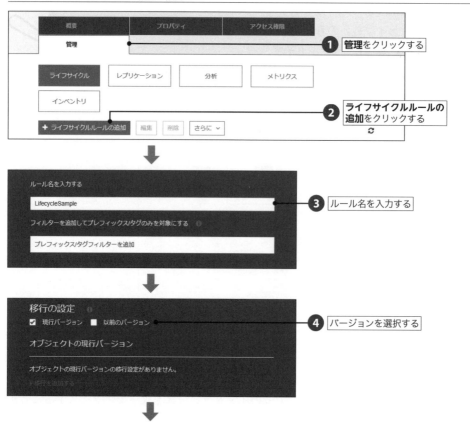

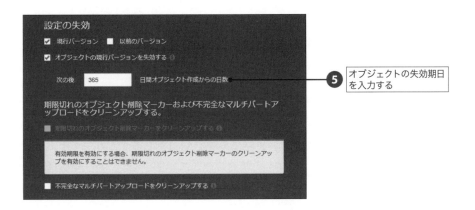

バージョニング機能と連携して、現行バージョンと以前のバージョンでルールを使い分けることができます。例えば、現行バージョンはGlacierに移行し、以前のバージョンは一定期間後に削除する、といった指定も可能です。

図5-4-13　バージョニング機能と組み合わせる

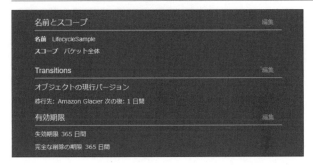

ここまでは、S3とGlacierを使ったファイルのバックアップ方法について説明しました。バックアップの最後はAMIの運用方法について説明します。

AMIの運用方法

AMIはOSやミドルウェアの設定をそのままバックアップすることができます。そのため、インスタンスが壊れた時に即座に復旧できたり、インスタンスを冗長化させるために複製したい時に簡単にもう1台作成できたりと、とても便利な仕組みです。では、AMIはどういったタイミングで取得するのがよいのでしょうか。ここに正解はありません。運用するシステムや運用方針によって異なります。ここでは、私たちがこれまでに運用してきたシステムにおける、AMI取得の運用方法をご紹介したいと思います。

Chapter 5

■ バッチ処理による定期取得

　日次や週次のバッチ処理で、稼働中のEC2インスタンスのAMIを取得する方法です。保持する世代数や取得タイミング等を固定できるため、AMIの取り忘れによって復旧ができなくなるといったリスクを軽減できます。

■ 設定変更時の手動取得

　OSのパッチ適用やミドルウェアの設定変更時に手動でAMIを取得する方法です。この方法は、運用手順がしっかりと整備されている場合は問題ありませんが、バッチ処理に比べると取得漏れのリスクが高まります。しかし、Auto Scalingで使用しているAMIの設定を変更する場合等であれば、AMIの取得は必須になるため、そういった使い方であれば、設定変更時の手動取得という運用方法も可能です。

■ AMIのオンライン取得

　AMIはEC2インスタンスが稼働している状態でも取得することは可能です。しかし、ミドルウェアが稼働していたりデータへのアクセスがあったりする状態での取得はあまりお勧めできません。可能なかぎりEC2インスタンスは停止している状態でAMIを取得してください。どうしても停止できないインスタンスのAMIを取得する場合は、取得した後にAMIからEC2インスタンスを作成し、想定通りの動作が問題なく行えることを確認するようにしています。

5-5 AWSにおけるログ管理

　システムを保守運用するうえで、ログ管理は重要な要素となります。システムが正常に稼働しているのか、セキュリティ上の問題が発生していないか、また運用の適切さを判断するにも、全てログが必要となります。

　AWSの運用におけるログは、インスタンス上のOSやミドルウェアアプリケーションの他に、ELBやS3等のサービスのログ、またAWSマネジメントコンソールやAPIの操作ログ等があります。それぞれ収集する方法と、保存・閲覧について見ていきましょう。

■ AWSのサービスログ/操作履歴のログを収集保存する

　EC2インスタンスのみではなく、PaaSやSaaSとして展開しているS3やELB、RDS等のログが必要なケースは多いです。一部取得可能なものもあるので、それぞれ取り方を確認しましょう。

■ AWSのサービスのログを収集する

　S3のログは、Webサーバと似た形式でS3上に出力させることができます。ログを収集することにより、監査目的に利用することが可能となります。バケット作成時に指定することも、既存のバケットに後からログを出力させることもできます。既存のバケットに設定する場合は、S3のダッシュボードで一覧からバケットを指定したうえで**プロパティ**をクリックし、**サーバーアクセスログの記録**を選択します。**ログの有効化**をチェックし、出力先のバケットを指定します。

　出力先は、同一のバケットでも他のバケットでもどちらでも選べます。用途に応じて選びましょう。例えば、S3のWebホスティング機能を利用するのであれば、バケットポリシーの公開権限を単純にできるので、ログは別バケットに出力した方がよいでしょう。またプレフィックスを指定できるので、ログを特定のディレクトリに集約できます。

　S3のログの注意点としては、ベストエフォート型で全てのアクセスのログが完全に出力するという保証はありません。また、ログ出力はリアルタイムではなく、少し遅れて出力されます。

Chapter 5

図5-5-1　S3のアクセスログの設定

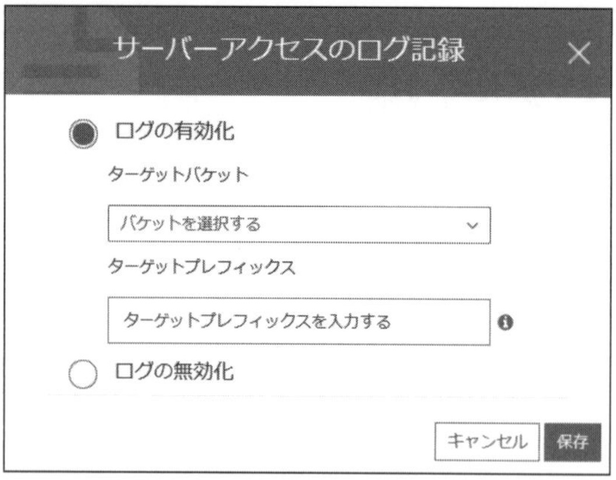

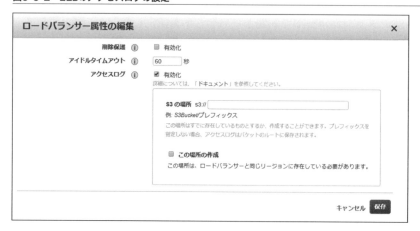

◆ELBのログ

　ELBやCloudFrontのログも取得可能です。どちらのログもS3に出力します。ELBの場合は、作成後に対象のELBを選択し、説明タブから属性の編集をクリックします。アクセスログの有効化にチェックを入れて、ログの出力間隔や出力先のS3バケットを指定します。出力先のS3はELBと同一のリージョンである必要があるので、注意してください。

　また、S3のアクセス権限の設定として、ELBに対して「s3:PutObject」の権限を付与する必要があります。ログ設定時にこの場所を作成をチェックすると、新規のバケット作成とバケットポリシーの生成も自動で行うので、そちらを選ぶのがよいでしょう。

図5-5-2　ELBのアクセスログの設定

5-5 AWSにおけるログ管理

◆CloudFrontのログ

CloudFrontのログもS3に出力できます。CloudFrontのDistributionの作成時、もしくは作成後にDistribution Settingsから設定可能です。

図5-5-3　CloudFrontのアクセスログの設定

Logging	●On ○Off
Bucket for Logs	examples-misc.s3.amazonaws.com
Log Prefix	logs/

■ AWSの操作ログを収集する

運用の適切さを確認するためには、AWSの操作ログの収集が重要になります。AWSでは長らく、AWSマネジメントコンソールやAPIの操作履歴を取得する機能がなく、ユーザーが個別にAWS用のプロキシサーバ等を作成し、そこで操作ログを取る必要がありました。2013年末に**CloudTrail**という機能がリリースされ、簡単にログを収集することが可能になりました。CloudTrailは、組織でAWSを使ううえでは必ず設定すべき項目の1つです。AWSアカウント取得後には、まずCloudTrailを設定してください。

CloudTrailは、各リージョンごとの設定と全リージョンから取得する設定の2種類があります。例えば、東京リージョンで設定をしても、シンガポールリージョンの操作ログは取得できません。基本的には全リージョンを取得するようにしましょう。

□AWSマネジメントコンソールの操作
CloudTrail→証跡の作成

図5-5-4　CloudTrailの設定

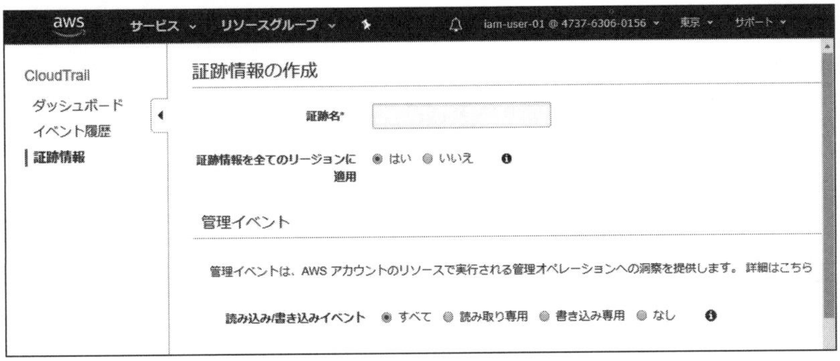

Chapter 5

EC2インスタンスのログを収集保存する

　AWS上のサーバのログ収集については、従来と同じ方法のままでよい場合と、そうでない場合があります。代表的なケースとしては、Auto Scalingを利用している場合です。Auto Scalingは、負荷等に応じて動的にインスタンスの数が増減します。対策をしておかないかぎり、インスタンスがシャットダウンされるタイミングで、そのなかのログが消失してしまいます。

　対策方法は主に2種類あります。それぞれ確認してみましょう。どちらの方法も、インスタンス外の別のサーバサービスに保存することになります。

図5-5-5　Auto Scaling時のログ保存の考え方

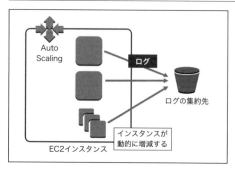

準リアルタイムにログを保存する

　1つ目は、準リアルタイムでログを同期する方法です。これは、専用の**ログエージェント**を利用して、数秒〜数分といった短い間隔で差分のログを送り続ける方法です。実装としては、**syslog-ng**のように、ログの出力と収集が一体になっているものと、AWSのサービスである**CloudWatch Logs**やオープンソースで提供されている**Fluentd**等のように、syslog等が出力したログを収集するタイプのものがあります。

　筆者としては、既存システムの変更を最小限に抑えられるCloudWatch LogsやFluentdをお勧めします。CloudWatch Logsのログの出力先はS3になります。Fluentdはプラグインを追加することにより、さまざまな方法でログを出力できます。単純に別のサーバであったり、S3やMongoDBといったように多彩です。

シャットダウン時にログを保存する

　2つ目に、シャットダウンのタイミングで退避する方法があります。実現方法としては、OSのシャットダウンプロセスの一部にログ退避のプログラムを組み込むという方法と、

Auto Scalingのライフサイクル管理機能の**ライフサイクルフック機能**を利用する方法があります。どちらの方法にしろ、ログ退避プログラムを用意する必要があります。

　準リアルタイム・シャットダウン時にかぎらず、ログの保存先を自由に選択できる場合は、どこを選ぶべきでしょうか。筆者としては、まずはS3を選ぶべきと考えています。理由としては、可用性と容量がほぼ無制限という点があります。S3にはライフサイクル機能があるために、5年後にログを自動で消去するといったことも可能となります。また、AWSのサービス群のログ機能は、全てS3に保存されるようになっています。S3に集約することより、運用負荷の軽減にもつながります。

ログの可視化

　ログに関しては、保存するだけではなく**閲覧機能**が必要です。閲覧にも2つのタイプがあります。過去から推移の変化をグラフ等で見る統計的な観点と、エラー発生時に今現在のログを見る運用的な観点があります。

　どちらにせよ、S3に保存されたログはそのままでは検索性・視認性が皆無なので、現実的ではありません。S3のログを元にして、データベース等に投入して利用することをお勧めします。可視化のツールとしては、SplunkやKibana、TREASURE DATA等さまざまなベンダーのツールがあります。また、それらのツールの多くがS3に対応しています。AWSの**Elasticsearch Service**は、デフォルトでKibanaが利用可能です。

図5-5-6　ログの可視化

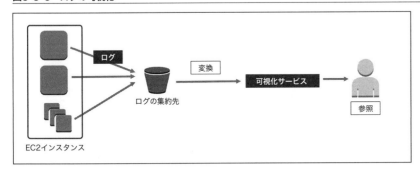

Chapter 5

5-6 AWSにおけるコスト管理

システムを運用するうえで、コスト管理は重要な要素です。ここでは、AWSを運用するにあたり必要なコスト管理の機能と、コストを節約するための方法を説明します。

AWSにおけるコスト管理

AWSにおけるコスト管理の機能の大半は、**請求とコスト管理**ダッシュボードに集約されています。このダッシュボード内の機能の閲覧・操作の大半は、AWSアカウントのみしか許可されていません。一部の操作については、IAMユーザーに**AWSAccountActivityAccess**ポリシーまたは、**AWSAccountUsageReportAccess**ポリシーを付与することにより利用可能となります。それぞれ、どのような機能があるか確認してみましょう。

▌コスト管理に関する設定

コストに関する設定としては、主に次の3つがあります。

- IAMユーザーに対して請求金額の閲覧を許可する
- 請求に対してのレポート出力機能
- 一括請求の設定

◆IAMユーザーの閲覧権限

1つ目のIAMユーザーに対しての閲覧権限については、**IAMユーザー/ロールによる請求情報へのアクセス**で設定できます。

この機能を設定していないと、IAMユーザーに対して権限を設定したとしても、コストに関する項目は閲覧できません。AWSアカウントは通常の運用では使うべきではないので、必ずIAMユーザーへのアクセス許可設定をして、必要なIAMユーザーにポリシーを割り当てましょう。

□AWSマネジメントコンソールの操作

アカウント→IAMユーザー/ロールによる請求情報へのアクセス→編集

アカウントは、AWSマネジメントコンソールのトップ画面で、右上に表示されるユー

ザー名をクリックすると選択可能です。アカウント画面に移動したら、IAMユーザー/ロールによる請求情報へのアクセスの編集をクリックして設定を行います。

図5-6-1　IAMユーザーへの閲覧許可設定

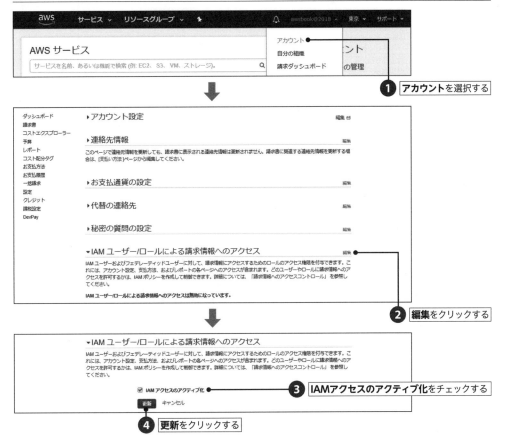

◆レポート出力

2つ目のレポート出力機能には、3つの設定項目があります。1つ目は、請求書のPDFをEメールで送る機能です。これは画面に表示される請求情報と同じものを、毎月Eメールで受け取ることができます。設定しておいて損はないので、できるだけ設定しておきましょう。

> □AWSマネジメントコンソールの操作
> アカウント→設定→電子メールでPDF版請求書を受け取る

Chapter 5

図5-6-2　レポート出力設定

　レポートの2つ目はアラートとして、設定した金額を超えた場合は警告の通知を送る機能です。これは、CloudWatchと連携して利用します。AWS全体もしくはサービスごとに設定可能で、設定した金額を超えた場合にSNSを利用して通知します。SNSの通知方法にEメールを設定していた場合は、メールで受け取ることが可能となります。AWSの利用料は、同じ使い方をしているのであれば毎月ほぼ同じ金額になります。突発的に増えたことを検知する場合には、設定しておくのもよいでしょう。

　まずは、アカウント側で請求アラートを受け取るを有効にして、設定の保存をクリックします。続けて、請求アラートを管理するをクリックして、CloudWatch側でアラームを作成します。なお、アラームの作成は「バージニア北部」リージョンで行います。

□AWSマネジメントコンソールの操作
アカウント→設定→請求アラートを受け取る→設定の保存→請求アラートを管理する

5-6　AWSにおけるコスト管理

図5-6-3　請求アラートを受け取り可能にする

図5-6-4　CloudWatchで利用金額監視アラートを設定

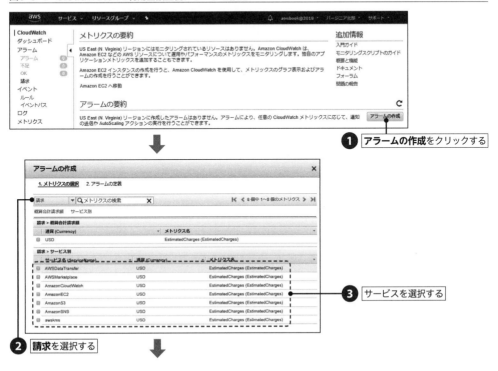

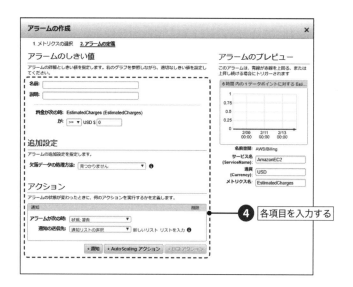

◆請求書の出力

　最後に、請求の詳細情報を出力する機能です。AWSの請求情報を、1時間単位でログとして出力することができます。また、この機能を使うことにより、課金情報をタグを使って分割することができます。

　AWSの一部のサービスには、タグ付けすることが可能です。例えば、EC2のインスタンスやS3のバケットにタグ付けが可能です。通常、タグはサービスを管理するため利用し、システム管理者が視認するためや、プログラム等で制御する際にタグによってグループを認識して操作するといった目的で利用されます。このタグごとに請求情報を出力することが可能となります。組織内で、部署ごと、グループごとにコストを分割したい場合にタグ機能を利用すると便利です。

　タグ付きの請求情報を出力するには、アカウント画面の設定から請求レポートを受け取るをチェックして、出力先のバケットを指定します。なお、出力先のバケットには適切なバケットポリシーの設定が必要になります。S3バケットに保存の下にあるポリシーのリンクをクリックするとサンプルポリシーが表示されるので、それをコピーして利用しましょう。ポリシーの設定は、S3のコンソール画面から対象のバケットを選択して、アクセス権限→バケットポリシーから行います。

> □AWSマネジメントコンソールの操作
> アカウント→設定→請求レポートを受け取る

5-6 AWSにおけるコスト管理

図5-6-5 請求レポートの受け取りを可能にする

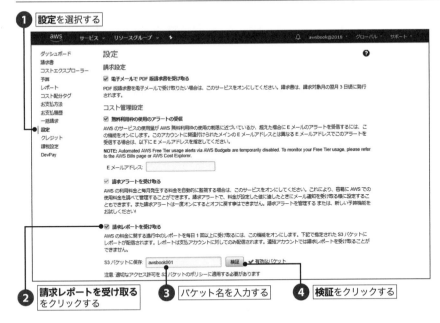

リソースとタグを含む詳細な請求レポートをチェックし、さらにレポートの管理からコスト配分タグ画面を開き、利用するタグをチェックします。

図5-6-6 タグ情報付きの請求情報の出力

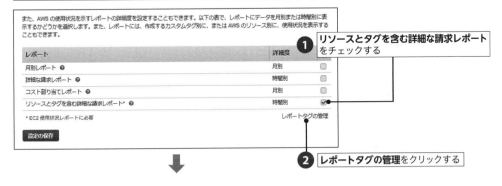

453

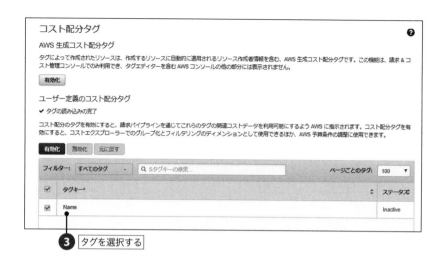

なお、タグ付け可能なのは一部のサービスにかぎられています。そのため、全てのコストを正確に、部署ごとに分割するということは不可能です。そういった場合は、例えばEC2の利用料の割合に応じて、他のコストを分配するといったルール等を決める必要があります。

■ 一括請求

一括請求は、AWSアカウントのみ実行可能な機能です。この機能を利用することにより、複数のアカウントの請求を1つにまとめることができます。企業内でAWSを利用する場合は、複数のAWSアカウントを運用するケースが多くなります。企業内では部署やプロジェクトごとのコストをはっきりさせる必要があります。AWSではタグの機能を使うことにより、ある程度コストを分割して出すことは可能です。しかし現状のところ、通信料金等、多くの料金についてはタグ機能を使うことができません。その場合、アカウント自体を分けることにより、個別のコストを出すことが可能です。

一括請求を利用した場合のメリットの1つに、複数のアカウント全体で**ボリュームディスカウント**を受けることができます。ボリュームディスカウントとは、サービスごとに一定以上の量を使うと、その部分については割引額が適用される制度です。例えば、S3のストレージ料金は、49TB以降の利用は割引が適用されます。またリザーブドインスタンスもアカウント全体に適用されるので、場合によっては有利になります。なお、一括請求は**AWS Organizations**の機能に統括されています。まず、Organizationの設定を行う必要があります。

なお一括決済でアカウントを紐付けても、VPCの共有はできません。組織内の部署ごとにアカウントを分ける場合は、ネットワーク構成等についてはひと工夫必要です。

図5-6-7　一括請求の考え方

AWSのコストを節約する

　Chapter1-6（p.62）で説明した通り、一般的な構成での利用方法ではAWSのコストの大半はEC2とRDSが占めます。AWSのコストを節約するには、EC2とRDSの利用料を抑えることが重要になります。

リザーブドインスタンス

　EC2とRDSの利用料を抑える方法の1つとして、**リザーブドインスタンス**があります。これは、一定期間AWSを利用することを約束することにより、割引料金を適用することができる仕組みです。リザーブドインスタンスのプランは沢山ありますが、最大で70%ほどの割引を受けることができます。

　リザーブドインスタンスの利用期間は、1年もしくは3年のどちらかを選択します。そして、「前払いなし」「一部前払い」「全前払い」のどれかを選びます。インスタンス種別によっては、前払いなしは選べないものもあります。

　リザーブインスタンスの購入は、EC2のダッシュボードから行います。サイドメニューで リザーブドインスタンス を選択し、 リザーブドインスタンスの購入 をクリックします。

□AWSマネジメントコンソールの操作
 EC2 → リザーブドインスタンス → リザーブドインスタンスの購入

図5-6-8　リザーブドインスタンスの購入

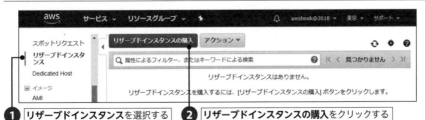

Chapter 5

　リザーブドインスタンスは、基本的にはリージョン、プラットフォーム、インスタンスタイプごとに購入する必要があります。東京リージョンで購入したリザーブドインスタンスは、シンガポールリージョンのインスタンスには適用されません。提供クラスには、AZ単位で指定するスタンダードと、どのAZでも利用できるコンバーティブルがあります。

Modifying Reserved Instances
http://docs.aws.amazon.com/AWSEC2/latest/UserGuide/ri-modifying.html

図5-6-9　リザーブドインスタンスの課金イメージ

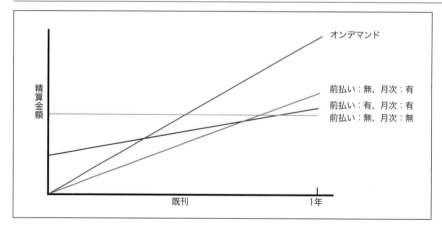

　リザーブドインスタンスの隠れた利点としては、スタンダードタイプの場合は購入したリソースが確実に利用できるという点があります。例えば、C3インスタンスが出た当初は、人気が殺到してオンラインインスタンスが利用できない場合がありました。無限に見える

AWSのリソースにも限りがあります。いざという時に使えないリスクを避けるためにも、最低限利用を予定しているリソース分はリザーブドインスタンスを購入するのがよいでしょう。

なお、3年の契約期間を選ぶ場合は注意しましょう。AWSのインスタンスは、年々高性能化しています。場合によっては、3年間の予約をするより1年単位でインスタンスを乗り換えた方がコストを削減できる場合もあります。予算の立て方、システムのタイプによって、何が最適かは異なります。自分の利用用途を十分に検討して、購入しましょう。

■ スポットインスタンス

EC2には、リザーブドインスタンス以外にも利用コストを削減する方法があります。**スポットインスタンス**という仕組みで、AWSの余剰のEC2インスタンスに対して入札し、スポットインスタンスの価格が入札額より低かった場合のみ利用できるという仕組みです。スポットインスタンスの価格は、その時の利用状況によって常に変動します。そして、スポットインスタンス利用中でも、価格が入札額を上回れば強制的に利用が停止されます。

強制停止という強い制約があるものの、うまくスポットインスタンスを利用すればコストを大幅に削減できます。次の図は、東京リージョンのc3.largeインスタンス価格の1か月間の推移です。$0.03のあたりで推移しているのがわかります。c3.largeの東京リージョンの定価(オンデマンドインスタンスの価格)は$0.128ですので、比べるとかなり安いことがわかります。

図5-6-10 スポットインスタンスの価格の推移の例

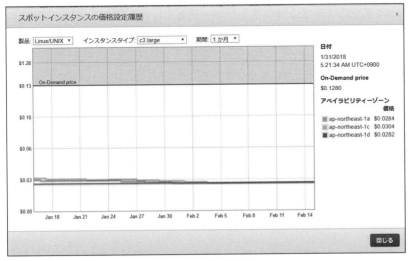

Chapter 5

インスタンス価格の確認は、EC2のダッシュボードのサイドメニューから スポットリクエスト を選択し、価格設定履歴 をクリックします。

□AWSマネジメントコンソールの操作
EC2→スポットリクエスト→価格設定履歴

スポットインスタンスの使い方は、少し難しいのも事実です。強制的に終了させられるために、特別な手当てをしておかないとシステムの継続に支障をきたします。そのため、スポットインスタンスの一般的なユースケースとしては、分析等の大量のリソースを使い、かつリアルタイム性が低いものがあります。アプリケーションとしては、途中で中断しても別のインスタンスで再開できるものです。代表的なものとしては、Hadoopを利用した分析等があります。

それ以外にも、テスト環境や開発環境等、中断しても特に問題がないような場合に使えます。筆者も、開発環境としてAWSを利用する場合は、スポットインスタンスをよく利用します。

■ さまざまなサービスを活用する

最後に、EC2のコストを下げるコツとしては、EC2をできるだけ使わないということを挙げます。EC2は、AWSのサービスのなかでは利用料が高い部類に入ります。また、EC2の運用管理はユーザー自身で行う必要があるために、運用に関わるコストも発生します。

AWSは、S3をはじめとしてさまざまなフルマネージドサービスがあります。これらのサービスの特徴として、AWS側が運用を含めて全て管理しているにも関わらず、極めて低価格で利用できる点があります。例えば、メール送信サービスであるSESは従量課金制で、メールを送った数に応じて課金されます。メール1,000通あたり$0.1と通信料という価格です。これをEC2で構築した場合、常時インスタンスを起動しておく必要があるため、月額数十ドルは必要となります。

システムを構築する場合は、EC2ありきで設計するのではなく、まずはAWSのサービスを活用することから考えていきましょう。AWSのサービスに当てはまらなかった時に、はじめてEC2上にシステムを構築します。これがAWSの利用料ならびにシステムの運用費を下げるための、最大の施策です。

5-7 AWSの利用を支えるサポートの仕組み

これまでAWSのサービスをいろいろと紹介してきました。AWSはサービスの種類がとても豊富なため、どのサービスを使えばいいのかわからなかったり、サービス自体の使い方がわからなかったりすることが出てくると思います。そのような時のために、**AWSサポートサービス**があります。また、AWSを利用していくなかで、設定や使い方等について改善できるポイントをアドバイスしてくれる**Trusted Advisor**といったサポートの仕組みもあります。ここでは、これらのサービスの使い方や、どういったサポートが提供されているのかを紹介します。

AWSサポート

AWSサポートは、障害や不具合の調査だけではなく、各サービスの使い方やサービスの組み合わせ方の相談等にも対応する非常に頼もしいサポートです。サポートレベルは「ベーシック（無料）」「開発者」「ビジネス」「エンタープライズ」の4つに分かれています。プロダクションサービスを提供するAWSアカウントでは、ビジネスレベル以上のサポートを利用することが推奨されています。サポートレベルはフェーズに合わせて柔軟に変更できます。例えば、システム構築時は開発者レベルのサポートを利用し、システムのリリース後はビジネスレベルにグレードアップする等です。

エンタープライズレベルのサポートは、AWS上で稼働しているシステムの構成を理解した専属のテクニカルアカウントマネージャ（TAM）がサポートします。費用は高額（$15,000/月～）ですが、大規模なシステムをAWSで運用する場合は、AWSに関する高い知識と技術力を持ち合わせ、さらにシステムの構成を熟知した運用担当者がいると考えれば有効なサポートといえます。

各サポートレベルの詳細は、AWSのWebサイトを参照してください。

AWSサポート
https://aws.amazon.com/jp/premiumsupport/

サポートへの問い合わせ方法

サポートセンターは、AWSマネジメントコンソールの右上にある サポート から サポートセンター を選択することでアクセスできます。

Chapter 5

　サポートへの問い合わせ手段は、サポートレベルによって違いはありますが、「Web」「チャット」「電話」の3種類が用意されています。また、ビジネスレベル以上では、IAMユーザーでサポートに問い合わせができますが、開発者レベルの場合は、AWSアカウントでのみサポートへ問い合わせることが可能です。チャットでのサポートは日本時間の7時〜23時の間となっています。深夜・早朝に緊急の問い合わせをしたい場合は、電話でサポートを受けるようにしましょう。

　また、緊急度に応じてサポートからの応答時間も変わります。緊急度はビジネスへのインパクトで判断するというのがAWSの基準になります。例えば、RDSの不具合によってアプリケーションが動作しないという場合は「緊急」レベルになりますが、RDSがサービスとして復旧し、その原因調査を行うといった場合は「普通」レベルになります。一利用者としては一刻も早く原因解明をしてほしいと思うこともありますが、あくまで緊急度の考え方はビジネスへのインパクトになる点を注意してください。

図5-7-1　サポートセンターへのアクセス

表5-7-1　サポートレベル

サポートレベル	Web	チャット	電話	IAM対応	対応時間	最低費用（月間）
開発者	○	×	×	×	平日9時〜18時	$49（固定）
ビジネス	○	○(※)	○	○	24時間/365日	$100〜
エンタープライズ	○	○(※)	○	○	24時間/365日	$15,000〜

※日本時間で7時〜23時の間のみサポート

表5-7-2　緊急度

緊急度	応答時間	サービスレベル	具体的な緊急度例
非常事態	15分	エンタープライズ	全てにおいて最優先で対応
緊急	1時間	ビジネス、エンタープライズ	問題の一時回避が不可能。ビジネスに深刻な影響が出ている。アプリケーションの重要な機能が利用できない
高	4時間	ビジネス、エンタープライズ	問題の一時回避が不可能。アプリケーションの極めて重要な機能が損なわれている、または低下している場合
普通	12時間	開発者、ビジネス、エンタープライズ	問題の一時回避が可能。アプリケーションにて致命的ではない機能の挙動に異常が見られる。急を要する開発の質問がある
低	1日	開発者、ビジネス、エンタープライズ	一般的な開発の質問、または機能追加の要望。請求に関する質問

5-7 AWSの利用を支えるサポートの仕組み

■ リソース制限の増加申請

AWSでは、アカウントを作成した時点で各サービスの利用制限を設けています。例えば、「EC2インスタンスは20インスタンスまでしか作成できない」といった制限です。これらの各種制限は、気づかない間に多くのリソースを使わないようにするためのもので、もっと使いたい場合は増加申請をすることで利用可能になります。増加申請もサポートセンターから可能です。サポートセンターのトップ画面で ケースの作成 をクリックすると、サポート内容を入力するページが表示されます。入力欄に 内容 というチェックボックスを選択する項目があるので **サービス制限の増加** を選択すると、各サービス制限の増加申請ができます。

図5-7-2 サービス制限の増加

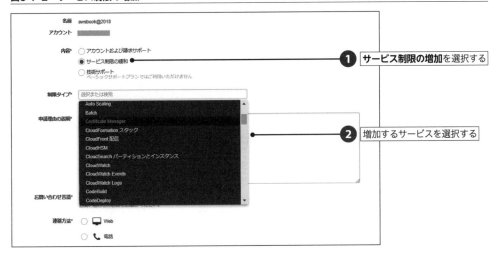

各サービスの上限値は、この後で紹介するTrusted Advisorで確認できます。増加申請は申請から実際に増加されるまでに2～3営業日必要になることがあります。**事前に上限値を把握しておき、余裕を持った申請をするようにしましょう。**

> **Tips** サードパーティ製ソフトウェアサポート
>
> EC2やRDS等のインスタンス上で稼働するOSやRDBMSのサポートも、AWSにまとめることができます。これらのサポートはビジネスレベル以上のサポート契約が必要です。
>
> また、オープンソース (Apache、MySQL、Postfix等) の問い合わせに対しても、可能な範囲で回答・アドバイスをしてもらえます。

Chapter 5

AWS Trusted Advisor

　Trusted Advisorは、AWSを利用していくなかで、「コスト最適化」「セキュリティ」「パフォーマンス」「フォールトトレランス（耐障害性）」の4つの観点で、改善できそうな項目を教えてくれるサービスです。

　AWS全体の利用実績と経験から得られたベストプラクティスをベースに改善プランを提示してくれます。このサービスを利用するためには、ビジネスレベル以上のサポートを利用する必要があります。

　例えば、「使わなくなったEBSボリュームやELBを消し忘れていた」、「一時的にテストで開放していたAnyからアクセス可能なセキュリティグループをそのままにしていた」といった、忘れてはいけないけれども忘れがちなことを的確に指摘してくれます。もちろん、Trusted Advisorも各種APIが提供されているので、定期的なチェックで無駄なコストやリソースの最適化するよう運用に組み込むことができます。

　Trusted Advisorは、AWSマネジメントコンソールからTrusted Advisorを選択し、サマリーを表示して利用します。

図5-7-3　TrustedAdvisorサマリー

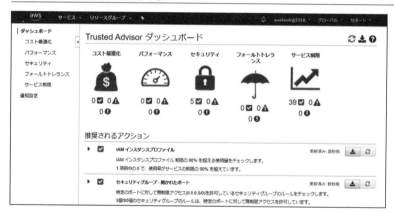

表5-7-3　Trusted Advisorの項目

カテゴリー	主なチェック内容
コスト最適化	利用率が少ないECインスタンス・使われていないEBSボリューム・アイドル中のロードバランサー
パフォーマンス	使用率の高いEC2インスタンス・EC2に設定されたセキュリティグループのルール数・EBSのIOPS適用状況
セキュリティ	セキュリティグループのルール脆弱性・S3バケットパーミッション・ルートアカウントでの多要素認証設定有無
フォールトトレランス	EBSスナップショット取得状況・ロードバランサーの最適化・RDS マルチAZ利用状況
サービス制限	各サービスの使用量の状況

5-7 AWSの利用を支えるサポートの仕組み

■ 各リソースの制限値の確認

　AWSサポートの説明で、各サービスには利用制限を設けているという話をしました。ここでは、Trusted Advisorの具体例として、各サービスの上限を確認してみましょう。サービス上限の確認は「サービス制限」のカテゴリーに含まれています。このチェックは全てのAWSサポートレベルで利用可能ですので、ビジネスレベル以上のサポートを利用していないアカウントでも参照できます。

　Trusted Advisorのダッシュボードから サービス制限 をクリックすると、各サービスの制限数に対する利用状況が確認できます。

図5-7-4　Trusted Advisorでサービス制限を確認する

　サービス制限では、制限数の80％以上を利用していると、ステータスが警告になります。

※

　AWSの利用をバックアップするサポートサービスについて説明しました。AWSは、今現在も日々進化しているサービスです。これからも新しい機能が次々とリリースされると思います。そのスピードについていくのはとても大変かもしれませんが、サポートサービスは最適なシステム構成を最適な環境で利用できる手段をアドバイスしてくれます。このようなサポートサービスを有効活用することが、AWSを使いこなす1つのコツかもしれません

INDEX

■数字

2Tier アーキテクチャ 353
3Tier アーキテクチャ 351

■A

ACL 33
Action 82,247
AdministratorAccess 80
ALB 12,165,211
Alias レコード 256,266
Allow 81
Amazon Linux AMI 144
Amazon Machine Image 31
Amazon Web Services 2
Amazon マシンイメージ 11
AMI 11,31,144,158,209,441
AMIMOTO 223
Ansible 345
APNS SSL 証明書 364
APN パートナー 21
Application load balancer 12
ARN 239
ASP 4
Aurora 13,44
Authorization Code 257
Auto Scaling 11,269
Auto Scaling グループ 271
AWS 2
aws 96
aws configure 94
AWSAccountActivityAccess 448
AWSAccountUsageReportAccess 448
awsebcli 47,236
AWSTemplateFormatVersion 302
AWS アカウント 68,373
AWS_ACCESS_KEY_ID 106
AWS_SECRET_ACCESS_KEY 106
AWS_SESSION_TOKEN 106
AWS 管理ポリシー 374
AWS サポート 17,459
AWS シンプルアイコン 11
AWS 認証情報 105
AWS ネットワーク 23
AWS マネジメントコンソール 69
AZ 19

■B

Batch 300
Bundle Identifier 364
BYOL 39

■C

CDN 14,260
Certificate Manager 267
cfn-init 317
Chef 345
CI 348
CIDR ブロック 120,122
Circle CI 350
Classic load balancer 12
CLB 12,165
CLI 92
Cloud HDD 29
Cloud Watch 60
CloudBerry Explorer 253
CloudFormation 16,301
CloudFormationInit 317,342
CloudFront 14,260
cloud-init 279,317
CloudTrail 16,445
CloudWatch 16
CloudWatch Agent 408
CloudWatch Events 405
CloudWatch Logs 61
CNAME レコード 253,255
CodeCommit 349
Cognito 351
Cognito Sync 355

索引

Community AMI ·· 225
Condition ·· 82, 251
Conditions ·· 303
create-key-pair ······································ 136
Credential ·· 354
Credentials 設定ファイル ················ 106, 112
Cross-Zone Load Balancing ·············· 166
CSR ·· 365
Cyberduck ·· 252

■ D
DB サブネットグループ ·························· 194
DB スナップショット ·································· 40
Deep Security ······································ 388
Deny ·· 81
Description ·· 303
Direct Connect ································ 14, 21
Distribution ·· 262
DKIM ·· 323, 330
DMZ ·· 389
DNS ························ 14, 22, 184, 253, 339
DNS フェイルオーバー ·························· 22, 257
DNS ホスト名 ·· 121
DNS 名 ·· 40
DNS ラウンドロビン方式 ·························· 166
Docker ··· 48

■ E
EBS ·· 28, 431
EBS-Backed インスタンス ······················· 27
EBS スナップショット ···························· 29, 31
eb コマンド ······································ 47, 236
EC2 ······································ 11, 25, 134, 181
EC2-Classic ·· 21
EC2-VPC ·· 21
EC2 インスタンス ·············· 144, 150, 202, 210
Effect ·· 81
EIP ·· 161
Elastic Beanstalk ················ 16, 45, 226, 284
Elastic Block Store ··························· 12, 28
Elastic Compute Cloud ····················· 11, 25
Elastic IP ·· 161
Elastic Load Balancing ························· 11

ElastiCache ····································· 13, 50
Elasticsearch Service ·························· 447
ELB ·· 11, 165, 208
External-ELB ·· 167

■ F
filters ·· 98

■ G
GitLab ·· 349
Glacier ·· 12, 36, 437
Google Authenticator ··························· 71
GovCloud ·· 9

■ H
HaaS ·· 3
Homebrew ··· 92
Hosted Zone ·· 254
HTTPS ·· 219, 236
HTTP サーバ ·· 156
HTTP 通信 ·· 157

■ I
IaaS ·· 3
IAM ·· 16, 76, 373
IAM グループ ································· 77, 376
IAM での制御 ·· 33
IAM ポリシー ··· 80
IAM ユーザー ································· 76, 373
IAM ロール ····························· 295, 356, 376
Identity and Access Management ········ 15, 373
ID プール ·· 355
Instance Store-Backed インスタンス ····· 27
Internal-ELB ·· 167
Inspector ·· 399
Itamae ·· 345

■ J
Java ·· 104
Jenkins ·· 349
Json ··· 97

INDEX

■K
kumogata ································ 344
KMS ······································· 385

■L
Lambda ························· 291,293,428

■M
Mackerel ································· 418
Mandrill ·································· 340
Mappings ································· 303
Marketplace ···························· 223
Mechanical Turk ·························· 3
Memcached ··························· 13,50
MFA ································· 70,374
MFA コード ······························· 75
Mobile SDK ···························· 357
MySQL ··································· 205

■N
Name Server ··························· 259
Name タグ ······························ 149
Nessus ··································· 397
NS レコード ···························· 255

■O
Open SSL ································ 219
openssl ···································· 219
Oracle ネイティブネットワーク暗号化··385
Organizations ·························· 454
output ······································ 97
Outputs ··································· 303

■P
PaaS ··· 4
Packer ···································· 346
Parameters ······························ 303
PHP ······································· 103
Postfix ···································· 338
Principal ································· 247
profile ····································· 95

■Q
query ······································ 99

■R
RBL ······································· 337
RDBMS ····································· 37
RDS ······························· 13,37,197
RDS インスタンス ······················ 197
Redirect ································· 251
Redis ·································· 13,50
Ref 関数 ·································· 320
region ······································ 97
Relational Database Service ··· 13,37,197
Resource ···························· 82,247
Resources ······························· 303
Route 53 ··················· 15,22,253,257
RoutingRule ···························· 251
RoutingRules ·························· 251
Ruby ····································· 103

■S
S3 ······························ 12,32,243,437
SaaS ··· 4
SCM ······································ 222
SDK ······································ 102
SendGrid ································ 340
SES ································ 15,55,322
Shield ···································· 387
Simple Email Service ················ 15,55
Simple Monthly Calculator ············ 64
Simple Notification Service ········· 15,59
Simple Queue Service ··············· 15,57
Simple Storage Service ·············· 12,32
SLA ······················ 14,30,34,36,39,51
SNS ···························· 15,59,361,419
SOA レコード ·························· 255
SPF ································· 323,330
SQS ···································· 15,57
SSL ······································· 133
SSL Insecure Content Fixer ········· 222
SSL ターミネーション ················ 168
SSM ······································ 409
Statement 句 ····························· 81

Step Functions	404
STS	354
Subversion	349
Suppression List	324
System Manager	409

■ T

TDE	385
Terraform	343
Trusted	389
Trusted Adviser	17,462
Twilio	424

■ U

untrusted	389

■ V

Virtual Private Cloud	14,21
VPC	14,116
VPC ネットワーク	23,116
VPN ゲートウェイ	14
VPS	7

■ W

WAF	387
Web アプリケーションサーバ	16
Web サービスインタフェース	32
Web ホスティング	35
WordPress	182,206,226

■ Z

Zabbix	417

■ あ行

アーカイブストレージ	36
アウトバウンド	143
アカウント	69
アカウント管理サービス	15
アクセス管理	33
アクセスキー	76,79,94
アクセスキー ID	79
アクセス権限	77,246
アクセスコントロールリスト	33

アクセス分散	180
アップロード	247
アプリケーション	227,423
アプリケーションサービス	4
アプリケーションプライベートキー	365
アベイラビリティーゾーン	18,122
アラート	60,419
暗号化	30,33,380
一括請求	454
イベント通知	34
イミュータブルインフラストラクチャ	283
入れ子	318
インスタンス	11,25
インスタンスストレージ	26
インスタンスタイプ	26,38,145
インターネットゲートウェイ	14,116,128,187
インスタンスプロファイル	106
インテグレーション	348
インデックスドキュメント	244
インバウンド	139,192
インフラストラクチャサービス	3
インメモリキャッシュ	13
インラインポリシー	80,374
ウェブサーバー	48
エッジサーバ	260
エッジロケーション	261
閲覧機能	447
エラードキュメント	244
エンドポイント	40,244,367
エンドポイント ARN	423
オートディスカバリ	52
オブジェクト	32
オブジェクトライフサイクル管理	439
オプショングループ	44
オリジンサーバ	260
オンプレミス	5
オンラインストレージサービス	12

■ か行

開発環境	342
カスタマー管理ポリシー	83,374
カスタム VPC	117,183

INDEX

カスタムメトリクス	60,408
仮想 MFA デバイス	71
仮想サーバ	11,25,134
仮想専用サーバ	7
可用性の担保	165
環境構築を自動化	16
環境タイプ	49
環境変数	430
環境枠	48
監視	61
監視条件	60
管理ポリシー	80,374
キーチェーンアクセス	365
キーペア	134,136,204
起動	150,202,210
起動設定	269
基本設定	94
キャッシュエンジン	51
キャッシュノードタイプ	51
キャパシティ	6
キュー	57
共用サーバ	7
クライアントサーバ型	402
クラウド	2
クラスタークライアント	53
クロスゾーン負荷分散	166
継続的インテグレーション	348
結果整合性	32
公開鍵	134,136,204
攻撃対策	386
構築レス	226
購読	59
コード化	343
コスト管理	448
固定グローバル IP	25
コミュニティクラウド	9
コンテンツ配信	14,260
コンピュートエンジン	292

■さ行

サーバレスアーキテクチャ	353
サーバレス構築	243
サービス監視	168
サービス制限の増加	329
サインイン	75,88
削除保護の有効化	146
作成ステータス	151
サブスクリプション	420
サブネット	14,116,122,185
差分更新	314
参照コマンド	94
シークレットアクセスキー	79,94
シェルスクリプト	279
自己証明書	219
システム監視	407
自動起動・停止	346
自動構築	301
自動スケーリングシステム	269
自動バックアップ	39
手動バックアップ	40
手動フェイルオーバー	42
冗長化	32,171,284
証明書	266
証明書署名要求	365
初期コスト	5
ジョブ	300
ジョブ管理	402
所有者	5
シングル AZ 構成	166
侵入テスト	394
スケーリングポリシー	273
スケールアウト・イン	165
スケールアップ・ダウン	165
スタック	301
スタンドアローン型	402
スタンバイレプリカ	41
スティッキーセッション	168,215
ステートフル	283
ステートレス	283
ストレージ	12,25,148
ストレージオプション	33
ストレージタイプ	43
スナップショット	12,29,31,431
スポットインスタンス	457
スループット最適化 HDD	29
請求書	452

請求情報	448
請求とコスト管理	448
脆弱性診断	394
静的 Web サイトホスティング	244
静的サイト	243
正副構成	284
責任共有モデル	371,394
セキュリティ	370
セキュリティグループ	41,116,132,138,150,191,391
セキュリティステータス	72
セッション保持	277
設定パラメータ	414
専用サーバ	7
専用線接続サービス	14
送信クォータ	330
送信者認証	325
送信制限解除申請	340
送信統計情報	323
増分バックアップ方式	31

■た行

ターゲットグループ	216
第三者認証	372
タグ	149
多要素認証	374
調達期間	5
低冗長化ストレージ	33
データ暗号化	380
データベース	13
データベースエンジン	38,197
テスト実行	298
テナンシー	120
デバイストークン	366
デフォルト VPC	116
デプロイ	45,47,275
テンプレート	301
電話通知	424
統合開発環境	47
動的サイト	182,226
トピック	420
ドメイン移管	257
ドメインネームシステム	14

ドメインレジストラ	22
トリガー	296,429

■な行

名前タグ	128
認証プロバイダ	354
ネットワーク ACL	116,132,391
ネットワークインターフェイス	147

■は行

バージョン管理	349,437
ハードウェア MFA デバイス	71
ハイブリッドクラウド	9
バウンス	324
バケット	32,243
バケットポリシー	33,246
パスワードポリシー	90
バックアップ	25,30,39,431
バッチサーバ	284
パブリック DNS	153,204
パブリック IP	186
パブリッククラウド	2,8
パラメータグループ	43,53
汎用 SSD	28
秘密鍵	134
評価ターゲット	400
評価テンプレート	400
標準ストレージ	33
ビルドサーバ	349
ビルド情報ファイル	112
フェイルオーバー	42
フォールトトレラントアーキテクチャ	22
負荷分散	11,165
不正中継	339
プッシュ通知機能	361
物理サーバ	5
不到達	324
プライベート IP	147
プライベートキー	365
プライベートクラウド	2,8
プライベートネットワークアドレス	119
プライマリ IP	147
プラグイン	222

INDEX

プラットフォームサービス……………………4
ブログサイト……………………………………182
プロダクション利用申請……………………328
プロビジョンドIOPS SSD……………………29
ペネトレーションテスト……………………394
ヘルスチェック………………………………168
ポイントタイムリカバリ………………………39
ポート監視……………………………………168
ホスティングサーバ……………………………7
ホストゾーン…………………………………254
ポリシー………………………………………374
ポリシージェネレーター………………………83
ボリュームタイプ………………………………28
ボリュームディスカウント……………………454

■ま行

マーケットプレイス…………………………223
マグネティック…………………………………29
マネージドポリシ……………………………374
マルチAZ……………………………19,41,166
マルチリージョン構造…………………………18
ミドルウェア…………………………………204
無料枠……………………………………………63
メールサーバ…………………………………326
メール送信サービス…………………………340
メール送信システム…………………………322
メール送信方式………………………………324
メール配信サービス……………………………15
メタデータ……………………………………281
メッセージキューサービス……………………15
メッセージングサービス………………………15
メトリクス………………………………………60
メモリキャッシュ……………………………278
メンテナンスウィンドウ…………………44,53
モニタリング……………………………16,146
モバイルアプリ………………………………351
モバイル開発プラットフォーム……………357
モバイルプッシュ通知…………………361,423

■や行

ユーザーアカウント……………………………76
ユーザーデータ……………………147,279,317
ユーザー認証…………………………………351

ユースケース…………………………………198
予定アクション………………………………274

■ら行

ライセンス…………………………………28,39
ライフサイクル…………………………35,439
リージョン…………………………………18,118
リザーブドインスタンス……………………455
リスナー………………………………………220
リソース制限の増加申請……………………461
リソースを拡張………………………………165
リダイレクトルール…………………………248
リポジトリサーバ……………………………349
料金…………………27,29,31,33,36,38,46,51,62
料金計算ツール…………………………………64
利用料金…………………………………………10
リレーショナルデータベース…………………37
ルーティング…………………………………131
ルートアカウント…………………………70,373
ルート証明書…………………………………133
ルートテーブル…………………116,124,189
レコードセット………………………………255
レポート出力…………………………………449
レンタルサーバ…………………………………7
ロードバランシング……………………208,236
ロギング…………………………………………16
ログ………………………………………………43
ログイン………………………………………153
ログ管理………………………………………443
ログ収集…………………………………………61
ログ取得機能…………………………………169
ログの可視化…………………………………447
ログの収集保存………………………………446
ログの保持……………………………………278
ロック機能………………………………………58

■わ行

ワーカー…………………………………49,285

■参考文献一覧

『Amazon Web Services クラウドデザインパターン 実装ガイド』
日経BP社、ISBN：978-4822211981

『Amazon Web Services クラウドデザインパターン 設計ガイド』
日経BP社、ISBN：978-4822211967

『Amazon Web Services 基礎からのネットワーク&サーバー構築』
日経BP社、ISBN：978-4822262969

『Getting Started with AWS (English Edition)』[Kindle版]
Amazon Services International, Inc.、A SIN：B007X6SMD6

『Amazon Elastic Compute Cloud (EC2) User Guide (English Edition)』[Kindle版]
Amazon Services International, Inc.、A SIN：B007Q4H9JI

『AWS Command Line Interface User Guide (English Edition)』[Kindle版]
Amazon Services International, Inc.、A SIN：B00Q7K4HFG

『Amazon Simple Storage Service (S3) Developer Guide (English Edition)』[Kindle版]
Amazon Services International, Inc.、A SIN：B007Q4VYDK

『継続的デリバリー 信頼できるソフトウェアリリースのためのビルド・テスト・デプロイメントの自動化』
KADOKAWA/アスキー・メディアワークス、ISBN：978-4048707879

『Jenkins実践入門～ビルド・テスト・デプロイを自動化する技術 (WEB+DB PRESS plus)』
技術評論社、ISBN：978-4774148915

『Chef実践入門～コードによるインフラ構成の自動化 (WEB+DB PRESS plus)』
技術評論社、ISBN：978-4774165004

『Chef活用ガイド コードではじめる構成管理 (アスキー書籍)』
KADOKAWA/アスキー・メディアワークス、ISBN：978-4048919852

『Serverspec』
オライリージャパン、ISBN：978-4873117096

『Amazon Web Services入門 - 企業システムへの導入障壁を徹底解消』
インプレス、ISBN：978-4844336471

『アジャイル開発とスクラム 顧客・技術・経営をつなぐ協調的ソフトウェア開発マネジメント』
翔泳社、ISBN：978-4798129709

『小さなチーム、大きな仕事〔完全版〕：37シグナルズ成功の法則』
早川書房、ISBN：978-4152092670

『本格ビジネスサイトを作りながら学ぶ WordPressの教科書 Ver.4.x対応版』
SBクリエイティブ、ISBN：978-4797381078

『チーム開発実践入門～共同作業を円滑に行うツール・メソッド (WEB+DB PRESS plus)』
技術評論社、ISBN：978-4774164281

■**本書サポートページ**

本書内で紹介したサンプルプログラムは、下記のURLよりダウンロード可能です。また、本書をお読みいただいたご感想、ご意見をお寄せください。

https://isbn.sbcr.jp/92579/

佐々木拓郎　専門は、Web系システム開発。企画から設計開発、運用まで全ての工程に関わる。Webの対象領域の拡大に伴い、IoTや機械学習など担当範囲を広げている。シリコンバレー勤務時代には、R&Dや海外プロダクトの日本導入などに従事。ワインエキスパートの資格を取ることが当面の目標ではあるが、まだ受験すらできていない。

林晋一郎　2001年入社。もともとはアプリケーション開発者だったが、とあるプロジェクトでインフラを担当してからインフラに興味を持つようになり現在に至る。AWSとの出会いは2009年の社内情報サイトリプレイス。マネジメントコンソールでできることはあまりなく、ほとんどCLIだけで構築するような時代だった。それでも、仮想サーバをこんなに手軽に作れるのかと衝撃を受けたことを鮮明に覚えている。現在の目標は、インフラ障害コールの撲滅と障害復旧の自動化。夜間・休日問わず稼働するシステムをできるだけ人の手を介さずに安定運用することを日々考えている。

小西秀和　アプリケーションエンジニアとして、さまざまなプロジェクトに参画。またシリコンバレー勤務時代には、当時出始めたばかりであったAWSについてのR&Dに従事していた。AWSのアプリケーションサービスを利用して、各種システムを開発するのを得意としている。

佐藤瞬　福島県会津若松市出身。SIerとしてキャリアをスタートし、AWS専門のインフラエンジニアとして様々なWebシステムの構築・運用を担当。その後、メーカーに身を移し、ユーザー企業としてAWSでシステム開発・運用を行っている。多くの素早い変化に刺激を受けつつ、自分の生存戦略に悩む日々。

Amazon Web Services パターン別構築・運用ガイド 改訂第2版

2018年　3月28日　初版第1刷発行
2020年　3月13日　初版第4刷発行

著者　NRIネットコム株式会社
　　　佐々木拓郎　林晋一郎　小西秀和　佐藤瞬

発行者　小川 淳

発行所　SBクリエイティブ株式会社
　　　　〒106-0032　東京都港区六本木2-4-5
　　　　TEL 03-5549-1201（営業）
　　　　https://www.sbcr.jp

印刷　株式会社シナノ
本文デザイン/組版　株式会社エストール
装丁　渡辺 縁

落丁本、乱丁本は小社営業部にてお取り替えいたします。
定価はカバーに記載されております。

Printed In Japan　ISBN978-4-7973-9257-9